TEUBNER-TEXTE zur Informatik Band 6

G. Saake

Objektorientierte Spezifikation von Informationssystemen

TEUBNER-TEXTE zur Informatik

Als relativ junge Wissenschaft lebt die Informatik ganz wesentlich von aktuellen Beiträgen. Viele Ideen und Konzepte werden in Originalarbeiten, Vorlesungsskripten und Konferenzberichten behandelt und sind damit nur einem eingeschränkten Leserkreis zugänglich. Lehrbücher stehen zwar zur Verfügung, können aber wegen der schnellen Entwicklung der Wissenschaft oft nicht den neuesten Stand wiedergeben.

Die Reihe „TEUBNER-TEXTE zur Informatik" soll ein Forum für Einzel- und Sammelbeiträge zu aktuellen Themen aus dem gesamten Bereich der Informatik sein. Gedacht ist dabei insbesondere an herausragende Dissertationen und Habilitationsschriften, spezielle Vorlesungsskripten sowie wissenschaftlich aufbereitete Abschlußberichte bedeutender Forschungsprojekte. Auf eine verständliche Darstellung der theoretischen Fundierung und der Perspektiven für Anwendungen wird besonderer Wert gelegt. Das Programm der Reihe reicht von klassischen Themen aus neuen Blickwinkeln bis hin zur Beschreibung neuartiger, noch nicht etablierter Verfahrensansätze. Dabei werden bewußt eine gewisse Vorläufigkeit und Unvollständigkeit der Stoffauswahl und Darstellung in Kauf genommen, weil so die Lebendigkeit und Originalität von Vorlesungen und Forschungsseminaren beibehalten und weitergehende Studien angeregt und erleichtert werden können.

TEUBNER-TEXTE erscheinen in deutscher oder englischer Sprache.

Objektorientierte Spezifikation von Informationssystemen

Von Dr. Gunter Saake

Technische Universität Braunschweig

B. G. Teubner Verlagsgesellschaft
Stuttgart · Leipzig 1993

Dr. habil. Gunter Saake

Geboren 1960 in Göttingen. Von 1981 bis 1985 Studium der Informatik mit Nebenfach Mathematik an der Technischen Universität Braunschweig. Von 1985 bis 1988 Wissenschaftlicher Mitarbeiter am Institut für Programmiersprachen und Informationssysteme der TU Braunschweig bei Prof. Dr. H.-D. Ehrich. 1986 bis 1988 Lehrbeauftragter für „Einführung in die linguistische Datenverarbeitung" an der TU Braunschweig. Mai 1988 Promotion zum Doktor der Naturwissenschaften an der TU Braunschweig. April 1988 bis April 1989 Gastwissenschaftler am Wissenschaftlichen Zentrum Heidelberg der IBM Deutschland GmbH. Seit April 1989 Hochschulassistent an der TU Braunschweig. Wintersemester 1990/91 Professur-Vertretung für das Fach „Datenstrukturen, Informationssysteme" an der Universität Dortmund. Januar 1993 Habilitation an der TU Braunschweig für das Lehrgebiet „Informatik".
Arbeitsschwerpunkte: Entwurf von Informationssystemen, Datenmodelle, Datenbankanwendungen, objektorientierter Entwurf, Spezifikationssprachen.

Die Deutsche Bibliothek – CIP-Einheitsaufnahme

Saake, Gunter:
Objektorientierte Spezifikation von Informationssystemen /
Gunter Saake. – Stuttgart ; Leipzig : Teubner, 1993
(Teubner-Texte zur Informatik ; Bd. 6)
Zugl.: Braunschweig, Techn. Univ., Habil.-Schr., 1993

ISBN 978-3-8154-2054-6 ISBN 978-3-322-95370-4 (eBook)
DOI 10.1007/978-3-322-95370-4

NE: GT

Umschlaggestaltung: E. Kretschmer, Leipzig

Vorwort

Thema des vorliegenden Buches ist die formale Beschreibung von Informationssystemen mit objektorientierten Methoden. Als Informationssysteme charakterisieren wir alle komplexen Software-Systeme, die eine dauerhafte Datenhaltung in einer Datenbank und interaktiven Zugang zu den gespeicherten Informationen unterstützen. Diese Charakterisierung umfaßt somit den größten Teil der aktuell praktisch eingesetzten und im Entwurf befindlichen rechnergestützten Anwendungen, und die Bedeutung auch formal abgesicherter Entwurfsmethoden wird für derartige Systeme in Zukunft noch zunehmen.

Während formale Beschreibungsmethoden im Bereich der klassischen Programmspezifikation und auch der Kommunikationsprotokolle inzwischen etablierte Verfahren sind, dominieren momentan im Bereich der Modellierung von Informationssystemen eher informelle Verfahren. Werden in diesem Gebiet tatsächlich formale Methoden eingesetzt, so beinhalten diese oft nur einen kleinen Teilaspekt des gesamten Systems, etwa die Modellierung der gespeicherten Information in Form eines Schemas eines Datenmodells. Im vorliegenden Buch wird ein formal basierter Ansatz zur objektorientierten Modellierung von Informationssystemen vorgestellt, der bewährte Modellierungskonzepte der etablierten informellen Methoden integriert.

Das Buch ist wie folgt aufgebaut. Im **Kapitel 1** werden die Begriffe *Informationssystem*, *formale Spezifikation* und *objektorientierte Beschreibung* eingeführt und kurz charakterisiert. **Kapitel 2** behandelt den konzeptionellen Entwurf von Informationssystemen. Es werden allgemeine Anforderungen an den konzeptionellen Entwurf diskutiert und diese Anforderungen den etablierten Spezifikationsformalismen gegenübergestellt. Ein Abschnitt ist dem mehrschichtigen konzeptionellen Entwurf, der ein Informationssystem in Schichten um eine zentrale Datenbank herum modelliert, gewidmet. Nach einer allgemeinen Kritik dieses Ansatzes wird der Bezug des klassischen Entwurfsansatzes zu objektorientierten Entwurfsprinzipien diskutiert.

Das folgende **Kapitel 3** behandelt die formale Beschreibung von einzelnen *Objekten* als Basiseinheit eines konzeptionellen Entwurfs. Objektbeschreibungen in einer objektorientierten Spezifikationssprache, einer Version der Sprache TROLL [JSHS91], werden anhand von Beispielen vorgestellt. Ein Abschnitt beschäftigt sich mit semantischen Modellbildungen für Objekte, ein weiterer mit den verschiedenen Spezifikationslogiken die bei der Objektbeschreibung eingesetzt werden. Die Umsetzung von Objektbeschreibungen in Formeln einer temporalen Logik ermöglicht die Semantikfestlegung der Spezifikationskonstrukte von TROLL. Das Kapitel schließt mit der Erweiterung der vorgestellten Konzepte von einzelnen Objekten auf Objektklassen.

Kapitel 4 behandelt die verschiedenen *Beziehungen*, die zwischen Objekten und Objektklassen auftreten können. Als semantische Grundlagen behandeln zwei Abschnitte die Kommunikation zwischen Objekten mittels Ereignisaufruf und die Einbettung von Objekten in andere Objekte als Grundlage von komplexen Objekten. Ein Abschnitt diskutiert Sprachmittel und Bedeutung von Objekthierarchien mit Vererbungsbeziehungen, wobei zwischen Spezialisierungen und temporären Rollen unterschieden wird. Es folgen drei Abschnitte über die verschiedenen Arten komplexer Objekte, heterogener Objektklassen und ungerichteter Beziehungen zwischen Objekten.

Kapitel 5 behandelt den Aufbau von *Systemen* aus Objekten, die hier Objektgesellschaften genannt werden. Die Konzepte werden eher informell behandelt, da die Formalisierung der hier vorgestellten Konzepte Gegenstand aktueller Forschung ist. Sichten ermöglichen es, existierende Objekte mit mehreren Zugriffsschnittstellen zu versehen. Die Verfeinerung und Implementierung von abstrakten Objekten hin zu konkreten Implementierungen ist Thema eines eigenen Abschnitts. Weitere Teilaspekte werden in Abschnitten über Schemaarchitektur und Modularisierung sowie über wiederverwendbare Bibliotheken von Objektbeschreibungen und parametrisierte Objektbeschreibungen behandelt. Die Modellierung von System*aktivität* ist Thema des letzten Abschnitts dieses Kapitels.

Kapitel 6 beinhaltet den Vergleich mit anderen Ansätzen. Neben der Einordnung bezüglich anderer Gebiete der Softwaretechnik, bei denen objektorientierte Sprachen eingesetzt werden, behandelt ein eigener Abschnitt die Diskussion der *Beschreibungsmächtigkeit* der vorgestellten Konzepte anhand einiger Modellierungen aus dem Bereich theoretischer Berechnungsmodelle. **Kapitel 7** faßt die Hauptaussagen der vorliegenden Arbeit noch einmal kurz zusammen und versucht einen Ausblick auf zukünftige Entwicklungen in diesem Gebiet zu geben.

Das vorliegende Buch richtet sich sowohl an Studierende und Lehrende der Informatik als auch an Entwickler von interaktiven Informationssystemen sowie an Wissenschaftler im Gebiet formaler Entwurfsmethoden. Es ist eine überarbeitete Form meiner im Januar 1993 von der Naturwissenschaftlichen Fakultät der Technischen Universität Braunschweig angenommenen Habilitationsschrift. Diese Habilitationsschrift ist hervorgegangen aus meiner Tätigkeit am dortigen Institut für Programmiersprachen und Informationssysteme, Abteilung Datenbanken. Mein besondere Dank gilt Prof. Dr. H.-D. Ehrich für die langjährige Unterstützung meiner wissenschaftlichen Arbeiten an diesem Institut, die zum vorliegenden Buch geführt haben. Meine ehemaligen und jetzigen Kolleginnen und Kollegen an diesem Institut haben durch viele intensive Diskussionen (und ein hervorragendes Arbeitsklima) zu diesem Buch wesentlich beigetragen. Inbesondere die zeitweilig wöchentlichen Diskussionsrunden über objektorientierte Konzepte, an denen unter anderen Gregor Engels, Martin Gogolla, Uwe Hohenstein, Klaus Hülsmann, Perdita Löhr-Richter, Friedrich Lohmann, Tine Müller und Karl Neumann teilnahmen, haben die Präsentation der zentralen Konzepte beeinflußt.

Die Thematik dieses Buches war Bestandteil zweier Forschungsvorhaben, die sich mit der Objektspezifikation von Informationssystemen befaßten. Im Rahmen des von der DFG geförderten Projektes Sa 465/1 "Implementierung von Informationssystemen" wurde die Sprache TROLL definiert und an der Umsetzung von TROLL-Spezifikation in verteilten Umgebungen gearbeitet. Thorsten Hartmann und Ralf Jungclaus haben als Mitarbeiter in diesem Projekt (und als kritische Diskussionspartner) die in diesem Buch vorgestellten Konzepte wesentlich beeinflußt. Ihnen gilt darum mein besonderer Dank. An dieser Stelle sind auch die am Projekt beteiligten Studierenden zu nennen, unter ihnen insbesondere Scarlet Schwiderski und Michael Thulke, die im Rahmen ihrer Diplomarbeiten die TROLL-Konzepte kritisch untersucht haben.

Das zweite Forschungsvorhaben, das den Inhalt dieses Buches stark beeinflußt hat, ist das ESPRIT-Projekt IS-CORE (Information Systems - COrrectness and REusability), in dem in einer europäischen Zusammenarbeit verschiedene Aspekte der formalen, objekt-orientierten Spezifikation von Informationssystemen untersucht wurden. Cristina Sernadas (Lisssabon) war wesentlich an der Entwicklung der TROLL-Sprache beteiligt. Die Präsentation der semantischen Grundlagen von Objekten in diesem Buch ist stark durch die Arbeiten von H.-D. Ehrich und Amílcar Sernadas (Lissabon) beeinflußt. Weitere Diskussionpartner in ISCORE, deren Ideen in dieses Buch einflossen, sind Stefan Braß, Felix Costa, José Fiadeiro, Gerhard Koschorreck, Udo Lipeck und Tom Maibaum.

Im Rahmen von Arbeitsbesuchen und Tagungen hatte ich die in diesem Buch vorgestellten Konzepte mit vielen Personen diskutiert, deren Fragen und Bemerkungen sowohl die Darstellung als auch die Inhalte einzelner Konzepte beeinflußt haben. Zu nennen sind hier unter anderem in alphabetischer Reihenfolge Jürgen Ebert, Peter Hartel, Andreas Heuer, Gerti Kappel, Ralf Kutsche, Georg Lausen, Andreas Oberweis, Klaus-Dieter Schewe, Bernhard Thalheim, Helmut Wächter, Hans-Dirk Walter, Roel Wieringa und Thorsten Wittkugel. Die Hörerinnen und Hörer verschiedener von mir in Dortmund und Braunschweig gehaltener Vorlesungen haben durch kritisches Hinterfragen des vorgestellten Modellierungsansatzes ebenfalls zu diesem Buch beigetragen. Zum Abschluß möchte ich Udo Lipeck besonders danken — die Zusammenarbeit in der Forschung mit ihm in den ersten Jahren nach meinem Diplom hat meine wissenschaftliche Arbeits- und Denkweise sicher stark beeinflußt.

Meinen Eltern danke ich für die langjährige Unterstützung insbesondere während meines Studiums, die dieses Buch erst ermöglicht hat.

Braunschweig, im August 1993 Gunter Saake

Inhalt

Kapitel 1

Einleitung

Ein großer Anteil insbesondere der kommerziell entwickelten Software-Systeme kann als *Informationssysteme* charakterisiert werden, also als Systeme, die neben reinen Berechnungsfunktionen den Zugriff auf und die Manipulation von dauerhaft gespeicherten Informationsstrukturen ermöglichen. Im Vergleich zu einfachen Berechnungsverfahren erfordert der Entwurf und die Realisierung von Informationssystemen zusätzlich zum funktionalen Aspekt eine gründliche Berücksichtigung der gespeicherten Informationsstrukturen.

In den meisten Modellierungsverfahren für Informationssysteme wird die Informationsstruktur und die Systemdynamik in unabhängigen (und oft unverträglichen) Formalismen beschrieben, so daß keine einheitliche formale Beschreibung des Gesamtsystems vorliegt. Ohne eine einheitlich durchgängige Modellierung des gesamten Systems können aber keine Korrektheitsaussagen über alle Aspekte des Informationssystems getroffen werden. Ein Ansatz für eine derartige integrierte formale Beschreibung von Informationssystemen soll im folgenden beschrieben werden.

Zur Motivation der folgenden Ausführungen ist es sicher sinnvoll, zuerst die Begriffe *Informationssystem*, *formale Spezifikation* und *objektorientierte Beschreibung* zu charakterisieren. Auch wenn diese Begriffe etablierte Termini im Gebiet der praktischen Informatik sind, ist ihr Gebrauch doch oft sehr unterschiedlich. Ziel dieser einführenden thematischen Aufarbeitungen ist es, das Umfeld der folgenden Ausführungen festzulegen und die nötigen Begriffsbildungen vorzubereiten.

1.1 Charakterisierung des Begriffs Informationssystem

Als Einstieg in die Begriffsbildung ist es sinnvoll, auf etablierte Nachschlagewerke über Begriffsbildungen der Informatik zurückzugreifen, etwa auf den Duden Informatik [Lek88] bzw. den entsprechenden Band des Schülerduden [BI86]. Die klassische Charakterisierung eines Informationssystems ist dort die eines "*Systems zur Speicherung, Wiedergewinnung, Verknüpfung und Auswertung von Informationen*"

[BI86, Lek88]. Als Bestandteile eines Informationssystems werden in [BI86, Lek88] eine Datenverarbeitungsanlage, ein Datenbanksystem und Auswertungsprogramme genannt. Dieser Charakterisierung nach besteht ein Informationssystem somit im wesentlichen aus einer Datenbank (den gespeicherten Informationen) und Anwendungsprogrammen.

Neuere Ansätze zur Modellierung von Informationssystemen versuchen allerdings von dieser eher technisch orientierten Sicht zu abstrahieren und den Begriff "Informationssystem" auf der konzeptionellen Ebene zu charakterisieren. Der dynamische Aspekt der Berechnungsabläufe in einem Informationssystem wird ebenfalls mehr in den Mittelpunkt gestellt (vergleiche die Artikel [SFSE89] und die Tagungsbände [SvH91, SC92, HPS93]). Als wesentliche (allerdings teilweise optionale) Funktionalitäten eines Informationssystems können dann folgende Punkte genannt werden :

1. Persistente, d.h. dauerhafte, Speicherung von Informationen.

2. Wiedergewinnung der gespeicherten Informationen nach beliebigen Anfragekriterien.

3. Anwendungsspezifische Auswertung und Aufbereitung der gespeicherten Informationen.

4. Korrekte (d.h. integritätsbewahrende) Aktualisierung der gehaltenen Informationen (in Form von Änderungstransaktionen).

5. Integration weiterer Informationsquellen, so z.B.
   - aktiver Systemkomponenten wie Systemuhr / Kalender,
   - Informationszugriff über Netze (Electronic Mail, öffentliche Datenbanken, etc.),
   - Sensoren (z.B. in CIM-Anwendungen oder in medizinischen Informationssystemen),
   - kooperierender Zugriff auf beliebige andere informationsverarbeitende Systeme (eventuell inklusive Konsultation menschlicher Benutzer !).

6. Modellierung von Benutzerschnittstellen und Benutzerführung.

7. Verteilungsaspekte und Aspekte autonomer Systeme.

Die beiden ersten Punkte definieren die Funktionalität eines Datenbankverwaltungssystems, während die folgenden Punkte 3 und 4 Funktionalitäten sind, die in der Regel nicht einem allgemeinen Datenverwaltungssystem, sondern spezifischen Datenbank-Anwendungsprogrammen zugeordnet werden. Die letzten drei Punkte (5 bis 7) gehen über die Funktionalitäten hinaus, die üblicherweise Datenbank-Anwendungen zugeordnet werden.

Diese erweiterten Funktionalitäten von Informationssystemen erfordern neue Konzepte der Systemmodellierung. Der klassische Modellierungsansatz geht von einer Informationssystemarchitektur aus, die im wesentlichen aus einer Ansammlung von Anwendungsfunktionen gruppiert um eine einzige zentrale Datenbank besteht. Neuere Ansätze sehen Informationssysteme als Ansammlung von mehreren *Informationsrepositorien* (entsprechend mehreren lokalen Datenbanken) und einer Menge von kooperierenden *Informationsagenten*, die die Rolle von Anwendungsfunktionen übernehmen [HPS93].

1.2 Formale Spezifikation in der Softwareerstellung

Die Rolle der formalen Spezifikation für die Erstellung von Softwaresystemen kann am besten anhand eines modifizierten Lebenslaufmodells dargestellt werden. Derartige Phasenmodelle spiegeln zwar in der Regel nicht unbedingt den realen Erstellungsprozeß derartiger Systeme wider, sind aber durchaus gut geeignet, die Beziehungen zwischen verschiedenen Entwurfsdokumenten zu klären. Ein derartiges Lebenslaufmodell wird in Abb. 1.1 skizziert.

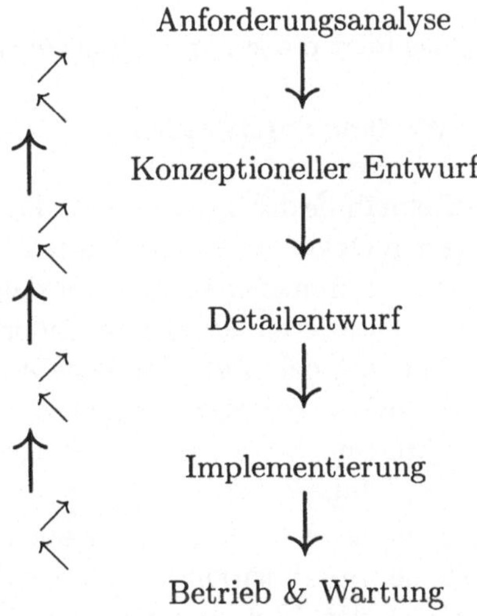

Abbildung 1.1: Lebenslaufmodell für Software-Erstellung

Die einzelnen Phasen dieses Software-Lebenszyklus lassen sich wie folgt kurz charakterisieren :

- Die *Anforderungsanalyse* ist die größtenteils informelle Phase der Problemdefinition, d.h. die Phase, in der in Zusammenarbeit mit den späteren Systembenutzern die gewünschte Systemfunktionalität festgelegt wird.

- Der *konzeptionelle Entwurf*

  ist die formale Beschreibung des zu realisierenden Systems auf einem hohen Abstraktionsniveau. Das Ergebnis dieser Phase sollte möglichst vollständig in einer *formalen Spezifikation* aller Systemfunktionen und Parameter beschrieben werden, damit diese Spezifikation (oft *konzeptionelles Modell* genannt) die verifizierbare Grundlage des Vertrags zwischen Anwendern und Systemerstellern bilden kann.

  Das konzeptionelle Modell legt fest, *was* realisiert werden soll, aber nicht, *wie* es realisiert wird. Als Teil des konzeptionellem Modells muß auch die Umgebung, in die das zu entwickelnde System eingepaßt werden soll, modelliert werden.

- Der folgende *Detailentwurf* legt die Realisierung der Systemkomponenten fest (das *wie*), abstrahiert aber von konkreten Implementierungssprachen und Basissystemen. Im Datenbankentwurf entspricht diese Phase dem *logischen Entwurf*, in dem die Datenbank in dem zur Implementierung verwendeten Datenmodell beschrieben wird, aber keine systemspezifische Datenmodellierungssprache benutzt oder konkrete Zugriffsmethoden festgelegt werden.

- Als letzte Entwurfsphase folgt die konkrete *Implementierung*, gefolgt von

- dem *Betrieb* und der *Wartung* des Systems.

Spätestens bei der Inbetriebnahme des Systems wird deutlich, daß diese Entwurfsphasen keine strikte Sequenz von Dokumenten oder Entwurfsphasen sein können, weil "spätere", d.h. konkretere, Phasen immer wieder zu Rückkopplungen führen, die Teile der früheren Entwurfsdokumente verändern. Diese Änderungen pflanzen sich dann wiederum in die folgenden Phasen hinein fort. Derartige Änderungen basieren in der Regel auf erst in späteren Entwicklungsphasen erkannten, nachträglich modifizierten oder zusätzlichen Systemfunktionen. Diese Rückkopplungen sind in Abb. 1.1 durch die nach oben gerichteten Pfeile angedeutet.

Anhand des skizzierten Software-Lebenslaufs, der auch für Informationssysteme gilt, wird die besondere Rolle der Spezifikation im konzeptionellen Entwurf deutlich : Die formale Spezifikation bildet den Übergang von der *Problemsicht* der Anforderungsanalyse hin zur *Systemsicht* der späteren Phasen. Dieser Übergang geht einher mit einem Übergang von Konzepten der Anwender hin zu Konzepten der Systementwickler — und dieser Übergang muß für beide Seiten verständlich und nachvollziehbar sein. Der konzeptionelle Entwurf ist die früheste Entwurfsphase, bei der durchgängig formale Methoden zur Qualitätssicherung eingesetzt werden können. Diese kurzen Bemerkungen deuten auf die zentrale Bedeutung des konzeptionellen Modells hin — Fehler und mangelnde Qualität in dieser Entwurfsstufe pflanzen sich unausweichlich in spätere Phasen fort.

1.3 Überblick über Spezifikationsansätze

Die vorliegende Schrift behandelt in erster Linie den *konzeptionellen Entwurf* von Informationssystemen, d.h. folgend der vorherigen Motivation die Phase der formalen Spezifikation. Die Aufgabe der *formalen Spezifikation* ist die abstrakte Beschreibung von (Software-) Komponenten in einem exakten Formalismus, da nur ein derartiger Formalismus die Verifikation von Systemeigenschaften ermöglicht. Eine Spezifikationssprache muß darum eine formale Semantik haben, die dem benutzten Abstraktionsniveau entspricht. Im diesem Buch wird der Begriff 'Spezifikation' in diesem strengen Sinne verwendet, d.h. als die formal fundierte abstrakte Modellierung eines Systems. Im folgenden werden einige etablierte Ansätze der formalen Modellbildung für Software kurz skizziert und ihre Grundlagen und Eigenschaften diskutiert. Eher informale Entwurfsmethoden werden nicht berücksichtigt.

Der folgende Überblick beschränkt sich im wesentlichen auf eine Charakterisierung der zugrundeliegenden *Modellbildungen*, die zur Definition der formalen Semantik von Spezifikationen benutzt werden können. Anhand der betrachteten mathematischen Strukturen können Spezifikationsansätze bezüglich ihrer Eignung zur Modellierung interaktiver Informationssysteme bewertet werden. Es wird darauf verzichtet, konkrete Sprachen oder Spezifikationstechniken vorzustellen. Für Informationssysteme wichtige Ansätze wie semantische Datenmodelle wurden in die Auflistung integriert, auch wenn diese oft nicht zu den formalen Spezifikationsmethoden gezählt werden, da deren semantischen Grundlagen erst in letzter Zeit intensiv untersucht wurden [GH91].

Mengen und Funktionen

Funktionen sind Abbildungen zwischen Wertemengen. Die Theorie der Funktionen ist ein etabliertes Gebiet der Mathematik, und Funktionen sind ein geeignetes mathematisches Modell für terminierende Programme ohne Interaktion, die Eingabeparameter in Ausgaben überführen. Bei der Spezifikation von Funktionen werden in der Regel elementare Wertebereiche, z.B. die ganzen Zahlen, als gegeben vorausgesetzt. Viele etablierte Ansätze zur formalen Spezifikation basieren auf Funktionen über komplexen Wertebereichen, etwa modellbasierte Spezifikationsmethoden wie Z [Spi89] oder VDM [Jon86].

Spezifikationsformalismen für Funktionen sind z.B. Spezifikation mittels Vor- und Nachbedingungen oder die Definition von rekursiven Funktionen mittels Gleichungssystemen.

Da Informationssysteme interaktive und (zumindestens als idealisiertes Modell) nichtterminierende Systeme sind, wird die alleinige Spezifikation von Funktionen als Beschreibungsmittel hier nicht weiter betrachtet. Das allgemeine Konzept von Funktionen als formalem Konstrukt ist allerdings auch in den folgenden komplexeren abstrakten Modellbildungen enthalten.

Abstrakte Datentypen und Prädikatenlogik

Die Idee ***abstrakter Datentypen*** ist es, abstrakte Wertebereiche durch ihnen zugehörige Funktionen einzukapseln. Ein typisches Beispiel für einen derartigen Datentyp sind die natürlichen Zahlen zusammen mit den Operationen Addition und Multiplikation und Prädikaten wie 'kleiner gleich'. Dieser Ansatz ermöglicht es, auch komplexe Wertebereiche (z.B. Graphen oder Warteschlangen) auf einer abstrakten Ebene zu modellieren, ohne auf die konkrete Realisierung der Datenstrukturen eingehen zu müssen. Die zugrundeliegende mathematische Modellbildung sind Algebren, d.h. Wertemengen mit Funktionen.

Ein etablierter Formalismus zur formalen Spezifikation von abstrakten Datentypen ist die algebraische Gleichungsspezifikation und deren Erweiterungen [EM85, EGL89]. Hierbei werden die Funktionen durch Angabe von Gleichungen beschrieben.

Für die Modellierung von Informationssystemen sind abstrakte Datentypen als alleiniger Spezifikationsmechanismus nicht geeignet, da Interaktivität und Persistenz dem Ansatz prinzipiell fremd sind, auch wenn die Kodierung dieser Konzepte durch komplexe Datenstrukturen und verborgene Zustandssorten möglich ist. Zur angemessenen abstrakten Modellierung der Basisdatenstrukturen eines Informationssystem sind abstrakte Datentypen allerdings unverzichtbar.

Algebren als Interpretationsstruktur für die algebraische Spezifikation können um Relationen erweitert werden, die Prädikate über Werten modellieren. Die ***Prädikatenlogik*** ist die Grundlage vieler Spezifikationstechniken, die aber in der Regel syntaktische und semantische Einschränkungen festlegen. Eine Spezifikation in allgemeiner Prädikatenlogik besteht aus einer Reihe von logischen Axiomen, die das zu spezifizierende System erfüllen soll. Die bereits vorgestellten Spezifikationen von Funktionen und abstrakten Datentypen mittels Gleichungsaxiomen sind hierbei als Spezialfälle enthalten. Einige Autoren zählen auch Logikprogrammierung zu diesen eingeschränkten Spezifikationsmechanismen.

Interpretationsstrukturen für prädikatenlogische Spezifikationen sind somit Algebren (also Werte und Funktionen), auf denen zusätzlich Prädikate definiert sind.

Die Allgemeinheit von beliebigen prädikatenlogischen Spezifikationen ist wohl der wichtigste Nachteil dieses Ansatzes, der z.B. Konsistenzüberprüfungen für Spezifikationen sehr erschwert. Für den praktischen Einsatz kann darum beim heutigen Stand der Technik auf syntaktische Einschränkungen nicht verzichtet werden.

Temporale und modale Logiken

Eine Interpretationsstruktur für prädikatenlogische Axiome interpretiert Funktions- und Prädikatensymbole durch feste Funktionen und Relationen. In vielen Modellierungen hängt der Wert einer Funktion oder eines Prädikates intuitiv vom aktuellen Zustand des Systems ab, modelliert etwa als aktueller Zeitpunkt oder dem Zwischenstand einer Berechnung. Eine passende Modellbildung basiert auf einer *Menge mögli-*

cher Welten, die (unterschiedliche) Interpretationsstrukturen einer Prädikatenlogik sind, sowie einer ***Erreichbarkeitsrelation*** zwischen diesen Welten. Derartige ***Kripkestrukturen*** ermöglichen die direkte Modellierung von zeitlichen Entwicklungen in Informationssystemen.

Von Interesse für die Spezifikation von Informationssystemen sind in erster Linie Erweiterungen der Prädikatenlogik um temporale und modale Operatoren, die eine abstrakte Beschreibung der zeitlichen Entwicklung des Systems ermöglichen [Ser80, Krö87, FS88, Saa91b, Eme90]. Interpretationsstrukturen sind dann die erwähnten Kripkestrukturen, also Folgen bzw. gerichtete Graphen von einfachen Interpretationsstrukturen für die unterliegende Prädikatenlogik. Auf diese ***temporalen*** bzw. ***modalen Logiken*** wird in den folgenden Abschnitten noch genauer eingegangen werden.

Datenmodelle für persistente Datenbestände

Im Bereich der Modellierung von Datenbanken werden sogenannte ***semantische Datenmodelle*** [HK87] eingesetzt, um persistente Datenbestände zu modellieren. Wir subsumieren hier unter dem Begriff 'semantische Datenmodelle' im Gegensatz zu einigen Autoren alle Datenmodelle, die von konkreten implementierten Datenmodellen abstrahieren und die semantisch relevante Modellierungskonzepte wie Klassenbildung, Spezialisierungen, komplexe Objekte und Objektbeziehungen unterstützen.

Auf die in Datenmodellen eingesetzten Konzepte wird in Abschnitt 2.3.2 ausführlicher eingegangen. Ein Schema in einem semantischen Datenmodell kann als eine Menge von prädikatenlogischen Axiomen aufgefaßt werden, beschreibt aber zusätzlich auch zeitabhängige Eigenschaften wie Persistenz oder Schlüsseldefinitionen zur zeitpunktunabhängigen Identifikation. Semantische Modellbildungen für einzelne Datenbankzustände sind ebenfalls Interpretationsstrukturen für eine mehrsortige Prädikatenlogik, während die Eigenschaft der Persistenz wie bei temporalen Logiken nur anhand von Zustandsfolgen modelliert werden kann.

Semantische Datenmodelle sind, wie der Name bereits andeutet, gut geeignet, um große Datenbestände strukturiert zu modellieren. Für Informationssysteme ebenfalls relevante Aspekte wie Anwendungsfunktionen und Interaktivität können in ihnen nur in einem zusätzlichen Formalismus modelliert werden.

Kommunizierende Prozesse

Bei den bisherigen Ansätzen wurde jeweils die fehlende Unterstützung der Modellierung von Interaktivität kritisiert. Dieser Aspekt steht (unter anderem) im Vordergrund bei der Modellierung ***kommunizierender Prozesse*** [Mil89, Hen88].

Ein Teil der Beschreibungsmethoden für kommunizierende Prozesse basiert auf der Charakterisierung der Prozeßabläufe mittels logischer oder algebraischer Axiomatisierung. Die derartige Spezifikation von Prozessen geschieht mit algebraischen Ansätzen (z.B. CSP [Hoa85]) bzw. mit Prozeßkalkülen (z.B. CCS [Mil80]). Hierbei werden Prozesse semantisch als abstrakte Werte modelliert.

Der Petrinetz-Ansatz und verwandte Methoden [Rei85] beschreiben hingegen parallele Abläufe direkt, indem Netze aus unabhängigen Transitionen definiert werden, die durch die Weitergabe von 'Token' miteinander kommunizieren.

In den etablierten Formalismen zur Beschreibung von Prozessen wird die Datenstrukturierung nicht besonders unterstützt, da der Schwerpunkt dieser Formalismen auf der Modellierung des Kommunikationsverhaltens liegt. Da gerade die abstrakte Modellierung von Informationsstrukturen zu den Grundaufgaben des konzeptionellen Entwurfs von Informationssystemen gehört, sind diese Ansätze als alleiniger Beschreibungsformalismus dafür ebenfalls nicht geeignet.

1.4 Das objektorientierte Entwurfsparadigma

Thema dieses Buches ist die Präsentation eines objektorientierten Ansatzes zur Modellierung von Informationssystemen. Das Paradigma der *Objektorientierung* wurde erfolgreich in viele Gebiete der Informatik integriert, so im Bereich der Programmiersprachen, der Datenmodelle oder des Software Engineering [KA90, BB92]. In diesen unterschiedlichen Forschungsrichtungen herrschen durchaus unterschiedliche Ansichten darüber, was das Adjektiv "objektorientiert" denn nun eigentlich auszeichnet.

Mit dem Begriff der *Objektorientierung* werden verschiedene Ansätze assoziiert, die sich stark unterscheiden und somit in der Art der verwendeten Modell- und Sprachkonzepte divergieren. Ein Ansatz ist es, Objekte als *Systemparadigma* aufzufassen und ein System abstrakt als Ansammlung von Objekten zu modellieren. Dieser Ansatz der *objektorientierten Modellierung* basiert auf einem Berechnungsmodell, in dem Berechnungen durch kommunizierende Objekte durchgeführt werden.

Einige objektorientierte Programmiersprachen hingegen basieren auf dem Ansatz, Objekte als *Beschreibungseinheiten* aufzufassen. Nicht das System wird als Ansammlung von Objekten modelliert, sondern die System*beschreibung!* Dieser Ansatz ist unabhängig vom Berechnungsmodell und kann prinzipiell auf beliebige Programmiersprachen aufgesetzt werden.

Der Unterschied zwischen beiden Sichtweisen wird bei der Behandlung der Vererbung deutlich, die ein wesentliches Konzept objektorientierter Ansätze darstellt. Im beschreibungsbasierten Ansatz ist Vererbung im wesentlichen eine Wiederverwendung von Beschreibungstexten, findet also nicht zwischen den Objekten selber als Instanzen statt, sondern zwischen den Objektbeschreibungen. In der objektorientierten Modellierung ist Vererbung hingegen intuitiv mit einer "ist"-Beziehung zwischen Instanzen verbunden und muß auch auf der Ebene der Objekte behandelt werden.

In diesem Buch wird der erstere Ansatz verfolgt, indem eine objektorientierte Modellierung von Systemen vorgeschlagen wird. Als Basis dazu wird der Versuch unternommen, den Begriff des "Objekts" als Einheit des formalen Entwurfs komplexer Systeme zu charakterisieren und zu formalisieren. Dafür muß von der Implementierungsnähe und operationalen Sichtweise objektorientierter Programmiersprachen genauso abstrahiert werden wie von der primären Konzentration auf Datenstrukturierung und effizienten Zugriff auf gespeicherte Objekte, wie sie in vielen objektorientierten Datenmodellen gefunden werden kann.

Das *Objekt als Basiskonzept des Entwurfs* kann wie folgt beschrieben werden :

- Objekte sind die Basiseinheiten von *Struktur und Verhalten*, aus denen sich das zu beschreibende System zusammensetzt [SFSE89].
- Objekte haben beobachtbare Eigenschaften, die sogenannten *Attribute* der Objekte.
- Objekte haben einen *eingekapselten internen Zustand*, auf dem die Attribute einen eingeschränkten Lesezugriff erlauben.
- Der interne Zustand eines Objekts wird ausschließlich durch das Eintreten *objektspezifischer Ereignisse* manipuliert. In objektorientierten Programmiersprachen entspricht dies dem Aufruf objektspezifischer Methoden.
- Objekte können *persistent* im Sinne der Datenbankterminologie sein, d.h. der interne Zustand von Objekten überlebt einzelne Systemläufe.

In der Sprechweise der Programmiersprachenwelt entspricht dieses Objektkonzept einem Modul mit persistenten Variablen (der 'Struktur'), auf die nur über eine funktionale Schnittstelle manipulierend zugegriffen werden kann. Das vorgestellte Basiskonzept vereinigt Konzepte objektorientierter Programmiersprachen mit für Informationssysteme wichtigen Konzepten, die sich bei der Modellierung persistenter Datenbanken als sinnvoll erwiesen haben.

Neben diesem grundlegenden Basiskonzept der (einzelstehenden) Objekte sind weitere Modellierungskonzepte notwendig, die es erlauben, aus einzelnen Objekten Ansammlungen miteinander in Beziehung stehender Objekte zusammenzusetzen. Derartige Ansammlungen werden im folgenden auch als *Objektgesellschaften* bezeichnet.

- Objekte *kommunizieren* miteinander, indem sie Ereignisse bzw. Methoden anderer Objekte aufrufen.
- Objekte können zu *Objektklassen* gruppiert sein, deren Exemplare einem bestimmten *Typ* angehören.
- Zwischen Objekten können vielfältige *Beziehungen* bestehen.
- Objekte und Objektklassen können in *Spezialisierungshierarchien mit Vererbung* eingeordnet sein.

- Objekte können *aktiv* oder *passiv* sein, je nachdem, ob es ihnen in ihrem Kontext erlaubt ist, ein Ereignis aus eigener Initiative einzuleiten.
- Mehrere Objekte können zu *komplexen Objekten* zusammengesetzt werden.

Objektgesellschaften bestehen somit aus einer Ansammlung vieler, eventuell komplex strukturierter, persistenter Objekte, die möglicherweise aktiv miteinander kommunizieren. Wir schließen diesen Abschnitt darum mit einer Behauptung, die in den folgenden Ausführungen noch eingehender zu begründen sein wird :

Objekte sind mit den etablierten formalen Modellbildungen nicht adäquat beschreibbar !

Literaturhinweise

Die Begriffsbildung für Informationssysteme kann in verschiedenen Lehrbüchern gefunden werden [EN89]. Unterschiedliche Versionen von Software-Lebenslaufmodellen werden in Büchern zum Thema Software Engineering behandelt [Den91, GJM91], die entsprechenden Modelle für Datenbankanwendungen sind u.a. in [EN89, Kapitel 16] behandelt.

Formale Spezifikation wird ausführlich in dem Buch von B. Cohen et al. [CHJ86] anhand konkreter Sprachen und Fallbeispiele diskutiert. Dort werden auch mehrere konkrete Spezifikationssprachen und Methoden vorgestellt. Der Artikel von J. Wing [Win90] gibt einen guten Überblick über den Einsatz formaler Spezifikationsmethoden. Das Buch von W. M. Turski und T. Maibaum präsentiert die dem Begriff der formalen Spezifikation zugeordneten Konzepte in Form einer gründlichen Aufarbeitung [TM87].

Das objektorientierte Paradigma wird in den folgenden Kapiteln noch ausführlich diskutiert. Dort werden auch weiterführende Literaturhinweise gegeben. Einen guten informellen Einstieg in die objektorientierte Terminologie und Basiskonzepte in verschiedenen Anwendungsbereichen bietet das Buch von S. Khoshafian und R. Abnous [KA90]. Eine Diskussion grundlegender formaler Konzepte des objektorientierten Ansatzes präsentiert P. Wegner in dem Artikel [Weg90]. Eine deutschsprachige Übersicht gibt [BB92].

Kapitel 2

Konzeptioneller Entwurf

Inhalt dieses Kapitels sind die Möglichkeiten, konventionelle Entwurfsmethoden für die konzeptionelle Modellierung von Informationssystemen einzusetzen. Nach einer Analyse der Anforderungen an eine Entwurfsmethode wird die Eignung etablierter Spezifikations- und Modellierungstechniken kritisch analysiert. Aufbauend auf dieser Kritik wird ein mehrschichtiger Ansatz zur Spezifikation von Informationssystemen vorgestellt, der den kombinierten Einsatz etablierter Techniken vorschlägt.

Auch dieser kombinierte Einsatz erweist sich als weitgehend ungeeignet für die Handhabung großer Entwurfsdokumente. Aus dieser Erkenntnis heraus wird zum Schluß des Kapitels die Entwicklung objektorientierter Methoden für den konzeptionellen Entwurf motiviert.

2.1 Anforderungen

Im Entwurfszyklus von Informationssystemen ist der konzeptionelle Entwurf die erste Phase, die direkt von den Systemerstellern durchgeführt wird [EN89]. In der vorherigen Phase, der Anforderungsanalyse, werden die Anforderungen an ein Anwendungssystem in einer den Anwendern vertrauten, oft informalen Beschreibungssprache festgelegt. Der konzeptionelle Entwurf kann somit als eine Art "Vertrag" zwischen den Anwendern und den Systemerstellern aufgefaßt werden. Aus dieser besonderen Rolle folgen einige, auf den ersten Blick widersprüchliche Anforderungen an einen Beschreibungsformalismus für den konzeptionellen Entwurf:

- Die Grundlage eines überprüfbaren Vertrages muß eine "beweisbare" Systembeschreibung sein. Der Entwurfsformalismus muß somit auf einer formalen Modellbildung basieren, um eine formale Verifikation der späteren Implementierung sowie Konsistenzprüfungen zu ermöglichen.

- Die konzeptionelle Beschreibung sollte andererseits möglichst nahe an der Terminologie und den Konzepten der Anwender sein. Stichworte hierfür sind graphische Aufbereitung formaler Spezifikationen sowie die Möglichkeit der frühen Erstellung von Prototypen.

Weitere Forderungen an einen Beschreibungsformalismus sind u.a. Möglichkeiten der Strukturierung und Modularisierung insbesondere für größere Entwürfe sowie die Wahl von sauberen und angemessenen Sprachkonzepten, um die Fehlerrate im Entwurfsprozeß bereits in diesem frühen Entwurfsstadium zu senken. Während diese Prinzipien im Programmentwurf Basis etablierter Vorgehensweisen sind, bauen Entwurfsmethoden für Informationssysteme oft auf informellen Vorgehensweisen ohne abgesicherte Modularisierungskonzepte auf.

Der klassische Datenbankentwurf beschäftigt sich hauptsächlich mit dem Entwurf der eigentlichen Datenbank, d.h. mit den zu speichernden Strukturen (z.B. Relationen) und mit Integritätsbedingungen, die von korrekten Datenbankausprägungen erfüllt werden müssen (z.B. funktionale Abhängigkeiten) [EN89]. Der Entwurf der zu einem Informationssystem gehörenden Anwendungsprogramme muß dabei in einem unabhängigen weiteren Formalismus erfolgen [TL91].

Um ein Informationssystem zu entwerfen, müssen sehr viele, auf dem ersten Blick nicht zusammenhängende Teile beschrieben werden. Die *zentrale Datenbank* wird üblicherweise durch ein Datenbankschema beschrieben, das die eigentliche Strukturbeschreibung sowie eine Menge von Integritätsbedingungen für Datenbankzustände beinhaltet. Oft wird eine Menge von vorgegebenen elementaren Datenbankänderungen ebenfalls zum Datenbankschema dazugezählt [Lip89]. Auf der Ebene des konzeptionellen Entwurfs beschreibt ein Datenbankschema die Funktionalität der Datenhaltungskomponente. Weitere wichtige Informationen für spätere Entwurfsschritte, z.B. typische Anfragen oder Anwendungsprozesse, werden dabei oft nicht berücksichtigt.

Der *Entwurf der Anwendungssoftware* entspricht dem klassischen Softwareentwurf zum Beispiel durch Petrinetze oder Datenflußdiagramme. Die dort eingesetzten Verfahren unterstützen allerdings in der Regel nicht die Behandlung persistenter Objekte, wie sie für Informationssysteme charakteristisch sind. Bei dem Entwurf von Informationssystemen müssen diese beiden Teilbereiche integriert werden, was aufgrund der unterschiedlichen Formalismen zu Problemen führt.

Ein weiterer zu behandelnder Teilbereich ist die Beschreibung des erlaubten zeitlichen Verhaltens *unabhängig von Anwendungstransaktionen*. Dieser Teilbereich ist insbesondere dann relevant, wenn das Informationssystem direkte Änderungen der Datenbank unter Umgehung von Anwendungssoftware zuläßt, beziehungsweise wenn nachträgliche Erweiterungen und Änderungen der Anwendungsprogramme zu erwarten sind.

2.2 Eignung verschiedener Spezifikationsmethoden

In Abschnitt 1.3 wurden mehrere verbreitete Spezifikationsansätze und die ihnen zugrundeliegenden semantischen Modellbildungen kurz vorgestellt. In Abbildung 2.1

soll versucht werden, diese Ansätze bezüglich ihrer Eignung für den konzeptionellen Entwurf von Informationssystemen einzuordnen.

Entwurfskonzept	Modellbildungen				
	Funkt.	ADTen	DB-Zust.	DB-Entwickl.	Prozesse
Datenstrukturierung	–	+	+	(+)	–
anwendungsspez. Funktionen	+	+	–	(+)	–
Persistenz	–	–	+	+	(–)
Klassifizierung / Spezialisierung	–	(+)	+	(–)	–
zeitl. Verhalten	–	–	(–)	+	+
Kommunikation / Interaktion	–	–	–	–	+
Aktivität versus Passivität	–	–	–	–	(+)

Abbildung 2.1: Eignung verbreiteter semantischer Modellbildungen für den konzeptionellen Entwurf von Informationssystemen.

Zu diesem Zwecke wurde in Abbildung 2.1 eine Auflistung einiger für den Entwurf von Informationssystemen grundlegender Entwurfskonzepte vorgenommen — diese Liste umfaßt die Begriffe Datenstrukturierung, anwendungsspezifische Funktionen, Persistenz, Klassifizierung und Spezialisierung / Generalisierung von Informationseinheiten, zeitliches Verhalten, Kommunikation und Interaktion, sowie Aktivität versus Passivität — und den einzelnen Spezifikationsans'atzen gegenübergestellt. Die Eignung der Ansätze zur Modellierung dieser Konzepte wurde dann mittels '+' bzw. '–' bewertet. Die vorgenommene Bewertung soll nun im kurz begründet werden.

- Die *Spezifikation von Funktionen* etwa mit Vor- und Nachbedingungen ist für die meisten aufgeführten Aspekte prinzipiell nicht geeignet, da weder eine angemessene Datenstrukturierung noch eine zeitliche Entwicklung geeignet modelliert werden kann.

- *Abstrakte Datentypen* (ADTen) modellieren Mengen von *Werten* mit zugehörigen spezifischen Funktionen. Sie sind somit gut geeignet zur Datenabstraktion und Funktionsspezifikation, solange keine zeitlichen Aspekte wie Persistenz ins Spiel kommen. Die Möglichkeit der Parametrisierung und Untersortenbildung [EM85, EGL89] kann einige Aspekte der Klassifizierung und Spezialisierungshierarchien modellieren, vernachlässigt aber den zustandsabhängigen Aspekt dieser Modellierungskonzepte. Interpretationsstrukturen der Prädikatenlogik wurden nicht gesondert aufgeführt, da für sie im Prinzip dasselbe wie für abstrakte Datentypen gilt.

- *Datenbanken* und Datenbankänderungen werden durch ein Schema eines Datenmodells spezifiziert. Die verschiedenen Datenmodelle sind in der Regel sehr gut geeignet zur Strukturierung persistenter Datenbestände — dafür wurden sie ja speziell entwickelt. Konzepte wie Anwendungsfunktionen, Interaktivität etc. sind ihnen jedoch prinzipiell fremd, und die Einschränkungen des zeitlichen Verhaltens bei Zustandsübergängen werden oft nur rudimentär unterstützt.
- Die modalen oder temporalen Erweiterungen der Prädikatenlogik sind in der Lage, zeitliche *Datenbankentwicklungen* zu charakterisieren. Diese Erweiterungen sind, da sie die Prädikatenlogik als Unterkalkül enthalten, prinzipiell auch zur Datenstrukturierung und Funktionsdefinition geeignet, aber ihre Stärken liegen eindeutig in der deskriptiven Beschreibung des zeitlichen Systemverhaltens (welche die Definition von Persistenz als Teilaspekt beinhaltet).
- Die Spezifikation kommunizierender *Prozesse* ist als einziger der vorgestellten Ansätze in der Lage, Kommunikation und Interaktivität angemessen zu modellieren. Die heutigen Methoden bieten aber in der Regel nur wenig Unterstützung zur Modellierung von Datenstrukturen und persistenten Informationseinheiten. Die Unterscheidung zwischen Aktivität und Passivität wird oft zugunsten einer deskriptiven Beschreibung des Gesamtsystems fallengelassen.

Ziel einer Entwurfsmethode, die auf diesen etablierten Ansätzen aufbaut, muß nun eine geeignete Kombination der Stärken der einzelnen Methoden sein.

2.3 Mehrschichtiger konzeptioneller Entwurf

In den vorigen Abschnitten wurde motiviert, daß der Entwurf von Informationssystemen vielerlei, auf den ersten Blick unverträgliche Teilaspekte beinhaltet. Für die formale Semantik und für Konsistenzprüfungen wird eine umfassende und einheitliche Modellbildung benötigt, die alle diese Bestandteile umfaßt. Für einen praktisch einsetzbaren Spezifikationsformalismus hingegen ist es sinnvoll, für all diese Teilaspekte bereits erprobte Beschreibungsmethoden zu verwenden. Diese beiden gegenläufigen Forderungen können in einem geschichteten Ansatz, wie er etwa in [SFNC84, CS88, HNSE87, Saa91a, EGH^{+}92] vorgeschlagen wurde, integriert werden. Eine derartige Aufteilung in Schichten ist in Abbildung 2.2 skizziert.

Die Schichtenarchitektur in Abbildung 2.2 zeigt in gewissem Sinne eine zentralisierte Sicht auf den Aufbau eines konzeptionellen Modells. Wenn wir auch Aspekte der logischen Verteilung und Autonomie berücksichtigen wollen, erhalten wir das in Abbildung 2.3 gezeigte Bild, bei dem — basierend auf einer gemeinsamen Datenschicht als Verständigungsgrundlage — mehrere autonome Datenbanken unter einer Prozeßschicht zusammengefaßt werden.

Die Pfeile zwischen Prozeß- und Aktionenschicht in Abbildung 2.3 deuten an, daß Manipulationen der Datenbank ausschließlich über die Schnittstelle der Aktionen

Abbildung 2.2: Schichtenmodell des konzeptionellen Entwurfs.

erfolgen können. Ferner ist in dem Bild berücksichtigt, daß Anwendungsprozesse unabhängig von Datenbanken Datentypen verwenden können.

Die Idee des geschichteten Ansatzes ist es, schrittweise eine immer komplexere Modellbildung zu entwickeln, die am Ende ausreichend mächtig ist, um auch komplexe Informationssysteme zu beschreiben. Die einzelnen Schichten eines konzeptionellen Entwurfs werden im folgenden kurz erläutert. Bei der Erläuterung wird jeweils auf die zugrundeliegende semantische Modellbildung und auf die in Frage kommenden Spezifikationsformalismen und -sprachen eingegangen. Die Darstellung lehnt sich an den in [Saa91a] präsentierten Ansatz an.

2.3.1 Datenschicht

Die *Datenschicht* beschreibt den zustandsunabhängigen Anteil der Strukturen eines Informationssystems. Hier werden die Basisdatenstrukturen beschrieben, die der Datenbank und den Anwendungsprozessen gemeinsam sind. Zu beschreibende Elemente sind ***zustandsunabhängige Datenstrukturen und zugehörige Operationen***, mit anderen Worten also ***abstrakte Datentypen.***

Die explizite Spezifikation einer Datenschicht ist im klassischen Datenbankentwurf eher unüblich. Die Motivation für eine explizite Spezifikation ist, daß selbst einfache Anwendungen mit den durch bekannte Datenbankmodelle vorgegebenen elementaren Wertebereichen nicht auskommen. Dies gilt erst recht für die sogenannten Nicht-Standard-Anwendungen zum Beispiel im Ingenieurbereich [KL88]. Neben den vorgegebenen Datentypen wie `integer` und `string` müssen somit zusätzlich anwendungsspezifische Datentypen spezifiziert werden können. Typische Beispiele für zu spezifizierende Datentypen sind

- geometrische und graphische Datentypen wie Punkt, Linienzug, Polygon, etc.

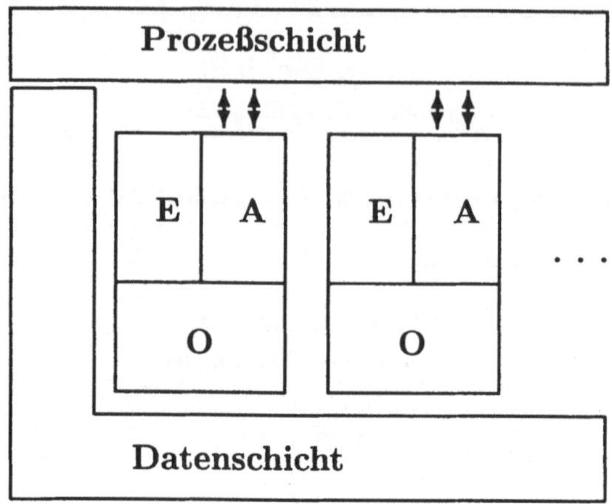

Abbildung 2.3: Modifizierte Schichtenarchitektur.

- Aufzählungstypen wie Farbe, Maßeinheit, etc.
- ingenieurwissenschaftlich relevante Datentypen wie Matrix, Vektor, etc.
- insbesondere für Multimediaanwendungen und verwandte Gebiete wichtige Datentypen wie Bitmap, Bildsequenz, Text, etc., die im klassischen Datenbankentwurf nur als uninterpretierte 'Byte-Container' modelliert werden können.

Zur Beschreibung von Datentypen wird die algebraische Spezifikation von abstrakten Datentypen eingesetzt [EM85, EGL89]. Einfache Datentypen werden hierbei direkt durch Angabe eines Gleichungssystems beschrieben, während zur Konstruktion komplexerer Strukturen *parametrisierte Datentypen* wie `list` oder `set` eingesetzt werden können. Die Modellbildung für die algebraische Spezifikation sind Algebren im mathematischen Sinne, d.h. abstrakte Wertebereiche plus Funktionen auf diesen Wertebereichen.

Beispiel 2.3.1 Der geometrische Datentyp `point` modelliert Punkte in der Zahlenebene. Zusammen mit den zugehörigen Operationen kann er wie folgt spezifiziert werden[1]:

```
DATATYPE point BASED ON real;
SORTS point;
OPERATIONS distance :        (point × point): real;
           xcoord, ycoord : (point): real;
           createpoint :     (real × real): point;
           add :             (point × point): point;
```

[1] In diesem Buch werden neuentwickelte Beispiele in der Regel mit deutschen Bezeichnungen ausgeführt, während aus der Literatur entnommene Beispiele in der originalen (in der Regel englischen) Notation übernommen wurden. Einige der Beispiele in diesem Abschnitt stammen aus [Saa91a].

```
  ...
VARIABLES p,q : point;
          x,y,x1,y1 : real;
EQUATIONS
    x = xcoord(createpoint(x,y));
    y = ycoord(createpoint(x,y));
    distance(createpoint(x,y),createpoint(x1,y1))
      = sqrt((x-x1)*(x-x1) + (y-y1)*(y-y1));
    add(p,q)
      = createpoint(xcoord(p)+xcoord(q),ycoord(p)+ycoord(q));
    ...
```
□

Ein Modell für den Typ `point` in dieser Beispielspezifikation ist die Menge abstrakter Punkte auf der Zahlenebene (isomorph zu `real`×`real`) zusammen mit den angegebenen Operationen. In der Regel gibt es mehrere mathematische Modelle für eine Spezifikation, aus der ein (bis auf Isomorphie eindeutiges) Modell als Semantik gewählt werden muß [EM85, EGL89].

2.3.2 Objektschicht

In der *Objektschicht*[2] werden die möglichen Zustände einer Datenbank beschrieben. Zu beschreibende Elemente sind die *korrekten Datenbankzustände*, d.h. die möglichen Mengen von *informationstragenden persistenten Objekten.*

Bestandteile der Objektschichtbeschreibung sind insbesondere abstrakte Strukturbeschreibungen in einem Datenmodell sowie die Angabe von Integritätsbedingungen. Für den konzeptionellen Entwurf sollte das verwendete Datenmodell Modellierungsmechanismen wie komplexe Objekte, beliebige Beziehungen zwischen Objekten und Generalisierungshierarchien mit Vererbung unterstützen. In Frage kommen hierfür eine ganze Reihe von modernen Vorschlägen für konzeptionelle Datenmodelle bzw. Objektmodelle. Beispiele für solche Datenmodelle sind

- die sogenannten *semantischen Datenmodelle* [HK87, PM88],
- *(erweiterte) Entity-Relationship-Modelle* [HNSE87, EN89, EGH+92, Hoh93],
- sowie die sich zum Teil noch in der Entwicklung befindlichen *objektorientierten Datenmodelle* [ABD+89, Bee90, Heu92].

Moderne Vorschläge für konzeptionelle Datenmodelle unterstützen in der Regel bereits eine Vielzahl an Modellierungskonzepten, die eine abstrakte Beschreibung der zu speichernden Informationseinheiten (hier : 'Objekte') und der Beziehungen

[2]Der Begriff Objektschicht hat sich für diese Schicht etabliert, da auf dieser Schicht die *strukturellen Objekte* der Datenbank modelliert werden. Dieser Objektbegriff hat nur wenig mit dem ansonsten in diesem Buch benutzten Objektbegriff als Einheit von Struktur *und* Verhalten zu tun. In diesem Abschnitt werden die Begriffe 'Objektschicht' und 'Objekt' in diesem rein strukturellen Sinne benutzt, um die Konsistenz zur Notation in der Literatur zu wahren.

zwischen diesen ermöglichen. Einen Überblick über einige sinnvolle Modellierungskonzepte gibt die folgende Auflistung.

- Das erste Modellierungsprimitiv ist das Konzept eines abstrakten *Objekts*. Objekte modellieren die gespeicherten Informationseinheiten und sind Abstraktionen der in dem Anwendungsgebiet auftretenden 'Dinge'. Objekte sind abstrakt in dem Sinne, daß nicht sie selber, sondern nur ihre Eigenschaften beobachtbar sind. Eigenschaften von Objekten werden *Attribute* genannt und sind daten- oder objektwertige Funktionen.

- Objekte können zu elementaren *Objekttypen* gruppiert werden, sofern sie gleichartige Eigenschaften aufweisen. Beispiele für Objekttypen sind `PERSON` oder `FIRMA` mit zugehörigen datenwertigen Attributen, z.B. das Attribut `name` vom Typ `string` bzw. das Attribut `location` vom Typ `point`. Ein Beispiel für ein objektwertiges Attribut ist das Attribut `boss` vom Typ `PERSON`, das eine Eigenschaft von Objekten des Typs `FIRMA` beschreibt.

- Abstrakte Objekte haben eine *Identität* unabhängig von ihren beobachtbaren Eigenschaften, d.h. unterschiedliche Objekte können gleiche Attributwerte haben. Um diese Objekte unterscheiden zu können, wird ein sogenannter *Objektidentifikationsmechanismus* [KC86] benötigt. Diese Identifikation kann auf der konzeptionellen Ebene explizit durch Angabe von Schlüsselattributen [EDG88, HNSE87] oder implizit als Eigenschaft des Datenmodells [ABD+89, Bee90] festgelegt werden.

- Mit einem Objekttyp ist zu jedem Zeitpunkt die *Klasse* aktuell existierender Ausprägungen, d.h. existierender Objekte dieses Typs, assoziiert. In der Regel wird davon ausgegangen, daß unterschiedliche Klassen disjunkt sind. In vielen Fällen sind aber diese Klassen konzeptionell nicht disjunkt, so z.B. die Klassen `PERSON` und `MANAGER`. In diesem Fall sprechen wir auch von *Klassen- oder Typkonstruktion* [HNSE87]. Derartige konstruierte Klassen erben ihre Identifikation (und je nach Datenmodell eventuell auch ihre Eigenschaften) von den Basisobjekttypen (d.h. den elementaren, nicht konstruierten Typen, auf denen die Konstruktionshierarchie fußt). Die formale Semantik dieser Konstruktionen ist in [AH87, HNSE87, Hoh90, Hoh93] beschrieben. Einige für den konzeptionellen Entwurf interessante Typkonstruktionen sind die folgenden :

  - *Spezialisierung* wird benutzt, um eine Klassenhierarchie aufzubauen (`is_a`-Beziehungen). Als Beispiel können wir die beiden unabhängigen Unterklassen `PATIENT` und `MANAGER` als Spezialisierungen von `PERSON` definieren. Spezialisierung bedeutet eine Untermengenbeziehung zwischen den aktuellen Klassenausprägungen und, abhängig vom verwendeten Datenmodell, die Vererbung von Eigenschaften des Eingabetyps.

  - *Partitionierung* ist ein Spezialfall der Spezialisierung, bei dem in einem Schritt mehrere *disjunkte* Unterklassen konstruiert werden. Ein Beispiel ist die Partitionierung von `PERSON` in `WOMAN` und `MAN`.
  - *Generalisierung* ist in gewissem Sinne der umgekehrte Schritt zur Spezialisierung — mehrere (disjunkte) Eingabeklassen werden zu einer neuen Klasse generalisiert. Ein Beispiel ist die Generalisierung der Objekttypen `PERSON` und `FIRMA` zu juristischen Personen (`LEGAL_PERSON`).

- Ein anderes Modellierungskonzept bekannt durch die Entity-Relationship-Ansätze [Che76] ist die Definition allgemeiner *Beziehungen* zwischen Objekten, z.B. die Beziehung `Works_For` zwischen Personen und Firmen. Viele Beziehungen (so die bereits erwähnten `is_a`-Beziehungen) haben eine spezielle Bedeutung. Sie werden darum in einigen Datenmodellen explizit gekennzeichnet und bei Konsistenztests sowie Transformationen gesondert behandelt.
- Eine weitere Beziehung zwischen Objekten, die gesondert behandelt werden sollte, ist die Zusammensetzung *komplexer Objekte* aus anderen Objekten. Dieses Modellierungskonzept hat sich insbesondere in den sogenannten Nicht-Standard-Anwendungsbereichen (Ingenieurtätigkeiten [KL88], Büroinformationssysteme [Tsi85], kartographische Anwendungen [LNE89]) als unverzichtbares Konzept herausgestellt.

Semantische Modelle für die Objektschicht sind Interpretationsstrukturen für eine mehrsortige Prädikatenlogik. Besonders beachtet werden muß hierbei die konsistente Integration der Datenschichtalgebren als fest vorgegebene Teilstruktur sowie die Modellierung des Objektidentifikationsmechanismus. Eine detaillierte Behandlung dieses Problemfelds kann in [EDG88] gefunden werden. Die semantische Modellkonstruktion für ein erweitertes Entity-Relationship-Modell wird in [HG88, GH91, Hoh93] beschrieben.

Zusätzlich zur Strukturbeschreibung werden die möglichen Ausprägungen der Datenbank durch explizite statische *Integritätsbedingungen* eingeschränkt. Viele (einfache) Integritätsbedingungen können oft bereits durch Modellierungskonstrukte des verwendeten Datenmodells implizit ausgedrückt werden, so etwa Schlüsselbedingungen oder Kardinalitäten von Beziehungen. Explizite Integritätsbedingungen werden in Prädikatenlogik formuliert.

Beispiel 2.3.2 Als Beispiel formulieren wir die statische Integritätsbedingung, daß ein Manager bzw. eine Managerin immer mehr verdient als die Angestellten, die in seiner bzw. ihrer Abteilung arbeiten.

```
FOR ALL (P : PERSON), (M : MANAGER), (D : DEPARTMENT) :
  ( Works_For(P,D) AND D.manager = M AND NOT P = PERSON(M) )
     IMPLIES P.salary < M.salary;
```

In dem Beispiel wurde eine implizite Konversionsfunktion eines `MANAGER`-Objekts in ein `PERSON`-Objekt benutzt, die durch die Klassenhierarchie (Spezialisierungen) definiert ist. □

Integritätsbedingungen werden in der semantischen Konstruktion als prädikatenlogische Axiome aufgefaßt, die die erlaubten Ausprägungen von Datenbankzuständen einschränken.

2.3.3 Entwicklungsschicht

Die *Entwicklungsschicht* beschreibt die möglichen zeitlichen Entwicklungen des Datenbestandes unabhängig von Anwendungstransaktionen. Grundlage hierfür ist eine temporale Objektidentität [KC86], d.h. die Identität von Datenbankobjekten überlebt Datenbankänderungen. Diese Eigenschaft ist in wertebasierten Datenmodellen, z.B. dem Relationenmodell und seinen Erweiterungen, nicht gegeben. Einschränkungen der zeitlichen Entwicklung werden als *dynamische* bzw. *temporale Integritätsbedingungen* bezeichnet. Beispiele für temporale Integritätsbedingungen sind

- *"Das Gehalt von Angestellten darf nicht sinken."*
- *"Flugzeuge müssen mindestens einmal im Jahr gewartet werden, spätestens aber alle 100.000 Kilometer Flugleistung."*
- *"Angestellte müssen ihren jährlichen Urlaub spätestens bis zum Mai des folgenden Jahres genommen haben."*

Temporale Integritätsbedingungen können in verschiedenen Spezifikationsformalismen beschrieben werden :

- Als logikbasierte Spezifikationssprache kann eine an die Anforderungen des Datenbankentwurfs angepaßte *temporale Logik* benutzt werden. Verschiedene temporale Logiken wurden für diesen Zweck in der Literatur vorgeschlagen [Ser80, ELG84, Saa88, Lip89, Saa91b, Cho92a].

  Während [Ser80, ELG84, Saa88, Lip89, Saa91b] zukunftsgerichtete temporale Logiken basierend auf kausaler Zeit (auch Transaktionszeit genannt) vorschlagen, schlägt J. Chomicki in [Cho92a] vergangenheitsgerichtete temporale Logik vor und präsentiert in [Cho92b] eine Erweiterung dieser Logik um Echtzeitoperatoren.

- Ein alternative Methode, temporale Bedingungen zu formulieren, ist die Spezifikation von Übergangsautomaten oder einfachen Petrinetzen. Der Einsatz von Petrinetzen für diese Aufgabe wurde vorgeschlagen z.B. in [EKTW86] und in der Dissertation von A. Oberweis [Obe90].

Diese beiden Ansätze sind in dem Sinne äquivalent, daß aus temporalen Formeln die äquivalenten Übergangsautomaten konstruiert werden können [LS87, Saa88, Lip89, HS91b]. Auch der umgekehrte Weg ist möglich, da aus Übergangsautomaten in temporaler Logik formulierte transitionale Integritätsbedingungen abgeleitet werden können. Da in Abschnitt 3.4 eine ausführliche Einführung in temporale Logik folgen wird, wird an dieser Stelle nur ein Beispiel für eine temporale Integritätsbedingung aufgeführt.

Beispiel 2.3.3 Die temporale Integritätsbedingung "*Gehälter von Angestellten dürfen nicht sinken.*" kann wie folgt formuliert werden :

```
FOR ALL (E : EMPLOYEE) (s : integer):
    ALWAYS (E.salary = s IMPLIES ALWAYS NOT E.salary < s );
```

Der temporale Operator `ALWAYS` bezeichnet eine Quantifizierung über *alle* zukünftigen Zustände. Das erste `ALWAYS` definiert die von ihm gebundene Teilformel als Invariante, d.h. die Formel muß von allen eingefügten `EMPLOYEE`-Objekten in allen zukünftigen Datenbankentwicklungen erfüllt werden. Die innere Implikation fordert, daß, falls das Gehalt eines Angestellten (der Wert des `salary`-Attributes) jemals gleich dem Wert `s` ist, es dann in allen Folgezuständen größer oder gleich diesem Wert sein muß. Dies folgt aus der inneren Quantifizierung mit `ALWAYS`. □

Semantische Modellbildung für die Entwicklungsschicht sind Folgen von Datenbankzuständen, d.h. Folgen von prädikatenlogischen Interpretationsstrukturen. Formal können derartige Folgen als Kripke-Strukturen modelliert werden [Saa88, Saa89]. Da Spezifikationen in temporaler Logik leicht unübersichtlich werden, können zur graphischen Verdeutlichung endliche Automaten aus derartigen Formeln konstruiert werden, die gleichzeitig eine Konsistenzüberprüfung ermöglichen [Saa88, SL89, Lip89, LF89, Saa91b].

2.3.4 Aktionenschicht

In der *Aktionenschicht* werden — anwendungsspezifisch — die elementaren Datenbankänderungstransaktionen beschrieben. Diese elementaren Aktionen sind die kleinsten integritätsrespektierenden Bestandteile von Anwendungsprogrammen. In der Datenbankterminologie werden integritätsrespektierende Datenbankänderungen als *Transaktionen* bezeichnet. Wir bezeichnen diese Schicht bewußt nicht als Transaktionsschicht, da einerseits mit dem Begriff 'Transaktion' oft weitere Konzepte verbunden werden, von denen auf der konzeptionellen Ebene abstrahiert werden sollte, und andererseits der moderne Transaktionsbegriff [WR90, Elm92] oft von der Elementaritätsforderung abweicht (Stichwort 'lange Transaktionen').

Zu beschreibende Elemente der Aktionenschicht sind modellierungsabhängige Datenbankänderungen, d.h. (parametrisierte) Funktionen, die einen vorgegebenen korrekten Datenbankzustand in einen neuen korrekten Zustand überführen. Als Beispiele für elementare Aktionen können folgende Operationen aufgeführt werden:

- Eintrag einer Flugreservierung in eine Reisebüro-Datenbank.
- Löschen eines Angestellten.

- Lohnerhöhung aller Angestellten der Abteilung 'Forschung & Entwicklung' um zehn Prozent.

Für derartige Aktionen sind in der Literatur mehrere Beschreibungsformalismen vorgeschlagen worden.

- Die Spezifikation von Aktionen durch Vor- und Nachbedingungen ermöglicht eine deskriptive abstrakte Beschreibung des Effekts einer Aktion [Lip89, Lip90, EGH+92]. Ein Problem dabei ist, daß die Änderung in der Regel nicht eindeutig determiniert ist, d.h., daß als semantische Modellbildung Relationen zwischen Datenbankzuständen anstatt Funktionen eingesetzt werden müssen.

- Viele Datenmodelle und Entwurfsmethoden bieten operationale Sprachen zur Definition von Datenbankaktionen an, die an Konzepten imperativer Programmiersprachen orientiert sind [EGH+92]. Allerdings ist bei diesen Ansätzen oft keine ausreichend formale Semantik gegeben.

Als Beispiel für eine Aktionsspezifikation geben wir die Definition einer elementaren Transaktion mittels Vor- und Nachbedingungen an.

Beispiel 2.3.4 Die Transaktion `FireEmployee` entfernt eine Person aus der Datenbank, falls er oder sie nicht momentan Manager einer anderen Person ist.

```
ACTION FireEmployee (person_name : string);
   VARIABLES P : PERSON;
   PRECONDITION
      P.name = person_name IMPLIES
         NOT EXISTS (PP : PERSON) P = PERSON(PP.manager);
   POSTCONDITION
      NOT EXISTS (P : PERSON) P.name = person_name;
```

Die Objektvariable P ist implizit allquantifiziert über alle aktuell gespeicherten Personen der Klasse PERSON. □

Wie bereits erwähnt, ist die semantische Modellbildung für Aktionen eine Menge von Funktionen (bzw. Relationen) zwischen Datenbankzuständen. Die semantische Modellbildung für Folgen von Aktionen entspricht dann der Entwicklungsschicht (aus diesem Grund sind die beiden Schichten in Abbildung 2.2 auf gleicher Höhe angeordnet). Eine interessante Fragestellung ist darum die Konsistenz der kombinierten Semantik beider Schichten [Lip89, LS88].

Insbesondere bei der Spezifikation mittels Vor- und Nachbedingungen müssen zwei implizite Regeln beachtet werden, die es in vielen Fällen erlauben, aus der Relation möglicher Änderungen eine eindeutige Funktion als Semantik der Änderungsaktion auszuwählen :

- Die *Integritätsregel* besagt, daß Aktionen integritätsbewahrend sein müssen, also korrekte Zustände wieder in korrekte überführen. Dies kann in der Regel durch zusätzliche Vor- und Nachbedingungen erreicht werden (Stichwort 'Update Propagation').

- Die *Minimalitäts-* oder *implizite Rahmenregel* besagt, daß die Änderung durch eine Aktion möglichst minimal sein sollte, um die Nachbedingung zu erfüllen. Eine bekannte Faustregel dafür ist z.B., daß nur explizit erwähnte Prädikate und Funktionen geändert werden dürfen. Die Auswahl einer minimalen Änderung ist im allgemeinen nicht immer möglich, so bei disjunktiven Nachbedingungen. Eine ausführliche Betrachtung dieser Problematik kann in den Arbeiten von U. Lipeck [Lip89, Lip90] gefunden werden.

Diese beiden Regeln arbeiten natürlich in gewisser Weise gegensätzlich : Die Integritätsregel erweitert eventuell den Aktionseffekt um die Integrität zu wahren, während die implizite Rahmenregel versucht diesen Effekt möglichst minimal zu halten.

2.3.5 Prozeßschicht

In der *Prozeßschicht* (oder auch *Anwendungsschicht* [Saa91a]) werden die eigentlichen Anwendungsprozesse eines Informationssystems beschrieben. Dies ist in der Regel nicht durch Vor- und Nachbedingungen wie bei der Aktionenschicht möglich, da derartige Anwendungen in der Regel interaktiv sind oder sogar auf mehrere Datenbanken und andere Ressourcen zugreifen. Mit anderen Worten, derartige Anwendungsprogramme sind *kommunizierende Prozesse* und müssen mit entsprechenden Formalismen spezifiziert werden, zum Beispiel durch Petrinetze oder abstrakte Prozeßbeschreibungssprachen. Beispiele für derartige Anwendungsprozesse sind

- eine Flugbuchungssitzung im Reisebüro, bei der in einer interaktiven Beratungssitzung ein freier passender Flug ausgewählt und schlußendlich gebucht wird,
- sogenannte 'lange' Transaktionen bzw. 'Entwurfstransaktionen' im Ingenieurbereich, bei denen komplexe Entwurfsaufgaben gelöst werden müssen,
- oder das Erstellen eines Firmen-Monatsberichts, bei dem Daten aus mehreren (oft geographisch verteilten) Teilbereichen zusammengestellt und aufbereitet werden müssen.

Wie bereits im Unterabschnitt über Prozeßspezifikation im Abschnitt 1.3 ausgeführt, kommen als Spezifikationsformalismen für die Prozeßschicht verschiedene bekannte Prozeßbeschreibungsmethoden in Frage :

- *Petrinetze* [Rei85] ermöglichen eine direkte Darstellung der verteilten Abläufe von Prozessen. Für Petrinetze existiert eine Fülle von Analyse- und Prototyping-Werkzeugen.
- *Prozeßalgebren und -kalküle* beschreiben Prozesse durch Komposition komplexer Prozesse aus elementaren Prozessen [Hoa85, Hen88, Mil89].

- *Temporale Logiken* werden zur deskriptiven Beschreibung von Prozeßeigenschaften eingesetzt [MP81, MP92], aus denen operationale Prozeßdefinitionen generiert werden können [MW84].

Die semantische Modellbildung für diese oberste Schicht (die ja alle anderen als Komponenten enthält) ist naturgemäß sehr komplex. Die Datenbank selber und die Anwendungsprozesse werden durch kommunizierende Prozesse beschrieben. Die elementaren Aktionen der Datenbank bilden das Ereignisalphabet des Datenbankprozesses, und jeder Folge von derartigen Ereignissen wird eine Folge von Datenbankzuständen als Beobachtung zugeordnet. Einer Datenbankentwicklung entspricht somit ein, in der Regel nicht terminierender, linearer Prozeß. Andere Komponenten eines Informationssystems werden ebenfalls durch Prozesse beschrieben :

- *Interaktive Benutzerschnittstellen* sind Beispiele für Komponenten eines Informationssystems, die nur als kommunizierende Prozesse beschreibbar sind.

- Die sogenannten *langen Transaktionen* [LP83, KLMP84] sind Beispiele für in der Regel operational beschriebene, terminierende Prozesse, die eine verteilte, oft langwierige Tätigkeit beschreiben.

- *Aktive Systemkomponenten* wie die Systemuhr oder ein Kalender müssen als aktive Prozesse beschrieben werden, die eventuell andere Ereignisse anstoßen können. Zu diesen aktiven Komponenten gehören konzeptionell auch Sensoren und ähnliche Überwachungskomponenten in Steuerungssystemen.

- Andere *Softwaresysteme* wie CAD-Software oder Produktionsplanungssysteme müssen in der Regel als eingekapselte Prozesse beschrieben werden, von denen nur die Zugriffsschnittstelle bekannt ist.

- Als letzter Punkt sollte erwähnt werden, daß in der Regel *mehrere, eventuell verteilte, Datenbanken* als unabhängige Prozesse modelliert werden müssen. Dies bedeutet in letzter Konsequenz den Schritt von der zentralen Systemarchitektur hin zu Anwendungssystemen bestehend aus interoperablen Komponenten heterogener Architektur [SW91].

Die Forderung nach über den klassischen, elementaren Transaktionsbegriff hinausgehenden Konzepten wird oft mit dem Aufkommen sogenannter "Nicht-Standard-Anwendungen" verbunden, etwa Anwendungen im CAD- oder Büro-Bereich [LP83, KLMP84, Tsi85]. Das folgende Beispiel zeigt, daß komplexe Anwendungsprozesse auch in typischen etablierten Datenbankanwendungen eher die Regel als die Ausnahmen sind.

Beispiel 2.3.5 Ein typisches Beispiel für einen Anwendungsprozeß ist eine Sitzung im Reisebüro, in deren Verlauf eine Flugbuchung vorgenommen werden soll.

Der eigentliche Buchungsprozeß besteht u.a. aus einer Schleife, in der — in Interaktion mit dem Kunden — ein freier Platz für einen Flug gesucht wird. Da Flüge oft bereit voll ausgebucht sind, müssen mehrfach Parameter (die Reisewünsche) in Absprache mit dem Kunden modifiziert werden.

Während des Buchungsprozesses werden mehrfach Anfrageereignisse (eventuell mit provisorischen Sperrwünschen für Plätze) an den Datenbankprozeß geschickt. Eine erfolgreiche Sitzung endet mit einer Buchungsaktion der Datenbank (und dem Anstoß eines weiteren Prozesses, der sich um die Abwicklung der Rechnungserstellung kümmert).

Zu beachten ist bei diesem Buchungsablauf insbesondere, daß in einer Schleife wiederholt Buchungsparameter interaktiv vom Benutzer abgerufen werden, deren Werte von den Ergebnissen bisheriger Anfragen abhängen können. Dieser Prozeß kann also *nicht* als elementare Transaktion mit fester Parameteranzahl modelliert werden ! □

Wie bereits erwähnt, können für den Entwurf von Anwendungsprozessen verschiedene Beschreibungsmethoden aus dem Bereich des Software Engineerings eingesetzt werden, die zum Entwurf reaktiver Systeme entwickelt wurden. Im Datenbankbereich haben sich — besonders beim Entwurf (vergleiche [Lip89]) — Sprachvorschläge und Konzepte hauptsächlich auf elementare Transaktionen beschränkt. Die Erweiterung dieser Ansätze wird notwendig mit der Erkenntnis, daß für viele Anwendungsklassen das klassische Transaktionskonzept nicht ausreicht und darum neue Konzepte wie etwa 'lange Transaktionen' entwickelt werden müssen.

Ein Beispiel für einen Sprachvorschlag zur Beschreibung von Anwendungsprozessen im Datenbankbereich ist das ConTract-Modell von A. Reuter und H. Wächter [WR90, RW91, WR92]. Das ConTract-Modell ermöglicht die Komposition komplexer Prozesse aus elementaren, klassischen Transaktionen.

Beispiel 2.3.6 Als Beispiel für eine Beschreibung im ConTract-Modell wird eine Ablaufspezifikation in Anlehnung an das obige Beispiel in Abbildung 2.4 dargestellt. Das Beispiel beschreibt einen Anwendungsprozeß, der aus mehreren elementaren Transaktionen S_1 bis S_{11} zusammengesetzt ist. Elementare Transaktionen können dabei die Eingabe von Parametern, Abfragen an Datenbanken oder Änderungen von Datenbanken sein. Teilprozesse können logisch zu Transaktionen ($\mathbf{T}_1$ und $\mathbf{T}_2$) zusammengefaßt werden, d.h., diese Teilprozesse werden entweder ganz oder gar nicht ausgeführt und hinterlassen die Datenbank in einem konsistentem Zustand. □

2.4 Probleme mit dem vorgestellten Ansatz

Der vorgestellte Schichtenansatz unterstützt eine 'horizontale' Strukturierung der Entwurfsdokumente mit dem Ziel, die Komplexität der semantischen Modellbildung

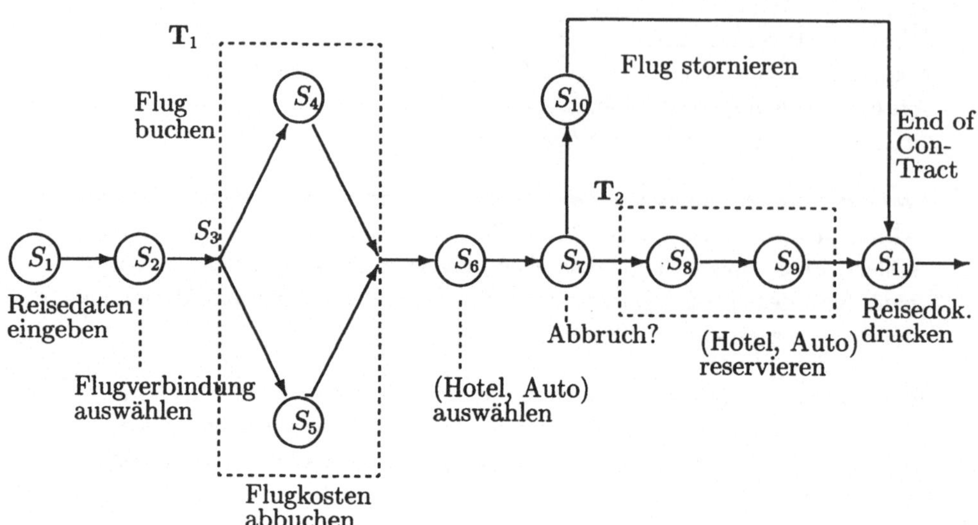

Abbildung 2.4: Beispiel einer Ablaufspezifikation im ConTract-Modell (aus [WL91]).

in den Griff zu bekommen. Die einzelnen Schichten, insbesondere die für Informationssysteme zentrale Objektschicht, werden hingegen durch Spezifikationsdokumente beschrieben, deren Beschreibungsformalismen keine weitere 'vertikale' Strukturierung in Teilsysteme unterstützt. Das Hauptproblem des vorgestellten Ansatzes ist somit die Handhabung großer Entwurfsdokumente.

Aus Erfahrungsberichten über den Einsatz von ER-Modellen in praktischen Projekten ist bekannt, daß die Objektschicht bereits für kleinere Anwendungen eine Komplexität erreicht, in der die ansonsten übliche graphische Darstellung des Gesamtschemas nicht mehr praktikabel ist. Die existierenden Ansätze, ein Modularisierungskonzept in den ER-Ansatz zu integrieren, beschränken sich in der Regel auf die graphische Darstellung und vernachlässigen den semantischen Aspekt der Strukturierung.

Warum ist die Handhabung großer Entwurfsdokumente ein derartig gravierendes Problem im Systementwurf ? Um diese Frage zu beantworten, betrachten wir ein paar wichtige (und besonders kritische) Tätigkeiten im Entwurf:

- Eine zentrale Tätigkeit ist sicher das Erstellen, Ändern und Präsentieren von Entwurfsdokumenten.

- Erstellte Dokumente müssen auf Konsistenz überprüft und gegen die Anforderungen validiert werden.

- Die Entwurfsdokumente bilden die Basis für die Erstellung von lauffähigen Prototypen und für die schlußendliche Implementierung (und Wartung).

- All diese Tätigkeiten werden bei größeren Systemen in Teamarbeit durchgeführt.

Bei diesen Entwurfstätigkeiten spielt die Größe der Einzeldokumente, die in jedem Schritt als Einheit behandelt werden müssen, eine zentrale Rolle. Wir können grob drei Komplexitätsproblembereiche klassifizieren :

1. Die *Entwurfskomplexität* betrifft die Größe der Einzeldokumente an sich. Das typische Beispiel ist ein (unstrukturiertes) ER-Diagram mit mehreren hundert Objektklassen und Beziehungstypen. Dieses Problem tritt insbesondere auf der Objekt- und Entwicklungsschicht auf, da (statische und dynamische) Integritätsbedingungen globale Auswirkungen haben können und somit nicht rein lokal behandelt werden dürfen. Dies gilt ebenfalls für die Aktionenschicht (Stichwort 'update propagation' aufgrund der Integritätsregel). Sowohl für die Datenschicht (ADTen) als auch für die Prozeßschicht hingegen sind formale Modularisierungskonzepte bekannt.

   Die Entwurfskomplexität ist in gewissem Sinne inhärent zum Schichtenansatz, da eine vertikale Strukturierung des Gesamtsystems (und damit der einzelnen Dokumente) orthogonal zur horizontalen Schichtenbildung erfolgen müßte.

2. Die *Modellbildungskomplexität* hingegen betrifft das Problem schichtenübergreifender Konsistenzprüfungen. Obwohl der Schichtenansatz u.a. entwickelt wurde, um diese Problematik in den Griff zu bekommen, stellt diese Konsistenzfrage ein großes Problem dar. Allein die Erfüllbarkeit prädikatenlogischer Axiome (der statischen Integritätsbedingungen) bildet einen Teilkomplex, der für die (globale !) Objektschicht nur schwer in den Griff zu bekommen ist. Weitere kritische Teilbereiche sind sicherlich der Abgleich der temporalen Integritätsbedingungen mit den Aktionenspezifikationen sowie die Analyse der Anwendungsprozesse und ihres Kommunikationsverhaltens.

3. Die *Änderungskomplexität* betrifft die Änderbarkeit und Erweiterbarkeit von Entwurfsdokumenten. Diese Vorgänge sind besonders in frühen Entwurfsphasen sehr häufig und ihre Unterstützung von großer Bedeutung. Dieser Aspekt ist auch unter dem Stichwort *inkrementeller Entwurf* bekannt. Während das rein syntaktische Ändern von Dokumenten z.B. durch strukturorientierte Editoren unterstützt werden kann, treten bei der Konsistenzprüfung und der Prototyperzeugung prinzipielle semantische Probleme auf, die im Kern auf der Fragestellung beruhen, welche Änderungen lokal behandelt werden können bzw. welche Änderungen möglicherweise globale Auswirkungen haben.

   Ein weiterer mit der Änderungskomplexität zusammmenhängender Aspekt ist die Unterstützung der *Wiederverwendbarkeit* von Teilentwürfen, wobei neben dem syntaktischen Aspekt auch die garantierte Konsistenz der verwendeten

Teilentwürfe und die etwaige Wiederverwendbarkeit von Implementierungen dieser Teilentwürfe eine Rolle spielen.

All diese drei Komplexitätsaspekte können natürlich nicht unabhängig voneinander betrachtet werden. Gemeinsam ist ihnen allen, daß die Komplexität der erwähnten Probleme in der Regel mehr als linear mit der Größe des zu entwerfenden Informationssystems anwachsen. Ein weiteres Problem mit dem vorgestellten Ansatz ist der Zuschnitt auf die 'klassische' Anwendungsarchitektur von Informationssystemen mit einer zentralen Datenbank. Neuere Konzepte der Anwendungs- und Datenbanktechnik lassen sich nur schwer integrieren. Beispiele hierfür sind

- die Integration einer *Versions- und Variantenverwaltung* durch die Datenbank, wie sie insbesondere in Nicht-Standard-Anwendungsgebieten eine große Rolle spielen,
- die insbesondere im Bürobereich wichtigen *aktiven Datenbankkomponenten* (der Ablauf von Fristen 'triggert' gewisse Ereignissequenzen) [Day88, BM91],
- sowie der Zugriff aus der Datenbank hinaus auf andere Systemkomponenten (Zugriff auf Systemuhr / -kalender).

All diese Probleme resultieren aus der Rolle der Datenbank als einem einzigen *passiven* Prozeß und der hierarchischen Einordung dieses Prozesses unterhalb der Prozeßschicht. Diese Beispiele zeigen auch das Problem der *Adäquatheit* der vorgestellten Anwendungsarchitektur für moderne Software-Architekturen auf — Stichworte wie verteilte Anwendungen, Interoperabilität, offene Systeme etc. zeigen eine Tendenz zu Systemarchitekturen auf, die dem zentralistischen Architekturansatz der vorgestellten Methodik entgegenlaufen [SW91, HPS93].

Der in den folgenden Abschnitten diskutierte objektorientierte Entwurfsansatz hat das Ziel, gerade diese Nachteile des Schichtenansatzes in den Griff zu bekommen, ohne auf die bewährten Entwurfsprinzipien dieses Ansatzes völlig zu verzichten.

2.5 Beziehungen zum objektorientierten Entwurf

Das vorgestellte Schichtenmodell unterstützt bisher keine Modularisierung des konzeptionellen Entwurfs. Eine derartige Modularisierung erlaubt lokale Konsistenzüberprüfungen sowie eine Aufteilung des Entwurfsdokuments auf mehrere Entwerfer / -innen. Weiterer potentieller Vorteil ist die Wiederverwendbarkeit von Teilentwürfen.

Ein vielversprechender Ansatz dafür ist die bereits in Abschnitt 1.4 motivierte *objektorientierte Spezifikation von Informationssystemen*, wie sie von A. Sernadas, C. Sernadas und H.-D. Ehrich in [SSE87] angeregt wurde. In diesem Ansatz wird eine mehrschichtige Spezifikation vertikal aufgeteilt in Objektmodule, die sowohl den Struktur- als auch den Dynamikanteil lokal zu einzelnen Informationseinheiten (den

"Objekten") beschreiben. Auch eher informelle Ansätze wie OMT [RBP+90] folgen im Prinzip diesem Entwurfsparadigma. Um die Beziehung zu dem vorgestellten Schichtenansatz deutlicher zu machen, rekapitulieren wir kurz die wesentlichen Eigenschaften derartiger Objekte :

- Objekte sind beobachtbar durch Attribute, d.h. sie haben einen *strukturierten beobachtbaren aktuellen Zustand.*
- Die zeitliche Entwicklung von Objekten wird allein durch die *Abfolge von Ereignissen* bestimmt.
- Zusammenfassend kann somit gesagt werden : *Objekte sind beobachtbare Prozesse !*

Objekte sind demnach eindeutig beschrieben durch einen Prozeß über objektspezifischen Ereignissen und einen Lesezugriff auf beobachtbare Attribute. Im Vergleich mit den Ausführungen über die Schichtenarchitektur folgern wir :

> *Die semantische Modellbildung für Objekte entspricht der Modellbildung für die Prozeßschicht.*

Insbesondere der Datenbankprozeß selber ist ein typisches Beispiel für einen beobachtbaren Prozeß, da die Datenbank über Anfragen an den aktuellen Zustand beobachtet werden kann.

Aus dieser grundlegenden Erkenntnis heraus können wir einige weitere Schlußfolgerungen ziehen, die den Bezug des Schichtenansatzes zum objektorientierten Entwurf deutlicher machen :

- Die in vier Schichten beschriebene Datenbank des Schichtenansatzes kann als ein (allerdings in der Regel ziemlich komplexes) Objekt aufgefaßt werden. Als ein Seiteneffekt können auf diese Weise bereits existierende Datenbanken in den objektorientierten Entwurf auf natürliche Weise integriert werden.
- Passive Objekte sind in der Sichtweise des Schichtenansatzes *'Datenbanken im Kleinen'*. Zur Objektbeschreibung können somit auch Datenbankentwurfstechniken eingesetzt werden.
- Konzepte zur Zusammnesetzung von Objekten (vergl. Abschnitt 4.5) sind gut geeignet, um konzeptionelle Datenbankbeschreibungen semantisch fundiert zu strukturieren.
- Das Zusammenspiel von lokaler Analyse und Objektzusammnesetzung hilft bei objektorientierter Strukturierung, die Komplexität der Konsistenzprüfungen in den Griff zu bekommen.
- Der objektorientierte Ansatz unterstützt auf vielfältige Weise die Wiederverwendbarkeit von Beschreibungs- und Systemteilen.

- Der Begriff des eingekapselten Objektes überträgt die aus Programmiersprachen bekannten Vorteile der Modularisierung auf den konzeptionellen Entwurf von Informationssystemen.

Diese Aufzählung macht deutlich, wie objektorientierte Schema-Modularisierung helfen kann, die beschriebenen Probleme des Schichtensansatzes zu bewältigen.

Nach diesen Reflektionen über den prinzipiellen Zusammenhang zwischen objektorientierten Entwurfsprinzipien und dem Schichtenansatz wird in den folgenden Kapiteln die Entwurfssprache TROLL vorgestellt, die den objektorientierten konzeptionellen Entwurf unterstützt.

Literaturhinweise

Der mehrschichtige Entwurf von Datenbankanwendungen wurde von mehreren Arbeitsgruppen vorgeschlagen, so von [SFNC84, CS88, Saa91a, EGH+92]. Die vorgeschlagene Schichtung und Auswahl von Spezifikationsformalismen ist den Artikeln [Saa91a, EGH+92] entnommen.

Empfehlenswerte Lehrbücher über algebraische Spezifikation abstrakter Datentypen sind die Bücher von H. Ehrig und B. Mahr [EM85, EM90] und das deutschsprachige Buch von H.-D. Ehrich, M. Gogolla und U. Lipeck [EGL89].

Konzeptionelle Datenmodelle werden in den Übersichtsartikeln von R. Hull und R. King [HK87], S. Urban und L. Delcambre [UD86], und von J. Peckham und F. Maryanski [PM88] diskutiert. Spezielle erweiterte Entity-Relationship-Modelle können im Lehrbuch von R. Elmasri und S. Navathe [EN89], im Buch von U. Hohenstein [Hoh93] und in den Artikeln von R. Elmasri et al. [EWH85] und von G. Engels et al. [EGH+92] gefunden werden. Die Modellierung von Anwendungsfunktionen als Ergänzung des klassischen Datenbankentwurf wird im Buch von R. Trautloft und U. Lindner motiviert [TL91].

Dynamische Integritätsbedingungen sind ausführlich in der Habilitation von U. Lipeck [Lip89] und der Dissertation von G. Saake [Saa88] behandelt. Die Diskussion der Spezifikation von Transaktionen mit Vor- und Nachbedingungen kann ebenfalls in der Habilitation von U. Lipeck [Lip89] gefunden werden. Spezielle Artikel zu diesem Themenbereich mit Bezug zu dem hier vorgestellten Ansatz sind [Ser80, ELG84, LEG85, LS87, SL88, LS88, Lip90, HS90b, HS91b, Saa91b].

Die Spezifikation von Anwendungsprozessen basierend auf konzeptionellen Datenbankbeschreibungen ist ein neuerer Ansatz, der sich noch nicht in Lehrbüchern niedergeschlagen hat. Die benötigten Basiskonzepte können zum Teil in der Literatur über erweiterte Transaktionskonzepte gefunden werden, so etwa in den Artikeln von H. Wächter und A. Reuter [WR90, WR92] oder in der Artikelsammlung von A. Elmagarmid [Elm92].

Kapitel 3

Formale Beschreibung von Objekten

In den folgenden Kapiteln soll das *Objektkonzept* als Basiseinheit des konzeptionellen Entwurfs formalisiert werden. Wir beginnen in diesem Kapitel mit der Formalisierung einzelner isolierter Objekte und ihrer Klassifizierung in Objektklassen, d.h. wir betrachten vorerst keine Modellierungskonzepte, die die Zusammenhänge zwischen mehreren Objekten beschreiben, so etwa Konzepte wie Objektkommunikation, Konstruktion komplexer Objekte etc.

Bereits in den Abschnitten 1.4 und 2.5 wurden Eigenschaften von Objekten als Entwurfskonzepte diskutiert, die wir im folgenden kurz rekapitulieren werden. *Einzelne Objekte* werden durch folgende Eigenschaften charakterisiert :

- Objekte haben *beobachtbare Attribute und Ereignisse*, d.h. sie haben eine wohldefinierte Lese- und Manipulationsschnittstelle zur Außenwelt.
- Objekte benutzen *Grunddatenstrukturen* als Wertebereiche für Attribute und Ereignisparameter, d.h. sie importieren abstrakte Datentypen als Wertebereiche.
- Objekte haben einen *internen Zustand*, der insbesondere die aktuellen Werte der Attribute bestimmt, von dem aber auch der Effekt von Ereignissen abhängen kann.
- Der bisherige Lebenslauf eines Objektes ist durch den bisherigen *Ereignisprozeß* vorgegeben, der den aktuellen internen Zustand determiniert.
- Objekte können *erzeugt und gelöscht* werden.
- Objekte können *persistent gespeichert* sein.
- Mehrere Objekte können in *Objektklassen* klassifiziert werden. Innerhalb einer Klasse haben sie einen eindeutigen *Identifikator*.

Um ein derart charakterisiertes Objektkonzept zu formalisieren, müssen mehrere Punkte beachtet werden :

1. Der Bereich der *semantischen Modelle* für Objektbeschreibungen muß festgelegt werden, d.h. diejenigen Strukturen, die den zu beschreibenden Objekten formal entsprechen.

2. Ein *Kalkül* zur Beschreibung von Objekten muß entwickelt werden, d.h. eine formale Sprache zur Formulierung von Eigenschaften derartiger mathematischer Strukturen.

   Zwischen Kalkülausdrucken und semantischen Modellen muß eine 'erfüllt'-Relation festgelegt werden, die für ein gegebenes Modell festlegt, ob es die im Kalkülausdruck beschriebenen Eigenschaften hat oder nicht. Diese Beziehung legt dann für einen gegebenen Kalkülausdruck die Klasse aller semantischen Modelle fest, die den Ausdruck erfüllen. Wünschenswert ist hierbei zusätzlich eine konstruktive Semantik, die zumindest ein ausgezeichnetes Element der beschriebenen Modellklasse für einen vorgegebenen Kalkülausdruck konstruktiv bestimmt.

3. Ein letzter, oft vernachlässigter Punkt ist die Entwicklung einer geeigneten *Spezifikationssprache* als 'syntaktischer Zucker' für Kalkülausdrücke. Eine derartige Sprache muß lesbare und benutzerfreundliche Darstellungen von Objektspezifikationen ermöglichen. Die Sprache sollte den Modellierungsprozeß durch geeignete syntaktische Regeln unterstützen, so etwa durch strenge explizite Typisierung von Variablen, Blockbereiche für die Gültigkeit von Variablen, explizite Notationen für Variablendeklarationen und Import von Datentypen u.v.a.m.

Im folgenden wird ein Formalismus zur Beschreibung von Objekten und Objektklassen vorgestellt. Anforderungen und der Aufbau von Objektbeschreibungen sind Inhalt des ersten Abschnitts.

Als beispielhafte objektorientierte Spezifikationssprachmittel werden Konzepte der Sprache TROLL [SJ92a, JSH91, JHSS91, JSHS91] verwendet und bei Bedarf erweitert bzw. modifiziert. TROLL wurde im Rahmen einer europäischen Zusammenarbeit im Gebiet 'Grundlagen der objektorientierten Spezifikation von Informationssystemen' (ESPRIT BRA IS-CORE) entwickelt und ist ein Vertreter der OBLOG-Sprachfamilie, die in Abschnitt 6.2.1 ausführlich diskutiert wird. Einen vollständigen Überblick über TROLL gibt der Sprachreport von R. Jungclaus, G. Saake, T. Hartmann und C. Sernadas [JSHS91].

In den nächsten Abschnitten folgen einige Beispiele für Objekt- und Objektklassenspezifikationen als informeller Einstieg in die Konzepte der Spezifikationssprache TROLL. Im Abschnitt 3.3 wird eine semantische Modellbildung für einzelne Objekte definiert. Es folgen Abschnitte, die die verschiedenen Kalküle zur Beschreibung von Objekteigenschaften einführen und ihre Umsetzung in die Spezifikationssprache vorstellen. Das Kapitel schließt mit der Formalisierung von Objektklassen und Klassentypen als Mechanismus zur Beschreibung ganzer Klassen von 'ähnlichen' Objekten.

3.1 Aufbau von Objektbeschreibungen

Die semantische Modellbildung für ein einzelnes Objekt ist ein *beobachtbarer Prozeß*. Um ein derartiges Objekt isoliert formal zu beschreiben, müssen insbesondere die folgenden Punkte spezifiziert werden :

- Der Objektbezeichner, über den auf das Objekt zugegriffen werden kann.
- Die Schnittstelle des eingekapselten Objektes, d.h. die dem Objekt zugeordneten Attribute und Ereignisse.
- Die Datentypen, die die Wertebereiche für Attribute und Ereignisparameter bilden.
- Die erlaubten Ausprägungen der beobachteten Attributentwicklungen durch Angabe von Integritätsbedingungen.
- Der Effekt der Ereignisse auf die beobachteten Attribute.
- Der Prozeß selber, d.h. die erlaubten Lebensläufe des Objekts. Hierzu können verschiedene Prozeßbeschreibungsformalismen eingesetzt werden :
  - *Sicherheitsbedingungen* beschränken das mögliche Eintreten von Ereignissen durch Angabe von zwingenden Vorbedingungen.
  - *Deskriptive Verpflichtungen* geben Ziele in Form von Ereignissen an, die von einem Objekt langfristig erfüllt werden müssen.
  - Als dritte Möglichkeit kommt die Angabe von *expliziten Prozeßdeklarationen* in Frage.

Ein einzelnes Objekt wird spezifiziert durch die Zuordnung eines eindeutigen Objektnamens und eine *Objektbeschreibung* (engl. 'template'). Eine Objektbeschreibung ist in TROLL syntaktisch wie folgt aufgebaut :

template
    data types *importierte Datentypen;*
    attributes *Attributnamen und -typen;*
    events *Ereignisnamen und -parameter;*
    constraints *Integritätsbedingungen;*
    valuation *Attributänderungen durch Ereignisse;*
    behavior *Prozeßspezifikation;*

Eine Objektbeschreibung bestimmt die Struktur und Semantik eines Objekts (oder auch mehrerer Objekte). Vereinfacht gesehen, entspricht sie somit von der Konzeption her einer Typbeschreibung in einer Programmiersprache. Ein *Objekt* entspricht dann einer *Variablen* zu einer Typbeschreibung. Zur Deklaration einer derartigen 'Objektvariablen' muß — analog zu Variablen einer Programmiersprache — ein Name und eine Objektbeschreibung angegeben werden. Ein einzelstehendes Objekt wird somit wie folgt beschrieben :

```
object ObjektName
   template Objektbeschreibung;
end object ObjektName;
```

Um eine Menge gleichartiger Objekte zu beschreiben, werden *Objektklassen* definiert. Analog zu der Unterscheidung zwischen Objektbeschreibungen und Objekten unterscheiden wir *Klassentypen*[1] und *Objektklassen* :

- Ein *Klassentyp* beschreibt die möglichen Ausprägungen von Objektklassen, liefert also eine *intensionale* Beschreibung von Objektklassen. Zur Definition eines Klassentyps gehört die Festlegung der Struktur möglicher Klassenobjekte sowie die Festlegung eines *Namensraums* zur Unterscheidung der Objekte (Festlegung der Objektidentifikation, siehe [KC86]).
- Eine *Objektklasse* definiert eine Ausprägung einer Klassentypdefinition. Sie gibt also eine *extensionale* Festlegung an. Zur Objektklassendeklaration gehört die Festlegung des Klassentyps der Klasse sowie die Angabe des Klassennamens.

Die Analogie von Objekten zu Variablen einer Programmiersprache kann auf Objektklassen ausgeweitet werden, wobei Objektklassen dann Variablen eines mengenwertigen Typs entsprechen. Die Objektidentifikation findet keine direkte Analogie in der klassischen Programmiersprachenterminologie, entspricht aber der Festlegung von Schlüsseln für relationale Datenbankschemata.

Um einen Klassentyp zu beschreiben, müssen wir im einfachsten Fall den *Namensraum* festlegen sowie eine Objektbeschreibung angeben. In späteren Abschnitten werden weitere Möglichkeiten zur Festlegung von Klassentypen diskutiert. Eine Objektklasse wird durch Angabe eines eindeutigen Objektklassennamens sowie der Festlegung eines Klassentyps definiert. Eine Objektklasse kann demnach wie folgt deklariert werden :

```
object class ObjektKlassenName
   data types importierte Datentypen (für Namensraumfestlegung);
   identification Namensraumfestlegung;
   template Objektbeschreibung;
end object class ObjektKlassenName;
```

[1]Korrekter wäre natürlich die längere Bezeichnung *Objektklassentypen*, auf die aus Lesbarkeitsgründen verzichtet wurde. In der Literatur wird auch die Bezeichnung Objekttyp für Klassentyp verwendet, die aber dem Konzept der Objektbeschreibungen zugeordnet werden sollte ("Typ eines Objekts").

Wie auch bei Spezifikationen einzelner Objekte erfolgt die Spezifikation des zu einer Klasse gehörigen Klassentyps in der Regel integriert mit der Definition der Objektklasse. Die konzeptionelle Unterscheidung von intensionaler und extensionaler Beschreibung wird wichtig im Zusammenhang mit Vererbungshierarchien, bei denen die Vererbung auf der Klassentypebene (syntaktische Vererbung) von der Vererbung auf der Klassenebene (semantische Vererbung) unterschieden werden muß (siehe Abschnitt 4.4.1).

3.2 Beispiele für Objektbeschreibungen

Die Konzepte der Beschreibungssprache TROLL sollen anhand einer konkreten Beispielmodellierung erläutert werden. Unsere Beispielwelt, aus der auch in den folgenden Kapiteln weitere Teile modelliert werden, besteht aus Büchern in einer Bibliothek und Benutzern dieser Bibliothek. In der Bibliothek sind Exemplare von Büchern vorhanden, die Bücher selbst sehen wir als abstrakte Objekte an.

Ein Buch wird beschrieben durch seinen Titel, die Liste der Autoren, den Verlag, die Auflage und das Erscheinungsjahr. Bücher werden veröffentlicht und können dann in die Bibliothek aufgenommen werden. Wird ein Buch in die Bibliothek aufgenommen, so wird mindestens ein Exemplar erworben.

3.2.1 Beispiele für Einzelobjekte

Wir beginnen mit der Beschreibung eines abstrakten Buches book. Das book-Objekt ist konzeptionell ein nicht änderbarer Datenbankeintrag, der die Daten eines Buches (wie Autoren, Titel, etc.) umfaßt. Mit anderen Worten, bei einem book-Objekt spielt die dynamische Prozeßkomponente keinerlei Rolle (das einzige Ereignis ist das Einfügen in die Datenbank) und wir können uns ganz auf die Aspekte der Strukturbeschreibung konzentrieren.

Wie erwähnt, besteht eine Objektdefinition aus der Angabe eines eindeutigen *Objektnamens* (hier book) und einer Objektbeschreibung, dem sogenannten *Template* :

```
object book
   template
      Objektbeschreibung;
end object book;
```

Die Objektbeschreibung beginnt mit der Festlegung der importierten Datentypen und der Schnittstelle des Objekts, der sogenannten *lokalen Objektsignatur*. Die lokale Objektsignatur legt die Namen, Wertebereiche und Parametertypen für neu definierte Attribute und Ereignisse fest. Für das Objekt book werden diese Angaben wie folgt notiert :

```
template
   data types nat, string, |PERSON|, list(|PERSON|);
```

```
attributes
    Title: string;
    FirstAuthor: string;
    Authors: list(|PERSON|);
    Publisher: string;
    Edition: nat;
    Year: nat;
    derived NoAuthors: nat;
events
    birth Published;
```

Das Objekt `book` importiert in diesem Beispiel die Datentypen `nat`, `string`, `|PERSON|` und **list**(`|PERSON|`). Es existieren verschiedene Arten von Datentypen, die importiert werden können :

- Standarddatentypen wie die natürlichen Zahlen `nat`, die ganzen Zahlen `integer`, die Wahrheitswerte `bool`, Datumsangaben `date` oder Zeichenketten `string` stehen in einer Datentypbibliothek fest zur Verfügung und können importiert werden. Eine Auflistung der Standarddatentypen in der Sprache TROLL kann in [JSHS91] gefunden werden.

- Benutzerdefinierte Datentypen (vergleiche Abschnitt 2.3.1) können explizit definiert und benutzt werden.

- Wertebereiche für *Objektidentifikatoren* sind Datentypen, die den Namensraum einer Objektklasse bilden. Ein Beispiel hierfür ist der Namensraum `|PERSON|`, der Werte enthält, die auf Objekte der Klasse `PERSON` zeigen können. Diese Werte können eingekapselt sein, d.h. sie sind nur als uninterpretierbare Werte benutzbar, oder mit Funktionen versehen sein, wie der Namensraum `|PERSON|`, für dessen Werte die Funktion `name` vom Typ `string` definiert ist, die den Namen der Person zu dem Objektidentifikator berechnet.

- Alle importierten Datentypen können als formale Parameter für Datentypkonstruktoren eingesetzt werden. Die konstruierten Datentypen werden hier explizit importiert, wie in diesem Beispiel **list**(`|PERSON|`). Alternativ würde es in einer Spezifikationssprache auch ausreichen, den Konstruktor zu importieren und nicht die konstruierten Datentypen.

  Standardmäßig stehen in TROLL u.a. die Konstruktoren **list** für die Listenbildung, **set** für die Mengenbildung und **record** bzw. **tuple** für die Tupelkonstruktion mit zugehörigen Operationen zur Verfügung.

Die lokale Objektsignatur legt die Schnittstelle des Objekts fest. Für das Objekt `book` haben wir die Attribute Buchtitel `Title`, den ersten Autor `FirstAuthor`, die Liste aller Autoren `Authors`, den Herausgeber `Publisher`, die Auflage `Edition`, das Erscheinungsjahr `Year` und als einziges Ereignis die Publikation `Published`. Das

Attribut `Authors` hat als Wertebereich den Type **list**(|PERSON|), d.h. Listen von Personenidentifikatoren.

In der lokalen Signatur wird in der Regel nur Name und Typ von Attributen und Ereignissen festgelegt. Die Ausnahmen sind die Angaben, ob ein Ereignis ein neues Objekt kreiert (**birth**) bzw. zerstört (**death**), und ob ein Attribut oder Ereignis von anderen Attributen und Ereignissen durch eine Ableitungsregel abgeleitet wird (**derived**).

Da das **book**-Objekt kein Verhalten zeigt, bleibt als weiterer Spezifikationsteil die Angabe von *Integritätsbedingungen* zur Einschränkung der Attributausprägungen und die Angabe der Ableitungsregel für das Attribut `NoAuthors` :

```
constraints
   FirstAuthor = name(Authors⌊1⌋);
   Year > 1500;
derivation
   NoAuthors is length(Authors);
```

In diesem Beispiel werden statische Integritätsbedingungen als Invarianten für Attributwerte angegeben. Die erste Bedingung erzwingt, daß der Erstautor auch erstes Element der Autorenliste ist, während die zweite Bedingung eine Einschränkung für Werte des `Year`-Attributs angibt. Dynamische Integritätsbedingungen (vergl. Abschnitt 2.3.3) könnten auch angegeben werden, ergeben aber bei dem book-Objekt natürlich keinen Sinn. Sie werden später anhand anderer Beispiele eingeführt.

Unter dem Schlüsselwort **derivation** werden die Ableitungsregeln für abgeleitete Attribute festgelegt; hier wird der Attributwert für die Anzahl der Autoren `NoAuthors` mittels einer mit dem Datentyp **list**(|PERSON|) importierten Funktion **length** aus dem Attribut `Authors` berechnet. Ableitungsregeln können als spezielle Integritätsbedingungen aufgefaßt werden. Die allgemeine Form einer Ableitungsregel lautet :

`Attribut` **is** *Term des passenden Datentyps*;

Bevor wir uns einem etwas 'dynamischeren' Objekt zuwenden, geben wir zusammenfassend die komplette Spezifikation von book an.

Beispiel 3.2.1 Die komplette Beschreibung des book-Objekts lautet nun :

```
object book
   template
      data types nat, string, |PERSON|, list(|PERSON|);
      attributes
         Title: string;
         FirstAuthor: string;
         Authors: list(|PERSON|);
         Publisher: string;
         Edition: nat;
         Year: nat;
         derived NoAuthors: nat;
```

```
    events
      birth Published;
    constraints
      FirstAuthor = name(Authors[1]);
      Year > 1500;
    derivation
      NoAuthors is length(Authors);
end object book;
```

In TROLL kann die Initialisierung der Attributwerte syntaktisch durch implizite Parameter der Geburtsereignisse erreicht werden, die den gleichen Namen wie die korrespondierenden Attribute haben, also etwa `Published(Title: Informatik, ...)`. Auf eine Angabe der Attributinitialisierung wurde in diesem Beispiel verzichtet. □

Als ein zweites Beispiel betrachten wir ein in der Bibliothek vorhandenes Exemplar eines Buches, das durch das Objekt `copy` modelliert wird. Zuerst legen wir hierzu die Benennung und die lokale Signatur des Objektes fest :

```
object copy
  template
    data types bool, date, |BOOK|, |USER|, list(|USER|), nat;
    attributes
      DocNo: nat;
      constant Of: |BOOK|;
      OnLoan: bool;
      Due: date;
      Borrowers: list(|USER|);
    events
      birth GetCopy;
      death ThrowAway;
      CheckOut(|USER|, date, nat);
      Return;
```

Das Attribut `Of` ist ein konstantes Attribut (Schlüsselwort **constant**), das anzeigt, von welchem Buch das betreffende Exemplar eine Kopie ist (der Namensraum `|BOOK|` wird im folgenden Abschnitt noch eingehender diskutiert). Das Objekt `copy` hat als weitere Attribute ein boolesches Attribut `OnLoan`, das den aktuellen Ausleihstatus anzeigt, die Angabe des nächsten Rückgabedatums (`Due`) sowie die Liste aller bisherigen Ausleiher (`Borrowers`). Ereignisse des Objekts `copy` sind die Anschaffung eines Exemplars (`GetCopy`), die Ausleihe und Rückgabe des Exemplars (`CheckOut` bzw. `Return`), sowie die endgültige Entfernung aus der Bibliothek (`ThrowAway`). Dem `CheckOut`-Ereignis sind die Einzelheiten der Ausleihe als Parameter beigegeben, hier der Ausleiher, das Ausleihdatum, und die Dauer der Ausleihe. In TROLL können die einzelnen Parameterpositionen zusätzlich mit qualifizierenden Namen versehen werde, um die Spezifikation lesbarer zu machen:

```
CheckOut(Borrower: |USER|, Date: date, Days: nat);
```

Wir interessieren uns nun in erster Linie für die möglichen dynamischen Entwicklungen eines copy-Objekts. Deshalb wurde im Beispiel in der Spezifikation auf die Angabe von Integritätsbedingungen verzichtet.

Der erste Teil der Dynamikbeschreibung beschreibt den Effekt der Ereignisse auf die Attribute in Form von *Auswertungsregeln* nach dem Schlüsselwort **valuation**:

```
valuation
   variables U: |USER|, d: date, n: nat;
   [GetCopy] OnLoan = false;
   [GetCopy] Borrowers = emptylist();
   [CheckOut(U,d,n)] OnLoan = true;
   [CheckOut(U,d,n)] Due =  add_days_to_date(d,n);
   [CheckOut(U,d,n)] Borrowers = append(U,Borrowers);
   [Return] OnLoan = false;
```

Die Auswertungsregeln bieten einen auf das explizite Setzen von Attributwerten beschränkten Mechanismus zur Spezifikation von Nachbedingungen für Ereignisse an. So initialisiert das GetCopy-Ereignis die Attribute OnLoan und Borrowers. Das CheckOut-Ereignis ändert die Attribute OnLoan, Due und Borrowers, wobei eine Operation des Datentyps date benutzt wird, um eine Anzahl von Tagen zum Ausleihdatum zu addieren. **append** und **emptylist** sind Operationen des **list**-Datentypkonstruktors. Das Return-Ereignis setzt den Ausleihstatus wieder auf **false** zurück.

Das allgemeine Muster für eine Auswertungsregel ist :

[EreignisTerm] AttributTerm = *Term des passenden Datentyps*;

Durch diesen eingeschränkten Aufbau der Auswertungsregeln entsprechen Auswertungsregeln den Zuweisungen in imperativen Programmiersprachen.

Auf die Auswertungsregeln folgt die eigentliche Prozeßbeschreibung hinter dem Schüsselwort **behavior**. In späteren Beispielen wird die Angabe '**behavior**' als optional behandelt. Das erste betrachtete Konzept sind *Sicherheitsbedingungen* für das Eintreten von Ereignissen, die in TROLL nach dem Schlüsselwort **permissions** aufgeführt werden.

Sicherheitsbedingungen sind notwendige Vorbedingungen für Ereignisse und entsprechen somit den *Anwendbarkeitsbedingungen* (enabling conditions) aus [Lip89]. Vorbedingungen sind Formeln mit Bezug auf

- die aktuellen Attributwerte vor dem Eintreten des Ereignisses, oder
- den internen Zustand des Objekts gegeben durch die Folge der bisherigen Ereignisse (historische Anfragen als Bedingung).

Der interne Zustand des Objekts ist nur implizit durch die bisherige Objektentwicklung festgelegt und kann darum nicht direkt zur Formulierung der Sicherheitsbedingungen herangezogen werden. Als Kalkül zur Formulierung wird eine ***vergangenheitsgerichtete temporale Logik*** benutzt, die sich auf die gesamte bisherige Objektentwicklung bezieht. Der Bezug auf in der Vergangenheit eingetretene Ereignisse wird durch das **after**-Prädikat ermöglicht, das genau im Zustand nach dem Eintreten des

Parameterereignisses den Wert **true** annimmt. Die folgenden Sicherheitsbedingungen sind zwingende Vorbedingungen für das Eintreten von copy-Ereignissen :

```
permissions
   variables U: |USER|, d: date, n: nat;
   {OnLoan = false} CheckOut(U,d,n);
   {exists(U: |USER|, d: date, n: nat)
      sometime(after(CheckOut(U,d,n)))
         since last (after(Return))} Return;
```

Die erste Regel besagt, daß ein Exemplar nur ausgeliehen werden darf, wenn das OnLoan-Attribut aktuell den Wert **false** hat. Die zweite Sicherheitsbedingung ist in temporaler Logik formuliert und besagt, daß ein Exemplar nur zurückgegeben werden kann, wenn es seit dem letzten Ausleihen nicht bereits schon zurückgegeben worden ist[2]. Die hier verwendete temporale Logik wird in den folgenden Abschnitten ausführlich diskutiert und definiert.

Der zweite Anteil der Prozeßbeschreibung besteht aus der Formulierung von *Verpflichtungen*, die nach dem Schlüsselwort **obligations** aufgeführt werden. Verpflichtungen entsprechen Lebendigkeitsforderungen in Prozeßbeschreibungen und werden in einigen Sprachversionen durch **liveness** gekennzeichnet (etwa in [SJ91]).

Verpflichtungen sind 'zukünftig zu erfüllende Ziele' eines Objekts. Formal bedeutet dies, daß ein Objekt erst gelöscht werden darf, wenn alle seine Ziele erfüllt sind. Formuliert werden Lebendigkeitsforderungen als Menge von *Verpflichtungstermen* ähnlich regulären Ausdrücken, die von allen korrekten Objektentwicklungen erfüllt werden müssen. Die aktuelle Menge von zu erfüllenden Verpflichtungstermen ist zustandsabhängig, da Ziele bereits erfüllt sein können aufgrund der bisherigen Entwicklung bzw. zustandsabhängig neue Ziele hinzukommen können. Als Beispiel haben wir folgende (zustandsabhängige) Verpflichtung für das copy-Objekt :

```
obligations
   {exists(U:|USER|, d:date, n:nat) after(CheckOut(U,d,n)) } ==> Return;
```

Die Forderung besagt, daß ein ausgeliehenes Exemplar auch tatsächlich zurückgegeben werden muß. Die Verpflichtung 'Ereignis Return muß zukünftig stattfinden' wird jeweils im Zustand direkt nach der Ausleihe (gemäß der Vorbedingung after(CheckOut(U,d,n)) neu in die Menge der offenen Verpflichtungen aufgenommen.

Beispiel 3.2.2 Das Objekt copy wird vollständig wie folgt beschrieben :

```
object copy
   template
      data types bool, date, |BOOK|,|USER|,list(|USER|), nat;
      attributes
         DocNo: nat;
         constant Of: |BOOK|;
```

[2] Auch diese Bedingung liesse sich eleganter mit Zugriff auf das OnLoan-Attribut formulieren. Darauf wurde verzichtet, um ein Beispiel für den Einsatz temporaler Logiken zu geben.

```
      OnLoan: bool;
      Due: date;
      Borrowers: list(|USER|);
  events
      birth GetCopy;
      death ThrowAway;
      CheckOut(|USER|, date, nat);
      Return;
  valuation
      variables U: |USER|, d: date, n: nat;
      [GetCopy] OnLoan = false;
      [GetCopy] Borrowers = emptylist();
      [CheckOut(U,d,n)] OnLoan = true;
      [CheckOut(U,d,n)] Due =  add_days_to_date(d,n);
      [CheckOut(U,d,n)] Borrowers = append(U,Borrowers);
      [Return] OnLoan = false;
  behavior
      permissions
          variables U: |USER|, d: date, n: nat;
          {OnLoan = false} CheckOut(U,d,n);
          {exists(U: |USER|, d: date, n: nat)
              sometime(after(CheckOut(U,d,n))) since last
                  (after(Return))} Return;
      obligations
          {exists(U: |USER|, d: date, n: nat) after(CheckOut(U,d,n)) }
              ==> Return;
end object copy;
```
□

Damit beenden wir die Diskussion der Beschreibung einzelner isolierter Objekte.

3.2.2 Beispiele für Objektklassen

Die Basisidee für den Schritt von Einzelobjekten zu Objektklassen ist die Benutzung eines Objektes als *Prototyp* für andere Objekte. Dieses kann direkt durch syntaktische Wiederverwendung der Objektbeschreibung geschehen, notiert wie folgt:

```
object book2
    template book.template
end object book2;
```

Dieses Sprachmittel ermöglicht (in Analogie zu Programmiersprachen gesprochen) eine endliche Menge *explizit benannter* Objektvariablen zur selben Objektbeschreibung. Jedem dieser Objekte muß im *Spezifikationsdokument* ein eindeutiger Namen zugeordnet werden. Dieser Ansatz ist für die formale Spezifikation von Informationssystemen, die in der Regel Daten über viele, oft erst zur Laufzeit bekannte, Objekte einer Art bereit halten, nicht geeignet.

Ziel der Einführung von *Objektklassen* ist es, einen potentiell unendlichen Namensraum für Objekte einer Objektbeschreibung festzulegen, zu dessen Namenwerten dann zur *Systemlaufzeit* Objekte generiert werden können. In unserer Beispielmodellierung wollen wir ja zu jeder Kombination von Titel und Erstautor einen Bucheintrag generieren können. Ein derartiger Mechanismus wird durch die Einführung von *Klassentypen* und *Objektklassen* zur Verfügung gestellt.

Wir beginnen die Diskussion von Klassentypen und Objektklassen mit der Erweiterung des book-Beispiels auf die Spezifikation der Objektklasse BOOK, die die Klasse der in der Bibliothek registrierten Bucheinträge beschreibt.

Der Namensraum einer Objektklasse wird nach dem Schlüsselwort **identification** festgelegt. Hier kann ein beliebiger Datentyp angegeben werden, dessen Werte als Namensraum für den Klassentyp bestimmt sind. Als Schreibkonvention wurde eine der Attributangabe ähnliche Notation gewählt, die der Schlüsselangabe für relationale Datenbankschemata entspricht.

Für die Klasse BOOK wird der Namensraum wie folgt festgelegt, in dem die beiden Attribute `Title` und `FirstAuthor` als identifizierend ausgezeichnet werden. Natürlich müssen auch für die Namensraumdeklaration die benötigten Datentypen explizit importiert werden :

```
object class BOOK
   data types string;
   identification
      Title: string;
      FirstAuthor: string;
   template ...
end object class BOOK;
```

Der Datentyp des Namensraums einer Objektklasse ist jeweils durch eine Tupelkonstruktion definiert, hier also

$$|\mathtt{BOOK}| := \mathbf{tuple}(\mathtt{Title: string, First\_Author: string}).$$

Die Tupelselektoren derartiger zusammengesetzter Namensräume können in der Spezifikation wie gewöhnliche Attribute verwendet werden. Die Namensräume können in Objektspezifikationen wie andere Datentypen importiert werden und dann als Zeiger auf Objektinstanzen dieser Klassen dienen. Die Attributnamen der verwendeten Schlüsselattribute sind dann als Funktionen auf Werten dieser Datentypen definiert (analog zur Tupelkonstruktion als parametrisierten Datentypkonstruktor). So haben wir etwa eine Funktion

$$\mathtt{Title}: |\mathtt{BOOK}| \rightarrow \mathtt{string}$$

als Operation des Datentyps |BOOK|. Auf die Festlegung des Namensraumes folgt die Beschreibung der Objekte der Klasse in Form eines Objekttemplates.

Beispiel 3.2.3 Die Objektklasse BOOK wird wie folgt spezifiziert :

```
object class BOOK
   data types string;
   identification
      Title: string;
      FirstAuthor: string;
   template
```

```
      data types nat, string, |PERSON|, list(|PERSON|);
      attributes
         Authors: list(|PERSON|);
   ...
   (* Rest des Templates wie in Beispiel 3.2.1, Seite 47. *)
end object class BOOK;
```
□

Beispiel 3.2.4 Als zweites Beispiel betrachten wir die Objektklasse COPY. Der Namensraum wird hierbei durch das Attribut DocNo festgelegt.

```
object class COPY
   data types nat, |BOOK|;
   identification
      DocNo: nat;
   template
      data types bool, date, |USER|, list(|USER|), nat;
      attributes
         OnLoan: bool;
      ...
      (* Rest des Templates wie in Beispiel 3.2.2, Seite 50. *)
end object class COPY;
```
□

Nach den motivierenden Beispielen zur Objektspezifikation wird in den folgenden Abschnitten die formale Grundlage der Sprache TROLL entwickelt.

3.3 Semantische Modellbildung für Objekte

In diesem Abschnitt wird ein formales Modell für objektorientierte Spezifikationen vorgestellt, das Objekte eines Systems als beobachtbare Prozesse modelliert. Die Modellbildung basiert auf Algebren als Basiswertebereiche für Beobachtungen und Ereignisparameter, die im ersten Teilabschnitt formal eingeführt werden.

3.3.1 Signaturen und Algebren

Algebren sind die mathematischen Modellbildungen für abstrakte Wertebereiche mit zugehörigen Operationen. Algebren sind somit die semantische Modellbildung für *abstrakte Datentypen* [EM85, EGL89]. Die *Signatur* einer (mehrsortigen) Algebra bestimmt die Namen von Wertebereichen und Operationen auf Werten.

Definition 3.3.1 Eine *Signatur* $\Sigma = (S, \Omega, \Pi)$ besteht aus

1. einer Menge $S = \{s, r, \ldots\}$ von Sorten,

2. einer Menge $\Omega = \{f: s_1 \times \ldots \times s_n \to s_0,\ g: r_1 \times \ldots \times r_m \to r_0, \ldots\}$ von Funktionssymbolen mit ≥ 0 Argumentsorten und einer Wertsorte,

3. und einer Menge $\Pi = \{p: s_1 \times \ldots \times s_n,\ q: r_1 \times \ldots \times r_m, \ldots\}$ von Prädikatensymbolen mit ≥ 0 Argumentsorten.[3] □

Für alle Sorten $s \in S$ ist ein Prädikatensymbol $=_s : s \times s$ mit fester Interpretation vorgegeben und in der Signatur implizit als zweistelliges Prädikatensymbol enthalten. Dieses *Gleichheitsprädikat* (bzw. seine Semantik) ist definiert durch die Gleichheit auf den Trägermengen, d.h. den Interpretationen der Sortensymbole. In der Notation von Formeln wird in der Regel $=$ statt $=_s$ verwendet, sofern die Sorte s nicht extra hervorgehoben werden soll.

Beispiel 3.3.2 Die Signatur $\Sigma_{\mathtt{nat}}$ der natürlichen Zahlen kann wie folgt angegeben werden:

$$\begin{aligned} S_{\mathtt{nat}} &= \{\mathtt{nat}\} \\ \Omega_{\mathtt{nat}} &= \{\mathtt{zero}: \to \mathtt{nat}, \mathtt{succ}: \mathtt{nat} \to \mathtt{nat}, \\ &\quad\ \mathtt{plus}: \mathtt{nat} \times \mathtt{nat} \to \mathtt{nat}, \mathtt{times}: \mathtt{nat} \times \mathtt{nat} \to \mathtt{nat}, \ldots\} \\ \Pi_{\mathtt{nat}} &= \{\mathtt{equal}: \mathtt{nat} \times \mathtt{nat}, \ldots\} \end{aligned}$$

Konstantensymbole (hier `zero`) werden durch nullstellige Funktionen modelliert. □

Signaturen legen eine Sprache fest, in der über Algebren einer bestimmten Struktur gesprochen werden kann. Eine gegebene Algebra zu einer Signatur Σ wird oft auch als (mögliche) *Interpretation* dieser Signatur bezeichnet.

Definition 3.3.3 Eine *Interpretation* I einer Signatur $\Sigma = (S, \Omega, \Pi)$ ist eine Algebra (genannt auch *Σ-Struktur*) $I(\Sigma) = (I(S), I(\Omega), I(\Pi))$, die definiert ist durch

1. $I(S)$ bestehend aus einer nichtleeren Trägermenge $I(s)$ für jede Sorte $s \in S$,
2. $I(\Omega)$ bestehend aus einer Funktion $I(f): I(s_1) \times \ldots \times I(s_n) \to I(s_0)$ für jedes Funktionssymbol $f: s_1 \times \ldots \times s_n \to s_0 \in \Omega$,
3. und $I(\Pi)$ bestehend aus einer Relation $I(p) \subseteq I(s_1) \times \ldots \times I(s_n)$ für jedes Prädikatensymbol $p: s_1 \times \ldots \times s_n \in \Pi$.

Die Menge aller Σ–Strukturen für eine Signatur Σ wird als Menge der *möglichen Interpretationen* bezeichnet. □

Beispiel 3.3.4 Das in Beispiel 3.3.2 angegebene Fragment der Signatur $\Sigma_{\mathtt{nat}}$ kann durch die Interpretation $I_{\mathtt{nat}}$ der natürlichen Zahlen $\mathbb{N}$ interpretiert werden :

$$\begin{aligned} I_{\mathtt{nat}}(\mathtt{nat}) &= \mathbb{N} \\ I_{\mathtt{nat}}(\mathtt{succ}) &= +1: \mathbb{N} \to \mathbb{N} \\ I_{\mathtt{nat}}(\mathtt{zero}) &= 0: \to \mathbb{N} \\ I_{\mathtt{nat}}(\mathtt{add}) &= +: \mathbb{N} \times \mathbb{N} \to \mathbb{N} \end{aligned}$$

[3] In der üblichen Notation der algebraischen Spezifikation bestehen Algebren in der Regel nur aus Mengen und Funktionen. Prädikate werden dann als `Boolean`-wertige Funktionen modelliert. Die Prädikate wurden hier explizit in die Definition von Algebren und Signaturen mit aufgenommen, da diese bei der Definition der Prädikatenlogik eine besondere Rolle spielen.

$$I_{\texttt{nat}}(\texttt{times}) = *: \mathbb{N} \times \mathbb{N} \to \mathbb{N}$$
$$I_{\texttt{nat}}(\texttt{equal}) = =: \mathbb{N} \times \mathbb{N}$$

Diese (intuitiv naheliegende) Interpretation ist allerdings nur eine von vielen möglichen Interpretationen. Eine andere (nicht so naheliegende) Interpretation $I'_{\texttt{nat}}$ wäre

$$\begin{aligned} I'_{\texttt{nat}}(\texttt{nat}) &= \textbf{boolean} \\ I'_{\texttt{nat}}(\texttt{zero}) &= \textbf{true}: \to \textbf{boolean} \\ I'_{\texttt{nat}}(\texttt{succ}) &= \neg: \textbf{boolean} \to \textbf{boolean} \\ I'_{\texttt{nat}}(\texttt{add}) &= \wedge: \textbf{boolean} \times \textbf{boolean} \to \textbf{boolean} \\ I'_{\texttt{nat}}(\texttt{times}) &= \vee: \textbf{boolean} \times \textbf{boolean} \to \textbf{boolean} \\ I'_{\texttt{nat}}(\texttt{equal}) &= =: \textbf{boolean} \times \textbf{boolean} \end{aligned}$$

wobei die interpretierende Algebra durch die Algebra der Wahrheitswerte **boolean** definiert wird. □

Aufgabe der *algebraischen Spezifikation* ist es, für eine gegebene Signatur die intendierte Interpretationsstruktur möglichst eindeutig zu beschreiben und damit bis auf Isomorphie eindeutig festzulegen. Im Gegensatz zu den sich dynamisch ändernden Objektzuständen, wird für *Datentypen* eine solchermaßen eindeutig spezifizierte Interpretationsstruktur angenommen.

3.3.2 Objekte als beobachtbare Prozesse

In diesem Abschnitt soll eine formale Modellbildung für Objektspezifikationen entwickelt werden. Intuitiv sind Objekte beobachtbare Prozesse, d.h. Folgen von Ereignissen und Beobachtungen der Attributwerte für einzelne Objekte.

Beispiel 3.3.5 Wir betrachten ein einfaches Objekt `konto` mit Attributen `Guthaben` und `Überzogen` sowie Änderungsereignissen `Create`, `Einzahlung` und `Abhebung`. Die lokale Objektsignatur von `konto` lautet :

```
template
  data types integer, boolean;
  attributes
    Guthaben: integer;
    Überzogen: boolean;
  events
    birth Eröffnung;
    Einzahlen(integer);
    Abheben(integer);
```

Die zeitliche Entwicklung eines `konto`-Objekts kann nun als Tabelle aufgeschrieben werden, in der in der ersten Spalte die auftretenden Ereignisse und in den folgenden Spalten die Entwicklung der Attributwerte aufgelistet wird. Eine mögliche zeitliche Entwicklung ist abgebildet in Abbildung 3.1. □

Einer Folge von Ereignissen des Objekts ist durch die zustandsabhängigen Attributwerte eine Folge von Attributbelegungen zugeordnet. In der semantischen Modell-

Lebenslauf	Beobachtungen : Guthaben	Überzogen
Eröffnung;	0	**false**
Einzahlen(50);	50	**false**
Einzahlen(100);	150	**false**
Abheben(200);	−50	**true**
...	...	...

Abbildung 3.1: Lebenslauf und Beobachtungen einer möglichen Entwicklung des konto-Objekts.

bildung kann dies durch eine Funktion modelliert werden, die korrekte Anfangsstücke von Ereignissequenzen auf Attribut-Wert-Paare abbildet.

Die einfache Modellierung von Objektentwicklungen muß erweitert werden, wenn auch das *gleichzeitige* Auftreten von Ereignissen modelliert werden soll. Dies kann dadurch erreicht werden, daß wir Folgen von Mengen *gleichzeitig eintretender Ereignisse* betrachten.

Beispiel 3.3.6 Betrachten wir hierzu in unserem konto-Beispiel die Bedingung, daß das Einrichten eines Kontos immer mit einer gleichzeitigen Einzahlung von 5.- DM verbunden ist. Der erste Eintrag unserer neuen Tabelle 3.2 ist nunmehr eine Menge von zwei gleichzeitig eintretenden Ereignissen. □

Lebenslauf	Beobachtungen : Guthaben	Überzogen
{Eröffnung,Einzahlen(5)};	5	**false**
{Einzahlen(50)};	55	**false**
{Einzahlen(100)};	155	**false**
{Abheben(200)};	−45	**true**
...	...	...

Abbildung 3.2: Mögliche Entwicklung des konto-Objekts mit gleichzeitig eintretenden Ereignissen.

Mit der Möglichkeit, mehrere Ereignisse gleichzeitig eintreten zu lassen, haben wir die semantische Modellbildung verallgemeinert und somit einem weiteren Einsatzspektrum angepaßt. Aus ähnlichen Erwägungen können wir ebenfalls die Modellbildung für Attributbeobachtungen verallgemeinern, indem wir auch hier Mengen von Attribut-Wert-Paaren zulassen. Diese Erweiterung ermöglicht die direkte semantische Modellierung folgender Situationen :

- Eine leere Menge von Beobachtungen für ein bestimmtes Attribut modelliert auf direkte Art ein nichtinitialisiertes Attribut.

- Mehrere Beobachtungen für dasselbe Attribut modellieren unvollständig determinierte Attributwerte, die besonders in frühen Entwurfsphasen eine Rolle spielen. Beispiele sind semantische Modelle für Integritätsbedingungen wie
  - "Direkt nach der Kontoeröffnung muß das Konto ein Guthaben von mindestens 5.- DM aufweisen."
  - "Einem eingefügten Auto muß eine Registriernummer aus dem Bereich A.100.000 bis A.499.999 zugeordnet werden, die bisher noch nicht vergeben wurde."

Im Gegensatz zu gleichzeitig auftretenden Ereignissen werden unvollständig determinierte Attribute in den folgenden Abschnitten keine Rolle spielen. Nach diesen einführenden Bemerkungen werden nun semantische Strukturen definiert, die Objekte als *beobachtbare Prozesse* darstellen.

Definition 3.3.7 Wir beginnen mit der Definition einiger grundlegender Begriffe.

- X ist eine aufzählbare Menge von Ereignissen. Die Menge X setzt sich aus den Einfüge-Ereignissen X_b (birth events), den Änderungsereignissen X_u (update events) und den Löschereignissen X_d (death events) zusammen :
$$X = X_b \cup X_u \cup X_d$$
Die Mengen X_b, X_u und X_d sind paarweise disjunkt.
- Mit $S(X)$ werden nichtleere Mengen von gleichzeitig eintretenden Ereignissen bezeichnet, auch *Schnappschüsse (snapshots) über* X genannt, d.h. $S(X)$ ist definiert durch die Potenzmenge über X:
$$S(X) = 2^X - \{\}$$
- Mit $\mathcal{LC}_X$ bezeichnen wir die Menge der möglichen *Lebensläufe (life cycles)* über X, d.h.
$$\mathcal{LC}_X = S(X)^* \cup S(X)^\omega$$
wobei $S(X)^*$ die endlichen Folgen von Schnappschüssen bezeichnet und $S(X)^\omega$ für die unendlichen Folgen steht. Auf den n-ten Schnappschuß einer Folge kann mit der Notation s_n zugegriffen werden. □

Mit Hilfe dieser grundlegenden Begriffe können wir jetzt *Prozesse* über einem Ereignisalphabet definieren.

Definition 3.3.8 Ein *Prozeß* P ist definiert durch ein Paar (X, Λ) mit

- X ist eine Menge von Ereignissen, und
- $\Lambda \subseteq \mathcal{LC}_X$ ist die Menge der erlaubten Lebensläufe mit $\varepsilon \in \Lambda$. ε ist die leere Folge von Schnappschüssen.

Des weiteren müssen die folgenden Bedingungen für jedes $\lambda \in \Lambda$ erfüllt sein :

$$\lambda = \langle s_1, \ldots \rangle \;\Rightarrow\; \exists(e \in X_b) \colon e \in s_1$$

$$\lambda = \langle s_1, \ldots, s_n \rangle \;\Rightarrow\; (\exists(e \in X_d) \colon e \in s_n) \wedge (\forall(i < n) \colon \neg\exists(e \in X_d) \colon e \in s_i)$$

$$\lambda \in S(X)^\omega \;\Rightarrow\; \forall(n) \colon \neg\exists(e \in X_d) \colon e \in s_n$$

Diese drei Bedingungen sichern die folgenden erwünschten Einschränkungen an Objektlebensläufe zu:

1. Lebensläufe beginnen mit einem Geburtsereignis.
2. Endliche Lebensläufe enden mit einem Todesereignis. Vor dem letzten Zustand treten keine Todesereignisse auf.
3. Unendliche Lebensläufe enthalten keine Todesereignisse. □

Bis jetzt haben wir die Prozeßkomponente unseres Objektmodells betrachtet. Im nächsten Schritt definieren wir die *Beobachtungen* von Attributen über einem Prozeß.
Definition 3.3.9 Wir beginnen wieder mit der Definition einiger grundlegender Begriffe.

- A ist eine aufzählbare Menge von Attributen.
- Jedem Attribut $a \in A$ ist ein Datentyp $\mathbf{sort}(a)$ zugeordnet.
- Die Datentypen der Attribute werden durch eine Basisdatenalgebra B interpretiert. Die Trägermenge von $\mathbf{sort}(a)$ wird als $B(\mathbf{sort}(a))$ notiert.
- Mit $\mathbf{obs}(A)$ bezeichnen wir die Menge aller möglichen *Beobachtungen* über Attributen A. Die Menge $\mathbf{obs}(A)$ ist definiert als

$$\mathbf{obs}(A) = \{(a, d) \mid a \in A \wedge d \in B(\mathbf{sort}(a))\}$$

- Mit $\mathbf{Prefix}(L)$ für ein $L \subseteq \mathcal{LC}_X$ bezeichnen wir die Menge aller endlichen Präfixe von Lebensläufen $\lambda \in L$. Ein gebener Präfix wird oft auch als *Zustand* eines Objektes bzw. Prozesses bezeichnet. □

Zur Verdeutlichung der Begriffe Schnappschuß, Lebenslauf und Zustand skizziert die folgende Abbildung einen (endlichen) Lebenslauf:

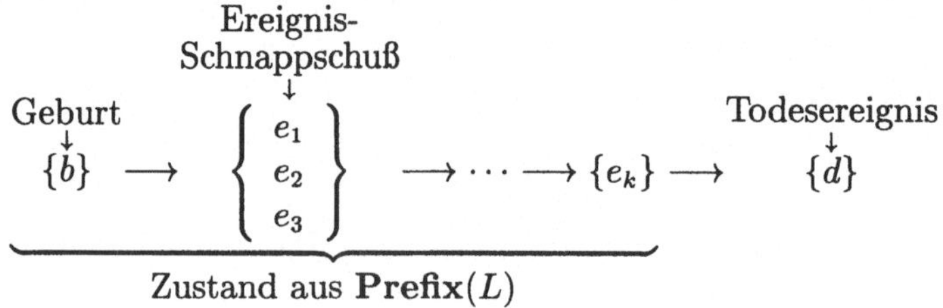

Die Menge der Attribute A eines Objektes muß aufzählbar, aber nicht unbedingt endlich sein. Analog zu Ereignissen können auch Attributdeklarationen mit Parametern versehen werden, so daß eine unendliche Menge A entstehen kann. Ein Beispiel dafür wäre eine Attributdeklaration der Form

```
Jahresgehalt(integer) : money;
```

bei der das Jahresgehalt für unterschiedliche Jahre gespeichert wird. In diesem Fall wird von syntaktischen *Attributgeneratoren* gesprochen.

Definition 3.3.10 Eine *Beobachtungsstruktur* V über einem Prozeß $P = (X, \Lambda)$ ist ein Paar (A, α) mit

- A ist eine Menge von Attributen, und
- α ist eine *Beobachtungsfunktion* über A,

$$\alpha\colon \mathbf{Prefix}(\Lambda) \to 2^{\mathbf{obs}(A)}$$

mit der zusätzlichen Bedingung $\alpha(\varepsilon) = \emptyset$. □

Die Beobachtungsfunktion ordnet einem Lebenszykluspräfix, d.h. einem konkreten Objektzustand, eine Untermenge der möglichen Beobachtungen zu. Die Abbildung α hat als Bildbereich also die Potenzmenge $2^{\mathbf{obs}(A)}$ über der Menge der möglichen Attribut/Werte-Paare.

Mit Hilfe der bisherigen Definitionen kann jetzt die semantische Modellbildung für Objekte definiert werden.

Definition 3.3.11 Ein *Objektmodell* $ob = (P, V)$ besteht aus einem Prozeß P und einer Beobachtungsstruktur V über P. □

Diese semantische Modellbildung erfüllt die aufgestellten Forderungen nach Ausdrückbarkeit der Konzepte gleichzeitig auftretender Ereignisse sowie nicht initialisierter und nicht determinierter Attributwerte. Das formale Modell wird nun anhand einer Erweiterung der Spezifikation des `konto`-Objekts (Beispiel 3.3.5) weiter erläutert.

Beispiel 3.3.12 Die Menge der Ereignisse $X_{\mathtt{konto}}$ ist definiert durch

$$\begin{aligned} X_{\mathtt{konto}} &= \{\mathtt{Eröffnung}\} \cup \{\mathtt{Einzahlen}(i) | i \in \mathbf{integer}\} \\ &\quad \cup \{\mathtt{Abheben}(i) | i \in \mathbf{integer}\} \cup \{\mathtt{SchließeKonto}\} \end{aligned}$$

Wir haben hier zusätzlich ein Sterbeereignis `SchließeKonto` eingeführt, um auch endliche Lebensläufe im Beispiel aufführen zu können. Die Menge $S(X_{\mathtt{konto}})$ der Schnappschüsse über $X_{\mathtt{konto}}$ enthält u.a. die folgenden Elemente :

$$S(X_{\mathtt{konto}}) = \{\{\}, \{\mathtt{Einzahlen}(3)\}, \{\mathtt{Eröffnung}, \mathtt{Einzahlen}(5)\}, \ldots\}$$

Ein möglicher (endlicher) Lebenslauf aus $\Lambda_{\mathtt{konto}}$ ist dann

$$\langle \{\mathtt{Eröffnung}\}, \{\mathtt{Einzahlen}(50)\}, \{\mathtt{Abheben}(45), \mathtt{SchließeKonto}\} \rangle \in \Lambda_{\mathtt{konto}}$$

Die Menge der Attribute $A_{\mathtt{konto}}$ ist gegeben durch

$$A_{\mathtt{konto}} = \{\mathtt{Guthaben}, \mathtt{Überzogen}\}$$

mit

$$\mathbf{sort}(\mathtt{Guthaben}) = \mathbf{integer}, \mathbf{sort}(\mathtt{Überzogen}) = \mathbf{boolean}$$

und den naheliegenden Trägermengen für **integer** und **boolean**. Die einzelnen Präfixe $\mathbf{Prefix}(\Lambda_{\mathtt{konto}})$ enthalten aufgrund des obigen Beispiellebenslaufs u.a. den leeren Lebenslauf ε und die folgenden beiden Sequenzen

$$\mathbf{Prefix}(\Lambda_{\mathtt{konto}}) \supseteq \{\varepsilon, \langle\{\mathtt{Eröffnung}\}\rangle, \langle\{\mathtt{Eröffnung}\}, \{\mathtt{Einzahlen}(50)\}\rangle\}$$

die durch $\alpha_{\mathtt{konto}}$ wie folgt interpretiert werden :

$$\begin{array}{cccc} & \varepsilon & \langle\{\mathtt{Eröffnung}\}\rangle & \langle\{\mathtt{Eröffnung}\}, \{\mathtt{Einzahlen}(50)\}\rangle \\ \alpha_{\mathtt{konto}} & \downarrow & \downarrow & \downarrow \\ & \emptyset & \{(\mathtt{Guthaben}, 0), & \{(\mathtt{Guthaben}, 50), \\ & & (\mathtt{Überzogen}, \mathbf{false})\} & (\mathtt{Überzogen}, \mathbf{false})\} \end{array}$$

Der leere Lebenslauf ε wird hierbei — wie immer — durch die leere Beobachtung $\emptyset$ interpretiert. □

Nach der Diskussion der semantischen Strukturen, die Objekten zu Grunde liegen, werden im nächsten Abschnitt Logikkalküle eingeführt, die Aussagen über derartige semantische Modelle ermöglichen.

3.4 Basiskonzepte der Spezifikationskalküle

Spezifikationskalküle für Objekte basieren auf Teilsprachen formaler Logikkalküle, die Aussagen über Werte, Objektzustände und Objektentwicklungen ermöglichen. In den folgenden Unterabschnitten werden zuerst die Termbildung über Signaturen und die Prädikatenlogik als Grundlage für Aussagen über Werte und Objektzustände eingeführt, auf denen dann *temporale Logiken* zur Spezifikation von Objektentwicklungen aufbauen. Gleichzeitig werden die entsprechenden Interpretationsstrukturen definiert. Der Abschnitt endet mit der Beziehung der logischen Interpretationsstrukturen zu den im vorigen Abschnitt definierten Objektmodellen.

3.4.1 Signaturen und Termbildung

Unter einer *Signatur* (vergl. Abschnitt 3.3.1) versteht man die Menge der Symbole für Sorten, Werte und Funktionen, die in einer logischen Spezifikation neben den 'logischen' Symbolen (wie $\wedge$, $\neg$ oder $\exists$) anwendungsspezifisch eingeführt werden. Eine Signatur definiert somit den 'anwendungsspezifischen' Teil des Alphabets, über dem logische Formeln gebildet werden können.

Über einer gegebenen Signatur Σ können als elementare Ausdrücke *Terme* gebildet werden, indem Funktionssymbole auf Teilterme angewendet werden. Die Bildung von Termen und ihre Auswertung entspricht den üblichen mathematischen Konventionen.

Sei zusätzlich zu der Signatur $\Sigma = (S, \Omega, \Pi)$ eine Menge von sortengebundenen Variablen $Y = \{x{:}\, s_1,\ y{:}\, s_2, \ldots\}$ mit $s_i \in S$ gegeben. Die Menge aller Terme zu einer Signatur Σ und einer Variablenmenge Y wird als $T_\Sigma(Y)$ bezeichnet.

Definition 3.4.1 Die *Terme* einer Sorte s in $T_\Sigma(Y)$ sind definiert durch :

1. Jede Variable $x{:}\, s$ ist ein Term der Sorte s.

2. Sind $t_1{:}\, s_1, \ldots, t_n{:}\, s_n$ Terme der Sorten $s_1, \ldots, s_n$ und ist $f{:}\, s_1 \times \ldots \times s_n \to s$ ein Funktionssymbol, so ist $f(t_1{:}\, s_1, \ldots, t_n{:}\, s_n){:}\, s$ ein Term der Sorte s.

3. Keine anderen Zeichenketten sind Terme in $T_\Sigma(Y)$. □

Für eine gegebene Algebra $A(\Sigma) = (A(S), A(\Omega), A(\Pi))$ wird eine Belegung der Variablen aus Y durch eine Belegungsfunktion β festgelegt.

Definition 3.4.2 Eine *Belegung* β der Variablen in Y ist eine Funktion

$$\beta{:}\, Y \to \bigcup_{s \in S} A(s)\ ,$$

die jeder Variablen $x{:}\, s \in Y$ einen Wert $\beta(x{:}\, s) \in A(s)$ aus der Trägermenge der passenden Sorte zuordnet. □

Ist die Interpretation der Signatur und die Belegung der Variablen bestimmt, kann die Auswertung von Termen rekursiv über den syntaktischen Aufbau definiert werden. Dies entspricht der intuitiven Termauswertung, bei der der Gesamtwert eines Ausdrucks ausgehend von den kleinsten Bestandteilen, deren Wert direkt bestimmt ist, errechnet wird. In den folgenden Definitionen wird der Übersicht halber auf die explizite Sortenangabe bei Variablen und Termen verzichtet.

Definition 3.4.3 Für eine gegebene Algebra A und eine Belegung der Variablen β ist die *Termauswertung* definiert durch

$$\begin{aligned} (A,\beta)[\![x]\!] &= \beta(x) \text{ für } x \in Y \\ (A,\beta)[\![f(t_1,\ldots,t_n)]\!] &= A(f)((A,\beta)[\![t_1]\!],\ldots,(A,\beta)[\![t_n]\!]) \end{aligned}$$

Der Ausdruck $(A,\beta)[\![t]\!]$ bezeichnet hierbei den Wert des Termes t bei gegebener Algebra A und Belegung β. Die Auswertung von Konstanten als nullstellige Funktionen ist als Spezialfall enthalten. □

3.4.2 Prädikatenlogik

Die Menge der Prädikatensymbole Π legt die elementaren Aussagen eines Prädikatenkalküls fest. Diese elementaren Aussagen werden als *atomare Formeln* bezeichnet.

Die Menge der atomaren Formeln zu einer Signatur Σ und einer Variablenmenge Y wird mit $AF_\Sigma(Y)$ bezeichnet.

Definition 3.4.4 Die *atomaren Formeln* in $AF_\Sigma(Y)$ sind definiert durch

1. Sind $t_1{:}\,s$ und $t_2{:}\,s$ Terme der gleichen Sorte s aus $T_\Sigma(Y)$, so ist $t_1{:}\,s = t_2{:}\,s$ eine atomare Formel.

2. Sind $t_i{:}\,s_i$ Terme der Sorten s_i aus $T_\Sigma(Y)$ und ist $p{:}\,s_1 \times \ldots \times s_n$ ein Prädikatensymbol, so ist $p(t_1{:}\,s_1, \ldots, t_n{:}\,s_n)$ eine atomare Formel.

3. Keine anderen Zeichenreihen sind atomare Formeln in $AF_\Sigma(Y)$. □

Basierend auf den atomaren Formeln kann nun die Menge der Formeln der *Prädikatenlogik* definiert werden. Die Menge der Formeln der Prädikatenlogik über einer Variablenmenge Y zu einer Signatur Σ wird mit $P_\Sigma(Y)$ bezeichnet.

Definition 3.4.5 Die *Formeln* der Prädikatenlogik in $P_\Sigma(Y)$ sind definiert durch :

1. Die Symbole **true** und **false** sind Formeln.

2. Jede atomare Formel in $AF_\Sigma(Y)$ ist eine Formel in $P_\Sigma(Y)$.

3. Sind φ, ψ Formeln in $P_\Sigma(Y)$ und $x \in Y$ eine Variable der Sorte $s \in S$, so sind auch $(\varphi \vee \psi)$, $(\varphi \wedge \psi)$, $(\varphi \Rightarrow \psi)$, $(\varphi \iff \psi)$, $\neg\varphi$, $(\exists x{:}\,s)\varphi$ und $(\forall x{:}\,s)\varphi$ Formeln in $P_\Sigma(Y)$.

4. Keine anderen Zeichenreihen sind Formeln in $P_\Sigma(Y)$. □

Um die Lesbarkeit von Formeln zu erhöhen, werden die üblichen logischen Konnektive eingeführt, obwohl sie zum Teil auch als Abkürzungen für andere Formeln definiert werden können, so z.B. $(\varphi \vee \psi)$ als $\neg(\neg\varphi \wedge \neg\psi)$ oder **false** als ¬**true**. Eine für den Prädikatenkalkül ausreichende Menge von logischen Symbolen wäre z.B. $\neg$, $\wedge$ und $(\forall x{:}\,s)$. Ebenfalls zur Erhöhung der Lesbarkeit von Signaturen und Formeln werden weitere Abkürzungskonventionen eingeführt. Bei Konstanten $k{:} \to s$ in Ω kann das "$\to$"-Symbol in der Signatur weggelassen werden. In Termen werden die Sortenangaben weggelassen, falls keine Mißverständnisse zu erwarten sind. Klammern werden zur Strukturierung gesetzt und zur Verbesserung der Lesbarkeit weggelassen. Hierbei gelten die üblichen Vorrangregeln für die logischen Konnektive (die Operatoren $\neg$, $(\exists x{:}\,s)$ und $(\forall x{:}\,s)$ binden stärker als alle binären Operatoren, $\wedge$ bindet stärker als $\vee$, etc.).

Die bisherigen Definitionen legen die Syntax des Prädikatenkalküls fest. Die Zuordnung der Wahrheitswerte zu den Formeln wird als *Semantik der Formeln* bezeichnet. Der Wahrheitswert einer Formel hängt von der Interpretation der Signatur Σ durch eine Algebra (oder auch Σ-Struktur) und der Belegung der Variablen aus Y ab. Aufbauend auf der Termauswertung kann nun der Wahrheitswert einer Formel definiert werden. Eine Formel heißt *gültig* für eine Algebra A und eine Belegung

β, wenn ihr der Wahrheitswert **true** zugeordnet ist. Die Gültigkeit einer Formel φ bezüglich gegebenen A und β wird als $(A,\beta) \models \varphi$ notiert, $\not\models$ ist entsprechend das Symbol für "nicht gültig".

Definition 3.4.6 Für eine gegebene Algebra A und eine Belegung der Variablen β ist die *Gültigkeit einer Formel* $\varphi \in P_\Sigma(Y)$, kurz $(A,\beta) \models \varphi$, definiert durch

$(A,\beta) \models \mathbf{true}$		
$(A,\beta) \not\models \mathbf{false}$		
$(A,\beta) \models t_1 = t_2$	gdw.	$(A,\beta)[\![t_1]\!] = (A,\beta)[\![t_2]\!]$.
$(A,\beta) \models p(t_1,\dots,t_n)$	gdw.	$((A,\beta)[\![t_1]\!],\dots,(A,\beta)[\![t_n]\!]) \in A(p)$.
$(A,\beta) \models \neg\varphi$	gdw.	nicht $(A,\beta) \models \varphi$.
$(A,\beta) \models \varphi \wedge \psi$	gdw.	$(A,\beta) \models \varphi$ und $(A,\beta) \models \psi$.
$(A,\beta) \models \varphi \vee \psi$	gdw.	$(A,\beta) \models \neg(\neg\varphi \wedge \neg\psi)$.
$(A,\beta) \models \varphi \Rightarrow \psi$	gdw.	$(A,\beta) \models \neg\varphi \vee \psi$.
$(A,\beta) \models \varphi \iff \psi$	gdw.	$(A,\beta) \models (\varphi \Rightarrow \psi) \wedge (\psi \Rightarrow \varphi)$.
$(A,\beta) \models (\forall x)\varphi$	gdw.	für alle Belegungen β', die sich von β nur im Wert für x unterscheiden, gilt : $(A,\beta') \models \varphi$.
$(A,\beta) \models (\exists x)\varphi$	gdw.	$(A,\beta) \models \neg((\forall x)\neg\varphi)$.

□

Durch diese Definition ist die Gültigkeit einer prädikatenlogischen Formel für den allgemeinen Fall definiert. Es folgen einige Notationen für wichtige Spezialfälle.

Definition 3.4.7 Die Behandlung einer Variablen x in einer Formel hängt davon ab, ob ihre Vorkommen in der Formel durch einen Quantor, also einem Existenz- ($\exists$) oder Allquantor ($\forall$), lokal gebunden sind. Für diese Vorkommen ist die globale Belegung der Variable x durch eine Belegung β unerheblich.

- Ein Auftreten einer Variable x heißt *gebunden* in einer Formel φ, wenn dieses Auftreten Teil einer Unterformel $(\forall x)\varphi'$ oder$(\exists x)\varphi'$ von φ ist.
- Eine Variable x heißt *frei* in einer Formel φ, wenn sie ein nicht gebundenes Auftreten in φ hat.
- Eine Formel φ heißt *geschlossen*, wenn sie keine freien Variablen enthält. □

Die vorgestellte Prädikatenlogik ermöglicht es, Aussagen über einzelne Objektzustände zu formulieren. In den nächsten Abschnitten wird diese Logik dahingehend erweitert, daß Aussagen über *zeitliche Objektentwicklungen* formuliert werden können.

3.4.3 Modellbildung für lineare temporale Logiken

Formeln der temporalen Logik sind Aussagen über zeitliche Entwicklungen. Für unsere Zwecke können zeitliche Entwicklungen durch endliche bzw. unendliche Zustandsfolgen modelliert werden. Andere Ansätze, z.B. die Modellierung nichtdeterministischer Entwicklungen durch verzweigende Strukturen, werden u.a. in [Saa88, Eme90] diskutiert. Zeitliche Entwicklungen können somit als Folgen von Zuständen dargestellt werden, die durch zustandabhängige Funktionen und Prädikate charakterisiert werden (siehe Abschnitt 3.4.6). Eine semantische Modellbildung für temporale Logiken sind somit Folgen von Algebren einer gegebenen Signatur. Als Vereinfachung schränken wir die Algebren, die als Zustände auftreten dürfen, weiter ein und fordern feste Trägermengen als Interpretationen für die Sortensymbole für alle Zustände (eine allgemeinere Definition für Zustandsfolgen mit variierenden Trägermengen wird in [Saa88, Saa89] diskutiert).

Definition 3.4.8 Eine *Zustandsfolge* $\hat{\sigma}$ ist eine indizierte Folge von Zustandsalgebren σ_i zu einer gegebenen Signatur. Endliche Folgen werden als $\hat{\sigma} = \langle \sigma_0, \sigma_1, \ldots, \sigma_n \rangle$ notiert, unendliche Folgen als $\hat{\sigma} = \langle \sigma_0, \sigma_1, \ldots \rangle$. Alle Zustandsalgebren haben dieselben Trägermengen für die Sorten $s \in S$ der gegebenen Signatur, d.h.

$$\forall (s \in S) \forall (i, j) \ \ (\sigma_i(s) = \sigma_j(s)).$$

Die Länge einer Zustandsfolge wird durch die Anzahl der Zustände definiert und wird mit $|\hat{\sigma}|$ notiert, also $|\langle \sigma_0, \sigma_1, \ldots, \sigma_n \rangle| = n + 1$. □

Die Einschränkung, daß die Trägermengen für die ganze Folge invariant sind, ermöglicht die direkte Übernahme der prädikatenlogischen Quantifizierung auch für die temporale Erweiterung. Die zustandsabhängige Information wird durch die erlaubte wechselnde Interpretation der Funktions- und Prädikatensymbole in verschiedenen Zuständen modelliert. Wird z.B. ein Attribut als Konstante in die Signatur aufgenommen, so kann es in jedem Zustand einen anderen Wert annehmen.

Analog zu Zustandsfolgen werden auch Folgen von Variablenbelegungen definiert.

Definition 3.4.9 Eine *Belegungsfolge* $\hat{\beta}$ ist eine indizierte Folge von Belegungen β_i zu einer gegebenen Signatur. Endliche Folgen werden als $\hat{\beta} = \langle \beta_0, \beta_1, \ldots, \beta_n \rangle$ notiert, unendliche Folgen als $\hat{\beta} = \langle \beta_0, \beta_1, \ldots \rangle$. Alle Belegungen β_i sind identisch, also

$$\forall (i, j) \ \ (\beta_i = \beta_j).$$

Analog zu Zustandsfolgen, wird die Länge einer Belegungsfolge als $|\hat{\beta}|$ notiert. □

Nach der Definition der semantischen Interpretationsstrukturen für zeitliche Entwicklungen sind wir nun bereit, die temporalen Logiken zu definieren, die als logische Grundlage der Spezifikation von Objektdynamik eingesetzt werden sollen.

3.4.4 Zukunftsgerichtete temporale Logik

Die zukunftsgerichtete temporale Logik wird eingesetzt, um Aussagen über die zukünftige zeitliche Entwicklung zu formulieren. Typische Beispiele für derartige Aussagen sind

- *"Das Gehalt eines Angestellten darf (zukünftig) nur steigen."*
- *"Ein einmal gefeuerter Angestellter darf nicht erneut eingestellt werden."*

Bei der Spezifikation von Objekten wird zukunftsgerichtete temporale Logik explizit eingesetzt, um temporale Integritätsbedingungen für zeitliche Entwicklungen von Attributwerten auszudrücken. Implizit kann sie zusätzlich als semantische Grundlage für eine logikbasierte Semantik von Sprachkonstrukten dienen (siehe die Ausführungen in Abschnitt 3.5). Die Prädikatenlogik wird hierzu um zusätzliche logische Konnektive erweitert, die Aussagen über zukünftige Entwicklungen ermöglichen :

next ... "ab dem nächsten Zustand gilt (falls dieser existiert)"

existsnext ... "der nächste Zustand existiert, und ab dort gilt"

always ... "ab jetzt gilt immer"

sometime ... "irgendwann (in der Zukunft) gilt"

... **until** ... "ab jetzt gilt immer, solange bis das erstemal eine Endebedingung eintritt"

... **before** ... "irgendwann gilt mindestens einmal, bevor das erstemal eine Endebedingung eintritt"

Diese Operatoren sind nur eine Auswahl möglicher sinnvoller Operatoren für die zukunftsgerichtete temporale Logik. Weitere Operatoren werden in [Krö87, Lip89] beschrieben. Ebendort und in [MP81, MW84, Saa88, SL89, Eme90, MP92] werden Axiomatisierungen und Gesetze dieser Logik diskutiert. Wir werden hier nur die Definition der temporalen Operatoren und einige nützliche Regeln vorstellen.

Beispiel 3.4.10 Beispiele für Formeln der zukunftsgerichteten temporale Logik sind die folgenden Formeln :

1. **always**((`Gehalt` $= x$) $\Rightarrow$ **next**(`Gehalt` $\geq x$))
2. **always**((`Gehalt` $= x$) $\Rightarrow$ **always**(`Gehalt` $\geq x$))
3. **sometime**(`Gehalt` > 0)
4. **always**(((`Gehalt` $= x$) $\wedge$ **after**(`BeförderungZumManager`))
   $\Rightarrow$ **sometime**(`Gehalt` $\geq 2 * x$)))

Die ersten beiden Formeln drücken beide die Integritätsbedingung aus, daß das `Gehalt` nicht sinken darf. Die Bedingung 1. beschränkt jeweils alle zukünftigen Zustandsübergänge, während Bedingung 2. jeweils die ganze Restfolge einschränkt. Die dritte und vierte Formel sind Beispiele für in temporaler Logik formulierte Lebendigkeitsforderungen, die zukünftige Gehaltserhöhungen erzwingen. So fordert die Bedingung (3), daß ausgehend vom initialen Gehalt, das auf 0 gesetzt sein kann, das Gehalt mindestens einmal einen Wert > 0 erreichen muß. Das Prädikat **after** ist ein spezielles Prädikat der Spezifikationsprache, das genau in dem Zustand nach dem Eintreten des Parameterereignisses den Wert **true** annimmt. □

Die Menge der Formeln der zukunftsgerichteten temporalen Logik über einer Variablenmenge Y zu einer Signatur Σ wird mit $FTL_\Sigma(Y)$ (für *Future tense Temporal Logic*) bezeichnet.

Definition 3.4.11 Die *Formeln* in $FTL_\Sigma(Y)$ sind definiert durch :

1. Jede prädikatenlogische Formel in $P_\Sigma(Y)$ ist eine Formel in $FTL_\Sigma(Y)$.
2. Sind φ, ψ Formeln in $FTL_\Sigma(Y)$ und x eine Variable der Sorte $s \in S$, so sind auch $(\varphi \vee \psi)$, $(\varphi \wedge \psi)$, $(\varphi \Rightarrow \psi)$, $(\varphi \iff \psi)$, $\neg\varphi$, $(\exists x{:}\, s)\varphi$ und $(\forall x{:}\, s)\varphi$ Formeln in $FTL_\Sigma(Y)$.

   Diese Konstrukte sind die temporalen Äquivalente zu den prädikatenlogischen Konnektiven, die aufgrund der geänderten Interpretationsstrukturen notwendig sind.
3. Sind φ, ψ Formeln in $FTL_\Sigma(Y)$, so sind auch $(\mathbf{next}\,\varphi)$, $(\mathbf{existsnext}\,\varphi)$, $(\mathbf{always}\,\varphi)$, $(\mathbf{sometime}\,\varphi)$, $(\varphi\,\mathbf{until}\,\psi)$ und $(\varphi\,\mathbf{before}\,\psi)$ Formeln in $FTL_\Sigma(Y)$.
4. Keine anderen Zeichenreihen sind Formeln in $FTL_\Sigma(Y)$. □

Definition 3.4.12 Die Semantik temporaler Formeln wird bezüglich eines Referenzzeitpunkts definiert. Für eine gegebene Zustandsfolge $\hat{\sigma}$, einen Referenzzeitpunkt i und eine Belegungsfolge $\hat{\beta}$ ist die *Gültigkeit einer zukunftsgerichteten temporalen Formel* $\varphi \in FTL_\Sigma(Y)$, kurz $(\hat{\sigma}, i, \hat{\beta}) \models \varphi$, definiert durch

$(\hat{\sigma}, i, \hat{\beta}) \models \varphi'$	gdw.	$(\sigma_i, \beta_i) \models \varphi'$ für eine nichttemporale Formel φ'.	(1)
$(\hat{\sigma}, i, \hat{\beta}) \models \neg\varphi$	gdw.	nicht $(\hat{\sigma}, i, \hat{\beta}) \models \varphi$.	(2)
$(\hat{\sigma}, i, \hat{\beta}) \models \varphi \wedge \psi$	gdw.	$(\hat{\sigma}, i, \hat{\beta}) \models \varphi$ und $(\hat{\sigma}, i, \hat{\beta}) \models \psi$.	(3)
$(\hat{\sigma}, i, \hat{\beta}) \models (\forall x)\varphi$	gdw.	für alle Belegungsfolgen $\hat{\beta}'$ der gleichen Länge wie $\hat{\beta}$, die sich in β'_0 von β_0 nur im Wert für x unterscheiden, gilt : $(\hat{\sigma}, i, \hat{\beta}') \models \varphi$.	(4)
$(\hat{\sigma}, i, \hat{\beta}) \models \mathbf{existsnext}\,\varphi$	gdw.	$\|\hat{\sigma}\| > i+1$ und $(\hat{\sigma}, i+1, \hat{\beta}) \models \varphi$.	(5)
$(\hat{\sigma}, i, \hat{\beta}) \models \mathbf{next}\,\varphi$	gdw.	$\|\hat{\sigma}\| > i+1$ impliziert $(\hat{\sigma}, i+1, \hat{\beta}) \models \varphi$.	(6)
$(\hat{\sigma}, i, \hat{\beta}) \models \mathbf{always}\,\varphi$	gdw.	$(\hat{\sigma}, j, \hat{\beta}) \models \varphi$ für alle $i \leq j < \|\hat{\sigma}\|$.	(7)
$(\hat{\sigma}, i, \hat{\beta}) \models \mathbf{sometime}\,\varphi$	gdw.	es existiert ein j, $i \leq j < \|\hat{\sigma}\|$, so daß $(\hat{\sigma}, j, \hat{\beta}) \models \varphi$.	(8)
$(\hat{\sigma}, i, \hat{\beta}) \models \varphi\,\mathbf{until}\,\psi$	gdw.	$(\hat{\sigma}, j, \hat{\beta}) \models \varphi$ für alle $i \leq j < l$ wobei l definiert ist durch $l = \min\{\{k \leq i \mid (\hat{\sigma}, k, \hat{\beta}) \models \psi\} \cup \{\|\hat{\sigma}\|\}\}$.	(9)
$(\hat{\sigma}, i, \hat{\beta}) \models \varphi\,\mathbf{before}\,\psi$	gdw.	es existiert ein j, $i \leq j < l$, so daß $(\hat{\sigma}, j, \hat{\beta}) \models \varphi$ wobei l definiert ist wie in (9).	(10)

Wir legen fest, daß eine Formel unabhängig vom Referenzpunkt gültig ist, falls sie zum Referenzzeitpunkt 0 gültig ist, also $(\hat{\sigma}, \hat{\beta}) \models \varphi$ gdw. $(\hat{\sigma}, 0, \hat{\beta}) \models \varphi$.

Die Regel (1) bettet die statischen prädikatenlogischen Formeln in die temporale Logik ein, in dem diese zum Referenzzeitpunkt, dem sogenannten ***aktuellen Zustand***, ausgewertet werden. Hier wurde nur die Bedeutung der Konnektive $\neg$, $\wedge$ und $\forall(x)$ definiert, da die anderen als von diesen abgeleitete Konnektive definiert werden können. Die folgenden Regeln (2), (3) und (4) definieren die bereits erwähnte notwendige Erweiterung der Semantikdefinition der prädikatenlogischen Konnektive für temporale Interpretationsstrukturen. □

Wie erwähnt, soll an dieser Stelle weder eine vollständige Axiomatisierung noch vollständige Diskussion der temporalen Logik erfolgen. Um ein Gefühl für die Bedeutung temporaler Formeln zu vermitteln, sollen stattdessen einige Tautologien für temporale Formeln aufgeführt werden.

Lemma 3.4.13 Für temporale Formeln $\varphi, \psi \in FTL$ gelten folgende Äquivalenzen:

$$\begin{aligned}
\neg\,\textbf{next}\,\varphi &\iff \textbf{existsnext}\,\neg\varphi \\
\neg\,\textbf{always}\,\varphi &\iff \textbf{sometime}\,\neg\varphi \\
\neg(\varphi\,\textbf{until}\,\psi) &\iff (\neg\varphi)\,\textbf{before}\,\psi \\
\textbf{always}\,\varphi &\iff \varphi\,\textbf{until}\,\textbf{false} \\
\textbf{sometime}\,\varphi &\iff \varphi\,\textbf{before}\,\textbf{false}
\end{aligned}$$

Diese Äquivalenzen zeigen u.a., daß nur zwei temporale Operatoren, etwa **until** und **next**, als Definitionsgrundlage ausreichen, da die Semantik der anderen von ihnen abgeleitet werden kann. □

3.4.5 Vergangenheitsgerichtete temporale Logik

Die vergangenheitsgerichtete temporale Logik wird im Gegensatz zur zukunftsgerichteten eingesetzt, um Aussagen über die bisherige zeitliche Entwicklung zu formulieren. Typische Beispiele für derartige Aussagen sind

- *"Ein Buch wurde (in der Vergangenheit) bereits einmal ausgeliehen."*
- *"Der Kontostand war bisher immer höher als 100.-DM."*

Bei der Spezifikation von Objekten in TROLL wird vergangenheitsgerichtete temporale Logik explizit bei der Spezifikation der Objektlebensläufe eingesetzt, so

- bei der Angabe von Sicherheitsbedingungen für Ereignisse,
- bei den Bedingungen für bedingte Auswerteregeln,
- bedingten Ereignisaufrufen (conditional calling),
- und bedingten Verpflichtungen.

Die vergangenheitsgerichtete temporale Logik ist spiegelbildlich zur zukunftsgerichteten aufgebaut [Ser80, Eme90, MP92, Cho92a, SS93]. Demnach haben wir die folgenden Entsprechungen zu den bisherigen temporalen Operatoren :

previous ... "bezüglich dem vorigen Zustand galt (falls dieser existierte)"

existsprevious ... "der vorige Zustand existierte, und dort galt"

always$_p$ ... "bis jetzt galt immer"

sometime$_p$ ... "irgendwann (in der Vergangenheit) galt"

always ... since last ... "bis jetzt galt immer seit dem letzten Zeitpunkt, an dem das letztemal eine Bedingung eintrat"

sometime ... since last ... "irgendwann galt mindestens einmal, seitdem das letztemal eine Bedingung eintrat"

Auch diese Operatoren sind nur eine Auswahl möglicher sinnvoller Operatoren für die vergangenheitsgerichtete temporale Logik. In der Spezifikationssprache wird anstatt **always$_p$** (der Index $_p$ steht für *past*) als Schlüsselwort nur **always** benutzt, da aus dem Kontext eindeutig ist, ob vergangenheitsgerichtete oder zukunftsgerichtete Logik verwendet wird (analog für den **sometime**-Operator). Die folgenden Definitionen erfolgen analog zur zukunftsgerichteten Logik.

Die Menge der Formeln der vergangenheitsgerichteten temporalen Logik über einer Variablenmenge Y zu einer Signatur Σ wird mit $PTL_\Sigma(Y)$ (für *Past tense Temporal Logic*) bezeichnet.

Definition 3.4.14 Die *Formeln* in $PTL_\Sigma(Y)$ sind definiert durch :

1. Jede prädikatenlogische Formel in $P_\Sigma(Y)$ ist eine Formel in $PTL_\Sigma(Y)$.

2. Sind φ, ψ Formeln in $PTL_\Sigma(Y)$ und x eine Variable der Sorte $s \in S$, so sind auch $(\varphi \vee \psi)$, $(\varphi \wedge \psi)$, $(\varphi \Rightarrow \psi)$, $(\varphi \iff \psi)$, $\neg\varphi$, $(\exists x\colon s)\varphi$ und $(\forall x\colon s)\varphi$ Formeln in $PTL_\Sigma(Y)$.

3. Sind φ und ψ Formeln in $PTL_\Sigma(Y)$, so sind auch (**previous** φ), (**existsprevious** φ), (**always$_p$** φ), (**sometime$_p$** φ), (**always** φ **since last** ψ) und (**sometime** φ **since last** ψ) Formeln in $PTL_\Sigma(Y)$.

4. Keine anderen Zeichenreihen sind Formeln in $PTL_\Sigma(Y)$. □

Definition 3.4.15 Für eine gebene Zustandsfolge $\hat{\sigma}$, einen Referenzzeitpunkt i und eine Belegungsfolge $\hat{\beta}$ ist die *Gültigkeit einer vergangenheitsgerichteten temporalen Formel* $\varphi \in PTL_\Sigma(Y)$, kurz $(\hat{\sigma}, i, \hat{\beta}) \models \varphi$, definiert durch folgende Regeln. Die Regeln (1) bis (4) aus Definition 3.4.12 werden unverändert übernommen.

$(\hat{\sigma}, i, \hat{\beta}) \models$ **existsprevious** φ	gdw.	$i > 0$ und $(\hat{\sigma}, i-1, \hat{\beta}) \models \varphi$.	(5')
$(\hat{\sigma}, i, \hat{\beta}) \models$ **previous** φ	gdw.	$i = 0$ oder $(\hat{\sigma}, i-1, \hat{\beta}) \models \varphi$.	(6')
$(\hat{\sigma}, i, \hat{\beta}) \models$ **always**$_p$ φ	gdw.	$(\hat{\sigma}, j, \hat{\beta}) \models \varphi$ für alle $0 \leq j < i$.	(7')
$(\hat{\sigma}, i, \hat{\beta}) \models$ **sometime**$_p$ φ	gdw.	es existiert ein j, $0 \leq j < i$, so daß $(\hat{\sigma}, j, \hat{\beta}) \models \varphi$.	(8')
$(\hat{\sigma}, i, \hat{\beta}) \models$ **always** φ **since last** ψ	gdw.	$(\hat{\sigma}, j, \hat{\beta}) \models \varphi$ für alle $l < j \leq i$ wobei l definiert ist durch $l = \max\{\{k \mid 0 \leq k \leq i \wedge (\hat{\sigma}, k, \hat{\beta}) \models \psi\} \cup \{-1\}\}$.	(9')
$(\hat{\sigma}, i, \hat{\beta}) \models$ **sometime** φ **since last** ψ	gdw.	es existiert ein j, $l < j \leq i$, so daß gilt $(\hat{\sigma}, j, \hat{\beta}) \models \varphi$ wobei l definiert ist wie in (9').	(10')

Die Regeln sind genau spiegelbildlich zu den korrespondierenden Regeln aus Definition 3.4.12 definiert. □

Beide vorgestellte temporale Logiken arbeiten auf derselben Klasse von Interpretationsstrukturen. Darum können beide Logiken zu einer allgemeinen temporalen Logik vereinigt werden [MP92].

Definition 3.4.16 Die *allgemeine temporale Logik* $TL_\Sigma(Y)$ ist definiert durch die Vereinigung der Definitionen für Syntax und Semantik der Logiken $FTL_\Sigma(Y)$ und $PTL_\Sigma(Y)$. □

Diese allgemeine temporale Logik bildet die Grundlage für eine einheitliche Semantik der Spezifikationskonzepte für Objekte, wie sie in Abschnitt 3.5 präsentiert wird.

3.4.6 Temporale Logik für Objektmodelle

In diesem Abschnitt soll nun der Bezug zwischen dem vorgestellten formalen Objektmodell und den temporalen Logiken hergestellt werden.

Ein Objekt $ob = (P, V)$ besteht gemäß Definition 3.3.11 aus einem Prozeß $P = (Y, \Lambda)$ und einer Beobachtungsfunktion $V = (A, \alpha)$ über P. Diese Beobachtungsfunktion bildet Anfangsstücke von Lebensläufe aus Λ, also Sequenzen von Ereignissen, auf Attributbeobachtungen über den Attributen in A ab:

$$\alpha\colon \mathbf{Prefix}(\Lambda) \to 2^{\mathbf{obs}(A)}$$

Diese Abbildung kann äquivalent durch eine Abbildung von kompletten Lebensläufen in ***Folgen von Attributbeobachtungen*** dargestellt werden.

Definition 3.4.17 Ein Objektmodell definiert für jeden Lebenslauf $\lambda \in \Lambda$, $\lambda \neq \varepsilon$, eindeutig eine Folge $\hat{\sigma}(\lambda)$ als *Beobachtungsfolge* der Länge $|\lambda|$. Der i-te Zustand von $\hat{\sigma}(\lambda)$ wird dabei durch die Anwendung der Beobachtungsfunktion α auf den

Prozeßpräfix der Länge $i + 1$ definiert. Zusätzlich wird die Information über die zuletzt eingetretenen Ereignisse in einem Prädikat kodiert.

Der leere Lebenslauf $\varepsilon \in \Lambda$ wird in der Konstruktion nicht berücksichtigt. □

Falls in den Beobachtungen die Attribute jeweils einen eindeutigen Wert haben, können Beobachtungen als Zustände zu einer Signatur aufgefaßt werden, die direkt aus der Objektsignatur abgeleitet wird und in der Attribute durch Funktionen modelliert werden. Sind mehrere Werte für ein Objektattribut gleichzeitig möglich, müssen Attribute stattdessen durch eine Relation oder Funktion mit einem mengenwertigen Ergebnis interpretiert werden. Die Signatur für Zustandsalgebren besteht dann im wesentlichen aus

- der Signatur der importierten Datentypen Σ_{DT},
- Funktionen für die Objektattribute,
- sowie einer Sorte E_{ob} für die Ereignisse mit einem **after**-Prädikat und den lokalen Ereignisnamen als erzeugende Funktionen.

Definition 3.4.18 Die *lokale Objektsignatur* Σ_{ob} für ein Objekt *ob* ist definiert durch
$\Sigma_{ob} = \Sigma_{DT} +$
(
$S' = \{E_{ob}\}$, (* Sorte der lokalen Ereignisse *)
$\Omega' = \{a :\rightarrow \mathbf{sort}(a) \mid$ für alle Attribute `a: sort(a)` $\} \cup$
$\{e : s_1 \times \ldots \times s_n \rightarrow E_{ob} \mid$ für Ereignisse `e(s1,..,sn)`$\}$,
$\Pi' = \{\mathbf{after} : E_{ob}\}$
)
Diese Definition kann leicht um die Berücksichtigung von sogenannten *Attributgeneratoren*, also parametrisierten Attributen der Form $a : (s_1 \times \ldots \times s_n) \rightarrow \mathbf{sort}(a)$, erweitert werden. □

Das **after**-Prädikat ist für ein Ereignis in genau den Zuständen mit dem Wert **true** belegt, die durch einen Zustandsübergang mit dem betreffenden Ereignis erreicht wurden. Aus einer Zustandsfolge kann also der zugrundeliegende Ereignisprozeß eindeutig rekonstruiert werden — eine Spezifikation in temporaler Logik (die ja eine Menge von Zustandsfolgen als Semantik hat) ist also dazu geeignet, Objektmodelle komplett und eindeutig zu spezifizieren.

Bemerkung 3.4.19 Das **after**-Prädikat wurde hier als ein explizites Prädikat eingeführt, um Ereignisterme von dem Prädikat 'ein bestimmtes Ereignis ist eingetreten' zu unterscheiden. Da Ereignisterme in der temporalen Logik (im Gegensatz zu anderen Teilsprachen objektorientierter Spezifikationssprachen, etwa zur Prozeßdefinition) nur im Zusammenhang mit dem **after**-Prädikat auftreten können, kann dort auf ein explizites Prädikat auch zugunsten einer impliziten Benutzung der Ereignisterme als Prädikate verzichtet werden.

Dieser Ansatz wurde etwa in der auf temporaler Logik basierenden Spezifikationslogik von C. Arapis [Ara91a, Ara91b] (vergl. Abschnitt 6.2.2) verfolgt. In der Sprache TROLL [JSHS91] wird das **after**-Prädikat explizit notiert. □

Die Interpretation der Attribute als (totale) Funktionen beschränkt diesen Ansatz allerdings auf eindeutige Attributbelegungen. Um auch undefinierte Attributwerte behandeln zu können, müssen die Wertebereiche dieser Attribute dann einen Wert *undef* beinhalten.

Während für ein gegebenes Objektmodell sich eindeutig eine äquivalente Menge von Zustandsfolgen als Modelle für eine temporale Logik angeben läßt (und sich das Objektmodell wieder rekonstruieren läßt), gilt die Umkehrung nicht. Der Grund ist, daß der Ereignisprozeß aus den Werten des **after**-Prädikats rekonstruiert wird. Eine Menge von Zustandsfolgen als Modell einer temporalen Spezifikation kann nun aber zwei Zustandsfolgen enthalten, die in der Interpretation des **after**-Prädikats übereinstimmen, in den Attributwerten aber differieren ! Dieser Effekt muß bei einer Semantikfestlegung mittels temporaler Logik beachtet werden. Beliebige Mengen von Zustandsfolgen entsprechen somit einem erweiterten Objektmodell, in dem einem Lebenslauf mehrere Beobachtungen zugeordnet sind. Diese Erweiterung entspricht in der Ausdrucksfähigkeit dem in [ES91] diskutierten Modell, in dem Attributbeobachtungen als zu ändernden Ereignissen gleichberechtigte Leseereignisse modelliert werden.

3.5 Logikbasierte Semantik von Objektspezifikationen

Die Objektbeschreibungen einer objektorientierten Spezifikationssprache wie TROLL können im wesentlichen als syntaktischer Zucker für einen auf temporaler Logik basierenden Spezifikationskalkül aufgefaßt werden [Jun93]. Wie bereits erwähnt, ist die Art der syntaktischen Darstellung wesentlich an der erhofften Akzeptanz durch spätere Benutzer einer Spezifikationssprache beteiligt, da sie Verständlichkeit und Präsentierung von Entwürfen stark beeinflußt.

In diesem Abschnitt soll skizziert werden, wie aus einer Spezifikation eines Objekts eine Menge von temporalen Kalkülformeln abgeleitet werden kann, die für die zugeordneten Zustandsfolgen $\hat{\sigma}(\lambda)$ Einschränkungen erzwingt, die der Objektspezifikation entsprechen. Hier soll keine komplette formale Semantik in temporaler Logik angegeben werden, sondern nur die Basisidee vermittelt werden. Eine vollständige Umsetzung von TROLL-Spezifikationen in eine temporale Logik kann in der Dissertation von R. Jungclaus gefunden werden [Jun93]. Dort wurde die Logik OSL [SSC93] als speziell für Objektspezifikationen entwickelte temporale Logik eingesetzt.

Zur Umsetzung in temporale Logik wird zuerst die Signatur bstimmt, die den Kalkül für eine einzelne Objektspezifikation festlegt. Die Signatur wird aus der lokalen Objektsignatur (Attribute und Ereignisse) und den Import-Klauseln bestimmt. Die restlichen Spezifikationsbestandteile werden dann in eine Menge von temporalen Formeln zu dieser Signatur umgewandelt, die als Axiome einer Objekttheorie aufgefaßt werden, welche die Semantik der Objektspezifikation festlegt.

3.5.1 Aufbau einer Objektspezifikation

Der Aufbau von Objektspezifikationen wurde in Abschnitt 3.1 anhand von Beispielen ausführlich vorgestellt. Hier soll dieser Aufbau nur kurz rekapituliert werden. Wesentliche Bestandteile der Beschreibung eines Objekts in TROLL sind syntaktisch wie folgt aufgebaut :

```
object Objektname;
  template
    data types importierte Datentypen;
    attributes Attributnamen und -typen;
    events Ereignisnamen und -parameter;
    constraints Integritätsbedingungen;
    valuation Attributänderungen durch Ereignisse;
    behavior
      permissions Sicherheitsbedingungen für Ereignisse;
      obligations Verpflichtungen;
end object Objektname;
```

In den folgenden Abschnitten wird beschrieben, wie die einzelnen Spezifikationsteile in die Signatur und die Axiome einer temporalen Logik überführt werden können und auf diese Weise eine logikbasierte Semantik von Objektspezifikationen festlegen.

3.5.2 Lokale Signatur

Die Spezifikationskonstrukte einer Objektbeschreibung sollen in Formeln der vorgestellten temporalen Logik überführt werden. Um dies tun zu können, wird als erster Schritt die *lokale Signatur* Σ_{ob} für ein Objekt *ob* festgelegt folgend der Definition 3.4.18.

Beispiel 3.5.1 Die Signatur $\Sigma_{\texttt{copy}}$ des copy-Objekts (Beispiel 3.2.2 auf Seite 50) kann wie folgt angegeben werden:

$$\begin{aligned}
S_{\texttt{copy}} &= \{\texttt{nat, bool}, |\texttt{BOOK}|, ..., E_{\texttt{copy}}\} \\
\Omega_{\texttt{copy}} &= \{\texttt{plus:nat} \times \texttt{nat} \rightarrow \texttt{nat}, \texttt{times:nat} \times \texttt{nat} \rightarrow \texttt{nat}, ..., \\
&\quad \texttt{Doc_No:} \rightarrow \texttt{nat}, \texttt{Of:} \rightarrow |\texttt{BOOK}|, ..., \\
&\quad \texttt{Get_Copy:} \rightarrow E_{\texttt{copy}}, \\
&\quad \texttt{Check_Out:} |\texttt{USER}| \times \texttt{date} \times \texttt{nat} \rightarrow E_{\texttt{copy}}, ..., \} \\
\Pi_{\texttt{copy}} &= \{\texttt{equal:nat} \times \texttt{nat}, ... \\
&\quad \textbf{after} : E_{\texttt{copy}}\}
\end{aligned}$$

Die Signatur der importierten Datentypen wurde nur teilweise aufgeführt.

Korrekte Terme dieser Signatur sind z.B. Doc_No + 2 oder Of, und atomare Formeln sind etwa '**after**(Check_Out(person('Müller', 05.10.60), 13.11.90, 4))' oder

`Doc_No` > 100 wobei in der ersten Formel **person** eine Funktion zur Konstruktion von `USER`-Identifikatoren ist und 05.10.60 und 13.11.90 Konstanten des importierten Datentyps **date** sind. □

Nun steht die (lokale) Signatur für eine Objektbeschreibung fest. Die Variablen Y_{ob} und deren Typ für eine gegebene Objektspezifikation *ob* werden direkt aus den Variablendeklarationen nach dem Schlüsselwort **variables** übernommen.

In den folgenden Abschnitten werden wir den Index $_{ob}$ bei der Signatur Σ_{ob} und den Variablen Y_{ob} weglassen, wenn das betrachtete Objektmodell *ob* eindeutig aus dem Kontext hervorgeht.

3.5.3 Integritätsbedingungen

Integritätsbedingungen werden eingesetzt, um die möglichen Attributwerte eines Zustands bzw. die zeitliche Entwicklungen dieser Werte einzuschränken. Der benutzte Spezifikationsformalismus ist zukunftsgerichtete temporale Logik. Integritätsbedingungen können somit direkt in Formeln der temporalen Logik $TL_\Sigma(Y)$ transformiert werden.

Bei den Integritätsbedingungen einer Objektspezifikation unterscheiden wir in der Regel vier Klassen von Bedingungen :

1. *Statische Invarianten* φ_s sind prädikatenlogische Formeln aus $P_\Sigma(Y)$, die Einschränkungen an aktuelle Ausprägungen der Attributbelegungen (den beobachtbaren Objektzuständen) spezifizieren.

2. *Temporale Invarianten* φ_t sind temporale Formeln aus $FTL_\Sigma(Y)$, die bezüglich jedes erreichbaren Zustandes erfüllt werden müssen. Strenggenommen sind statische Invarianten nur ein Spezialfall der temporalen Invarianten, werden aber in der Regel in der Literatur gesondert aufgeführt, da sie bei Integritätsüberwachung und Konsistenzuntersuchung mit anderen Techniken behandelt werden können.

   Typische Beispiele für temporale Invarianten sind Invarianten der Form

   $$(\texttt{Gehalt} = x) \Rightarrow \textbf{always}(\texttt{Gehalt} \geq x)$$

3. *Initiale Integritätsbedingungen* φ_i werden spezifiziert durch zukunftsgerichtete temporale Formeln aus $FTL_\Sigma(Y)$, die bezüglich des Geburtszeitpunkts eines Objekts gelten sollen. Im Gegensatz zu Invarianten beschreiben initiale Integritätsbedingungen oft Lebendigkeitsforderungen, die für korrekte Objektlebensläufe gelten müssen, so z.B.

   $$\textbf{initially} \quad \textbf{sometime}(\texttt{Gehalt} \geq 1.000)$$

   Andere typische initiale Bedingungen betreffen die Initialisierung von Objektattributwerten bzw. Einschränkungen der initialen Attributwerte, so die Einschränkung

   $$\textbf{initially} \quad \texttt{Gehalt} \geq 0$$

oder die Initialisierung

$$\textbf{initially}\ \texttt{BisherigesGesamtgehalt} = 0$$

In der Sprache TROLL werden initiale Bedingungen mit dem Schlüsselwort **initially** gekennzeichnet.

4. Die *Ableitungsregeln* φ_d (derivation rules) können als eingeschränkte Form der statischen Invarianten aufgefaßt werden. In der Objektspezifikation werden sie wie folgt notiert :

   derivation
   `Attribut` **is** *Term des passenden Datentyps*;

   Sie entsprechen einer Formel

$$\varphi_d \ \hat{=}\ \texttt{Attribut} = \textit{Term des passenden Datentyps.}$$

Definition 3.5.2 Die Umwandlung der Integritätsbedingungen in temporale Formeln als Axiome der zu bildenden Objekttheorie geschieht in zwei Schritten. Als ersten Schritt werden die Formeln wie folgt umgeformt (wir nehmen an, daß die Symbole der Spezifikationssprache bereits in die entsprechenden Symbole der temporalen Logik übersetzt worden, so etwa das syntaktische Symbol **and** in den Operator $\wedge$) :

1. Statische Invarianten φ_s werden zu **always**(φ_s) erweitert.

2. Temporale Invarianten φ_t werden zu **always**(φ_t) erweitert.

3. Initiale Bedingungen φ_i werden unverändert übernommen.

4. Ableitungsregeln φ_d werden als statische Invarianten interpretiert und zu der Formel **always**(φ_d) erweitert.

Als zweiter Schritt werden die einzelnen Formeln mit allen in ihnen frei auftretenden Variablen allquantifiziert. □

Beispiel 3.5.3 Die temporale Invariante

$$(\texttt{Gehalt} = x) \Rightarrow \textbf{always}(\texttt{Gehalt} \geq x)$$

wird zu

$$\forall(x\colon \textbf{integer})\ \ \textbf{always}((\texttt{Gehalt} = x) \Rightarrow \textbf{always}(\texttt{Gehalt} \geq x))$$

erweitert. □

3.5.4 Auswertungsregeln für Ereignisse

Auswertungsregeln verknüpfen die Prozeßereignisse mit den Attributen, indem sie neue Attributwerte als Nachbedingungen der Ereignisse festlegen. Das allgemeine Muster für eine Auswertungsregel (vergl. Abschnitt 3.2) ist :

`[EreignisTerm] AttributTerm = DatenTerm` *(* des passenden Datentyps *)*;

Die einzelnen Basisterme für das Ereignis, das Attribut und den neuen Datenwert können direkt in Terme der Spezifikationslogik umgesetzt werden.

Definition 3.5.4 Eine Auswertungregel des obigen Musters wird überführt in die folgende temporale Formel :

$$\forall(x\colon \mathbf{type}(\texttt{AttributTerm}))$$
$$\mathbf{always}((\texttt{DatenTerm} = x) \Rightarrow \mathbf{next}(\mathbf{after}(\texttt{Ereignisterm}) \Rightarrow (\texttt{AttributTerm} = x))$$

Auswertungsregeln für Geburtsereignisse werden in die folgende einfachere Form überführt, da diese keinen Bezug zu einem vorhergehenden Zustand haben können.

$$\mathbf{after}(\texttt{Ereignisterm}) \Rightarrow (\texttt{AttributTerm} = \texttt{DatenTerm})$$

In einem zweiten Schritt werden wiederum alle freien Variablen der Formel jeweils mit einem Allquantor quantifiziert. □

Da der Wert des Attributs im *alten* Zustand berechnet werden muß, und die Belegung des Attributs im neuen Zustand zugesichert werden soll, muß eine transitionale Bedingung aufgestellt werden. Der Formelteil ($\texttt{DatenTerm} = x$) bindet den Wert des im alten Zustand ausgewerteten Datenterms an die Variable x, und im durch **next** gebundenen Formelteil wird dieser Wert dem Attribut zugeordnet falls der Zustandsübergang durch das angegebene Ereignis hervorgerufen wurde. Die Hilfsvariable x wird nur benutzt, um auf den im alten Zustand bestimmten Wert im neuen Zustand zugreifen zu können.

Beispiel 3.5.5 Als Beispiel betrachten wir einige der Auswertungsregeln aus dem copy-Objekt (Beispiel 3.2.2, Seite 50) aus Abschnitt 3.2.

```
valuation
    variables U: |USER|, d: date, n: nat;
    [GetCopy] OnLoan = false;
    [CheckOut(U,d,n)] Due =  add_days_to_date(d,n);
    [CheckOut(U,d,n)] Borrowers = append(U,Borrowers);
```

Die erste Regel kann direkt umgeformt werden zu der Formel

$$\mathbf{after}(\texttt{GetCopy}) \Rightarrow (\texttt{OnLoan} = \mathbf{false})$$

umgeformt werden, da es sich um ein Geburtsereigniss handelt. Die zweite Regel wird im ersten Schritt zu

$$\forall(x\colon \texttt{date})$$
$$\mathbf{always}((\texttt{add\_days\_to\_date}(d, n) = x)$$
$$\Rightarrow \mathbf{next}(\mathbf{after}(\texttt{CheckOut}(U, d, n)) \Rightarrow (\texttt{Due} = x))$$

umgeformt und die resultierende Formel dann im zweiten Schritt zusätzlich mit den folgenden Quantifizierungen gebunden :

$$\forall(U\colon |\texttt{USER}|)\forall(d\colon \texttt{date})\forall(n\colon \texttt{nat})$$

In dieser Regel ist die Verwendung der Hilfsvariable nicht zwingend erforderlich, da bei der Berechnung des neuen Attributwerts keine zustandsabhängige Information benutzt wird. Sie könnet somit zu

$$\forall(U{:}\,|\mathtt{USER}|)\forall(d{:}\,\mathtt{date})\forall(n{:}\,\mathtt{nat})$$
$$\quad \mathbf{always}(\mathbf{after}(\mathtt{CheckOut}(U,d,n)) \Rightarrow (\mathtt{Due} = \mathtt{add\_days\_to\_date}(d,n))$$

vereinfacht werden. Dies ist allerdings nicht der Fall bei der dritten Regel, die zu folgender Formel führt :

$$\forall(U{:}\,|\mathtt{USER}|)\forall(d{:}\,\mathtt{date})\forall(n{:}\,\mathtt{nat})$$
$$\quad \forall(x{:}\,\mathbf{list}(|\mathtt{USER}|))$$
$$\qquad \mathbf{always}((\mathbf{append}(U,\mathtt{Borrowers}) = x)$$
$$\qquad\quad \Rightarrow \mathbf{next}(\mathbf{after}(\mathtt{CheckOut}(U,d,n)) \Rightarrow (\mathtt{Borrowers} = x))$$

Diese Regel kann nicht vereinfacht werden, da der neue Wert des Attributs im alten Zustand berechnet werden muß. □

Durch die bisherigen Definitionen haben wir die explizit angegebenen Änderungen durch Auswertungsregeln erfaßt. Als letzten Schritt müssen wir die *Rahmenregel* berücksichtigen, die festlegt, daß alle Attributwerte durch ein Ereignis unverändert bleiben, falls keine explizite Regel die Änderung erzwingt.

Definition 3.5.6 Die *Rahmenregel* besagt, daß Attribute nur durch explizite Auswertungsregeln geändert werden dürfen. Mit **changes**(`Attributterm`) bezeichnen wir die Menge derjenigen Ereignisterme e, für die Auswertungsregeln existieren, die den `Attributterm` betreffen. Die Formel **ChangeAllowed**(`Attributterm`) ist definiert als die Disjunktion

$$\bigvee_{e \in \mathbf{changes}(\mathtt{Attributterm})} \mathbf{after}(e)$$

Die Rahmenregel kann nun durch folgendes Regelschema spezifiziert werden:

$$\forall(x{:}\,\mathbf{type}(\mathtt{Attributterm}))$$
$$\quad \mathbf{always}((\mathtt{Attributterm} = x) \Rightarrow$$
$$\qquad \mathbf{next}((\mathtt{Attributterm} \neq x)$$
$$\qquad\quad \Rightarrow \mathbf{ChangeAllowed}(\mathtt{Attributterm}))).$$

Bei Bedarf müssen Variablen für eventuelle Ereignis- bzw. Attributparameter noch passend quantifiziert werden. □

Beispiel 3.5.7 Für das copy-Beispiel 3.2.2 erhalten wir u.a. die folgende Rahmenregel für das **Borrowers**-Attribut :

$$\forall(x{:}\,\mathbf{list}(|\mathtt{PERSON}|))$$
$$\quad \mathbf{always}((\mathtt{Borrowers} = x) \Rightarrow \mathbf{next}((\mathtt{Borrowers} \neq x) \Rightarrow$$
$$\qquad (\mathbf{after}(\mathtt{GetCopy}) \vee \exists(U{:}\,|\mathtt{USER}|)\exists(d{:}\,\mathtt{date})\exists(n{:}\,\mathtt{nat})\,\mathbf{after}(\mathtt{CheckOut}(U,d,n)))))$$

□

Die korrekte Behandlung von *konstanten Attributen* (Schlüsselwort **constant**) kann entweder auf der Spezifikationsebene berücksichtigt werden, indem keine Auswertungsregeln für diese Attribute auftreten dürfen, oder analog zur Rahmenregel durch explizite temporale Formeln garantiert werden.

In der Sprache TROLL können auch *bedingte Auswertungsregeln* angegeben werden, die analog etwa zu bedingten Verpflichtungen notiert werden. Deren Umsetzung in logische Implikationen erfolgt in der naheliegenden Weise.

3.5.5 Prozeßbeschreibung

Bei der Beschreibung der Objektprozesse, wie sie im Abschnitt 3.2 eingeführt wurde, werden verschiedene Beschreibungsformalismen eingesetzt. Wir beschränken uns hier auf die Behandlung von Aspekten der **birth**- und **death**-Ereignisse, der Sicherheitsbedingungen und der Verpflichtungen.

Geburts- und Todesereignisse

In der **events**-Klausel der Objektspezifikation werden neben den konkreten Ereignisnamen und -parametertypen auch die Schlüsselwörter **birth** und **death** angegeben, die anzeigen, ob es sich um ein Geburts- bzw. Sterbeereignis handelt. Diese Angaben müssen in temporale Formeln umgesetzt werden, die die entsprechende intendierte Bedeutung garantieren.

Definition 3.5.8 Existiert genau ein Geburtsereignis `Ereignis` notiert als

birth `Ereignis(.., Sort_i, ..);`

mit entsprechenden Parametersorten `Sort_i`, so kann direkt die folgende Formel in temporaler Logik angegeben werden, die festlegt, daß der initialen Zustand durch das Geburtsereignis erreicht wurde :

$$\ldots \exists(x_i\colon \texttt{Sort\_i}) \ldots\ \textbf{after}(\texttt{Ereignis}(..,x_i,..))$$

Als zweite Bedingung haben wir, daß anschließend kein weiterer Übergang mehr durch ein Geburtsereignis hervorgerufen wurde :

$$\ldots \forall(x_i\colon \texttt{Sort\_i}) \ldots\ \textbf{next}(\textbf{always}(\neg\, \textbf{after}(\texttt{Ereignis}(..,x_i,..))))$$

Im Falle mehrerer Geburtsereignisse muß die erste Formel durch eine Disjunktion von Einzelformeln für die einzelnen Ereignisse ersetzt werden, die zweite hingegen durch eine entsprechende Konjunktion. □

Die Behandlung der Sterbeereignisse gestaltet sich etwas komplizierter, da in der verwendeten temporalen Logik kein Operator explizit vorhanden ist, der auf den *letzten* Zustand eines Lebenslaufs hinweist. Implizit können wir hingegen die Eigenschaft der Logik verwenden, daß die Formel **next**(**false**) genau im letzten Zustand einer Folge wahr wird.

Definition 3.5.9 Für alle Sterbeereignise `Ereignis` notiert als

death `Ereignis(.., Sort_i, ..);`

mit den entsprechenden Parametersorten `Sort_i` wird diese Angabe in die folgende Formel in temporaler Logik überführt :

$$\ldots \forall(x_i\colon \texttt{Sort\_i}) \ldots\ \textbf{always}(\textbf{after}(\texttt{Ereignis}(..,x_i,..)) \Rightarrow \textbf{next}(\textbf{false}))$$

Nach einem Übergang mit einem Sterbeereignis muß die Zustandsfolge also abbrechen. □

Beispiel 3.5.10 Für das copy-Beispiel (Beispiel 3.2.2) erhalten wir die Formeln

after(GetCopy)

und

next(**always**(¬ **after**(GetCopy))

aufgrund der Festlegung des GetCopy-Ereignisses als Geburtsereignis. Für das Sterbeereignis ThrowAway erhalten wir die Formel

always(**after**(ThrowAway)) ⇒ **next**(**false**))

als temporale Formel, die einen Abbruch der Zustandsfolge nach dem ersten Eintreten von ThrowAway erzwingt. □

Sicherheitsbedingungen

Sicherheitsbedingungen stellen Einschränkungen für diejenigen Zustände auf, in denen ein Ereignis eintreten kann. Ihre Gültigkeit wird relativ zu einem Zustand *vor* dem potentiellen Ereigniseintreten bestimmt.

Definition 3.5.11 Die allgemeine Form einer Sicherheitsbedingung nach dem Schlüsselwort **permissions** ist

{ φ } EreignisTerm;

wobei φ eine Formel der vergangenheitsgerichteten temporalen Logik $PTL_{\Sigma}(Y)$ ist. Diese Angabe wird im ersten Schritt umgewandelt in die Formel

always(¬φ ⇒ **next**(¬ **after**(EreignisTerm)))

und im zweiten Schritt werden alle freien Variablen allquantifiziert. □

Man beachte, daß die aus dieser Umwandlung resultierende Formel sowohl zukunftsgerichtete als auch vergangenheitsbezogene temporale Operatoren enthalten kann.

Beispiel 3.5.12 Als Beispiel betrachten wir die Sicherheitsbedingungen des copy Objekts (Beispiel 3.2.2 auf Seite 50) aus Kapitel 3.2.

```
permissions
   variables U: |USER|, d: date, n: nat;
   {OnLoan = false} CheckOut(U,d,n);
   {exists(U: |USER|, d: date, n: nat)
      sometime(after(CheckOut(U,d,n))) since last (after(Return))}
         Return;
```

Die erste Formel wird umgewandelt in

$\forall(U\colon |\mathtt{USER}|)\forall(d\colon \mathtt{date})\forall(n\colon \mathtt{nat})$
always(¬(OnLoan = **false**) ⇒ **next**(¬ **after**(CheckOut(U, d, n))))

Als Resultat der Umwandlung der zweiten Sicherheitsbedingung erhalten wir

always(
¬($\exists(U' : |\mathtt{USER}|)\exists(d' : \mathtt{date})\exists(n' : \mathtt{nat})$

$$\begin{array}{l}\textbf{sometime}_p(\textbf{after}(\texttt{CheckOut}(U', d', n')))) \\ \textbf{since last } (\textbf{after}(\texttt{Return}))) \quad \Rightarrow \textbf{next}(\neg\, \textbf{after}(\texttt{Return})))\end{array}$$

Wir haben hier die lokal existentiell gebundenen Variablen umbenannt, um die lokalen Variablen deutlicher hervorzuheben. □

Verpflichtungen

Für Verpflichtungen gibt es eine Reihe von Notationen insbesondere für Kombinationen möglicher Ereignisse, die in der bisherigen Beschreibung nicht vollständig erwähnt wurden. Wir definieren im folgenden die einzelnen syntaktischen Konstrukte und erläutern ihre Bedeutung anhand der Umwandlung in temporale Formeln.

Definition 3.5.13 Die folgende Auflistung enthält die verschiedenen Notationen von Verpflichtungen (nach dem Schlüsselwort **obligations**) und ihre Entsprechung in temporaler Logik. Die Konstruktion von Verpflichtungen erfolgt rekursiv aus einfacheren Bedingungen. Analog zu diesem rekursiven Aufbau, werden hier für Konstruktionsmuster von Verpflichtungen entsprechende Konstruktionsvorschriften für Formeln angegeben, die rekursiv weiter angewendet werden müssen.

- Eine *atomare Verpflichtung* wird notiert als

  ```
  EreignisTerm;
  ```

  Die entsprechende temporale Formel erzwingt mit Hilfe des **sometime**-Operators das Eintreten des Ereignisses :

  $$\textbf{sometime}(\textbf{after}(\texttt{EreignisTerm}))$$

- Da freie Variablen universell quantifiziert werden und somit Verpflichtungen *für alle möglichen Belegungen* der Parameter mit Werten bedeuten, muß es auch möglich sein, durch ein Sprachkonstrukt die Parametervariablen eines Ereignisterms *existentiell zu binden*. Dies wird notiert als

  ```
  exists ( n : type ) ... Ereignis(..., n, ...) ;
  ```

  Die entsprechende Formel wird gebildet durch

  $$\exists(n : \texttt{type})...\textbf{sometime}(\textbf{after}(\texttt{Ereignis}(..., n, ...)))$$

  Die Punkte in der Notation deuten an, daß für einen Ereignisterm mehrere Parameter existentiell gebunden sein können.

- Eine *Konjunktion* von Verpflichtungen kann durch

  ```
  EreignisTerm1 and EreignisTerm2 ;
  ```

  spezifiziert werden. Ihr entspricht die Formelkonstruktion :

  $$\textbf{sometime}(\textbf{after}(\texttt{EreignisTerm1})) \wedge \textbf{sometime}(\textbf{after}(\texttt{EreignisTerm2}))$$

Eine Konjunktion von Verpflichtungen ist äquivalent zu der getrennten Spezifikation der beiden Bedingungen in separaten Zeilen.

Die Konjunktion mit **and** (und die folgenden Konstrukte) können nicht nur auf elementare Ereignisterme angewendet werden, sondern auch beliebige Verpflichtungsterme verbinden. Die Konstruktion der Formeln erfolgt dann analog obigem Muster. Die einzelnen Verpflichtungen müssen dann gegebenenfalls weiter aufgespalten werden.

- Eine *Disjunktion* von Verpflichtungen kann durch

  `EreignisTerm1 or EreignisTerm2 ;`

  spezifiziert werden. Ihr entspricht die Formelkonstruktion :

  sometime(**after**(`EreignisTerm1`)) $\vee$ **sometime**(**after**(`EreignisTerm2`))

- Als letzten Fall haben wir die *bedingten Verpflichtungen.* Sie werden notiert als

  `{` φ `} ==> EreignisTerm ;`

  wobei φ eine Formel der vergangenheitsgerichteten temporalen Logik $PTL_\Sigma(Y)$ ist. Die bedingten Bedingungen werden umgesetzt in

  always(φ $\Rightarrow$ **sometime**(`EreignisTerm`))

  Hier ist zu bemerken, daß bedingte Verpflichtungen *zustandsabhängig* sind, d.h. daß sie in Abhängigkeit vom Objektzustand neu zu den noch zukünftig zu erfüllenden Bedingungen hinzugenommen werden können. Einfache Bedingungen hingegen entsprechen initialen Integritätsbedingungen.

Als abschließender Schritt müssen jeweils auch für Verpflichtungen alle freien Variablen allquantifiziert werden. □

Beispiel 3.5.14 Als einfaches Beispiel betrachten wir wiederum die Verpflichtung des copy-Beispiels 3.2.2 aus Kapitel 3.2.

```
obligations
    { exists(U: |USER|, d: date, n: nat) after(CheckOut(U,d,n)) }
      ==> Return;
```

Die aus der Umwandlung resultierende Formel lautet

always(
  ($\exists(U : |\texttt{USER}|)\exists(d : \texttt{date})\exists(n : \texttt{nat})$ **after**(`CheckOut`(U, d, n)))
    $\Rightarrow$ **sometime**(**after**(`return`))) □

Als abschließende Bemerkung dieses Abschnitts sei erwähnt, daß prinzipiell auch andere Prozeßbeschreibungformalismen (explizite, z.B. CSP-ähnliche Notationen für Prozesse, Petri-Netze, Übergangsdiagramme etc.) sich in eine Menge von temporalen Formeln umwandeln lassen, die äquivalente Einschränkungen für Objektlebensläufe ausdrücken [Jun93].

3.6 Objektklassen und Klassentypen

Einzelne Objekte können zu Objektklassen gruppiert werden, in denen die Struktur der enthaltenen Objekte durch einen zugeordneten Klassentyp festgelegt wird. Wie bereits erwähnt, werden Klassentypen in der Literatur auch als Objekttypen oder Objektklassentypen bezeichnet. Zusätzlich zur Beschreibung der Objektstrukturen legt ein Klassentyp einen Identifikationsmechanismus für die Klassenelemente fest, in dem ein Namensraum für Objektidentifikatoren vorgegeben wird.

3.6.1 Semantische Modellbildung

Ein Klassentyp muß die Strukturen der Objekte einer Objektklasse bestimmen sowie einen Namensraum festlegen. Der allgemeine Fall ermöglicht Objekte *unterschiedlicher Struktur* als Elemente einer Klasse, die dann als *heterogene* Klasse bezeichnet wird. Der entsprechende Klassentyp wird dann ebenfalls als heterogen bezeichnet. Nichtheterogene Klassen und Klassentypen bezeichnen wir als *homogen*. Homogene Klassen sind der Normalfall bei Spezifikationen, während heterogene Klassen in der Regel hauptsächlich als Ergebnis einer Generalisierung auftreten. Sprachmittel zur Spezifikation heterogener Klassen werden in Abschnitt 4.6 vorgestellt. In den folgenden Definitionen werden beide Fälle berücksichtigt.

Definition 3.6.1 Das semantische Modell eines *Klassentyps* $ct = (ID, OB, \omega)$ besteht aus einem Wertebereich ID als Namensraum, einer Menge von Objektmodellen OB und einer Zuordnungsfunktion $\omega: ID \rightarrow OB$, die jedem Wert des Namenraums ein Objektmodell aus OB zuordnet. Der Wertebereich ID ist definiert als die Trägermenge einer Sorte eines abstrakten Datentyps.

Ein Klassentyp ct ist *homogen*, falls die Zuordnungsfunktion $ct.\omega$ konstant ist. In diesem Fall ist der Wertebereich $ct.OB = \{ob\}$ einelementig. □

Die Zuordnung von Objektidentifikatoren zu Objektmodellen ist hierbei statisch; ein Klassenelement einer heterogenen Klasse kann also nicht zur Laufzeit seine Struktur wechseln, und die Struktur eines Elements liegt bei seiner Erzeugung für einen konkreten Identifikator bereits fest.

Die intuitive Sicht auf *Klassen* ist die eines 'Behälters' für aktuelle Objekte, dessen Inhalt sich zustandsabhängig ändert. Klassentypen beschreiben die möglichen Ausprägungen intensional, d.h. sie geben alle möglichen Populationen einer Klasse an, die diesen Typ hat. Die erwähnte Sicht auf Klassen selber hingegen ist extensional — Klassen entsprechen Variablen zu einem Klassentyp, deren Extension durch Einfügen und Löschen von Objekten manipuliert wird. Wir folgen zuerst dieser zustandsorientierten Sicht und beginnen damit, den Zustand einer Klasse zu definieren.

Definition 3.6.2 Ein *Zustand einer Objektklasse oc*, notiert als

$$\sigma_{oc} = (ct, \zeta[ct.OB]),$$

wird beschrieben durch den zugeordneten Klassentyp ct und eine Menge von parametrisierten Zustandsfunktionen

$$\zeta[ob]: ct.ID \rightarrow \mathbf{Prefix}(ob.P.\Lambda),$$

wobei gilt daß $\zeta[ob] \neq \varepsilon$ impliziert $ob = ct.\omega(id)$, d.h. ein Zustand kann einem Objekt nur über diejenige Zustandsfunktion zugeordnet werden, die das passende Objektmodell als Parameter hat.

Einem gegebenen Identifikator $id \in ct.ID$ ist somit durch die Funktion $\zeta[ct.\omega(id)]$ ein aktueller Zustand $\zeta[ct.\omega(id)](id)$ zugeordnet, der ein Anfangsstück aus einem korrekten Lebenslauf des zugeordneten Objektmodells darstellt. Ist der Objektzustand $\zeta[ct.\omega(id)](id) = \varepsilon$, d.h. die leere Folge, so ist das Objekt mit dem Identifikator id nicht in der aktuellen Ausprägung der Klasse enthalten.

Für homogene Klassen (d.h. $OB = \{ob\}$) ist der Wert $ct.\omega(id)$ konstant identisch zu ob für alle id. In diesem Fall können wir die vereinfachte Schreibweise $\zeta(id)$ als aktuellen Zustand des mit id identifizierten Objekts verwenden. □

Diese etwas komplexe Definition von Objektklassen resultiert aus der zustandsorientierten, extensionalen Sicht auf Objektklassen im Gegensatz zur intensionalen Semantik für Klassentypen und auch für isolierte Objektspezifikationen.

Die rein zustandsorientierte Vorgehensweise kann vermieden werden, indem wir anstatt einzelner Zustände für Objektklassen analog zu Einzelobjekten auch hier *Entwicklungen* von Objektklassen betrachten.

Definition 3.6.3 Ein *Lebenslauf einer Objektklasse* $\hat{\sigma}_{oc}$ ist definiert als eine Folge von Objektklassenzuständen. Die intensionale *Semantik* einer Klasse kann dann durch eine Menge von erlaubten Lebensläufen festgelegt werden.

Als zusätzliche Bedingung fordern wir, daß die Zustandsübergänge der Klasse für die enthaltenen Einzelobjekte elementar und korrekt sein müssen, d.h. aus der Projektion eines Klassenlebenslaufs auf ein Einzelobjekt müssen wir einen korrekten Objektlebenslauf des passenden Objektmodells rekonstruieren können. □

Wenn wir uns diese Definition genauer betrachten, bemerken wir Parallelen zur Modellbildung für Einzelobjekte — eine Klasse ist beschrieben durch Lebensläufe über Klassenzustände, und die Zustandsübergänge entsprechen dem parallelen Ausführen von Objektereignissen der enthaltenen Klassenobjekte. Für eine Klasse können wir zusätzlich eine aktuelle Beobachtung festlegen, die die aktuelle Klassenpopulation und die Zustände der Einzelobjekte anzeigt. Die Semantik einer Klasse entspricht somit der eines einzigen komplexen Objekts !

Definition 3.6.4 Die *Semantik einer Objektklasse* ist ein komplexes Objektmodell, das durch die parallele Komposition der in ihr enthaltenen Objekte gebildet wird. Ereignisse einer Objektklasse sind somit Mengen von gleichzeitig eintretenden Ereignissen der einzelnen Klassenobjekte. Die Basissignatur einer Klasse wird gebildet durch die disjunkte Vereinigung der Signaturen der Einzelobjekte (eindeutige Namen werden erreicht durch Hinzufügung eines objektspezifischen Präfixes gebildet aus dem Identifikator). □

Es liegt nahe, die Modellbildung für Klassentypen und Objektklassen derart zu erweitern, daß wir auch *Klassenattribute und Klassenereignisse* analog zu Einzelobjekten zulassen.

Definition 3.6.5 Die *erweiterte Modellbildung* eines Klassentyps notiert als $ct = (ID, OB, \omega, \Sigma_{ct}, \mathbf{spec}_{ct})$ enthält als weitere Komponenten eine Klassensignatur Σ_{ct} analog zu einer Objektsignatur und eine Spezifikation $\mathbf{spec}_{ct}$ der Klassenprozesse und -beobachtungen.

Die Klassensignatur definiert Klassenereignisse und Klassenattribute, und die Spezifikation $\mathbf{spec}_{ct}$ legt deren Semantik mittels der für Einzelobjekte eingeführten Formalismen fest. □

Klassenattribute und -ereignisse können zum Teil generisch definiert sein, so etwa das Ereignis des Initialisierens einer Klasse oder ein Attribut `AktuelleObjektanzahl`. Zusätzlich können etwa auch klassenspezifische Attribute wie etwa `Durchschnittsgehalt` für eine Klasse `ANGESTELLTE` definiert werden.

Während Klassenattribute und -ereignisse in der formalen Modellbildung bereits integriert sind [ES91], sind sie bislang in den Sprachvorschlag für TROLL nicht integriert worden. Aus diesem Grunde haben wir hier nur die Basiskonzepte dieser Erweiterungen präsentiert und auf eine vollständige Formalisierung verzichtet.

3.6.2 Sprachkonzepte für homogene Objektklassen

In diesem Abschnitt werden nur homogene Objektklassen und Klassentypen behandelt. Die Spezifikation heterogener Klassen und Typen folgt erst in Abschnitt 4.6. Um einen homogenen Klassentyp zu beschreiben, muß ein Objektmodell festgelegt werden sowie der Namensraum spezifiziert werden. Die Spezifikation von Objektmodellen ist in den bisherigen Abschnitten bereits ausführlich behandelt worden. Zur vollständigen Beschreibung einer Objektklasse muß der Klassentyp sowie ein eindeutiger Klassenname festgelegt werden. In der Regel erfolgt die Definition einfacher homogener Klassen integriert mit der Spezifikation des zugehörigen Klassentyps. Sofern keine Verwechslung zu befürchten ist, wird beiden auch derselbe Name zugeordnet.

Der syntaktische Aufbau einer derartigen integrierten Spezifikation von Klasse und Typ wurde bereits in Abschnitt 3.1 anhand von Beispielen eingeführt. Zu beachten ist hierbei, daß die Attributfestlegungen der Namensraumfestlegung in der Objektspezifikation wie andere (konstante !) Attribute verwendet werden dürfen. In dieser integrierten Schreibweise, wird eine Objektklasse wie folgt definiert :

```
object class ObjektKlassenName
    data types importierte Datentypen (für Namensraumfestlegung);
    identification Namensraumfestlegung;
    template Objektbeschreibung;
end object class ObjektKlassenName;
```

Nach dem Schlüsselwort **template** wird ein Objektmodell mit den bereits vorgestellten Spezifikationsmechanismen definiert. Basierend auf importierten Datentypen, wird die Namensraumfestlegung durch das Schlüsselwort **identification** eingeleitet. Hier ist eindeutig die Trägermenge eines abstrakten Datentyps festzulegen, die die Menge *ID* der Objektidentifikatoren bildet.

Die Form der Namensraumfestlegung ist an Schlüsseldefinitionen z.B. semantischer Datenmodelle angelehnt. Der festgelegte Datentyp wird somit als Instanziierung einer parametrisierten Tupelkonstruktion festgelegt.

Definition 3.6.6 Die **identification**-Klausel einer Klassenspezifikation für eine Objektklasse `NAME` legt basierend auf dem Datentypimport die Komponenten der Namensraumfestlegung fest. Syntaktisch wird sie wie folgt notiert :

object class `NAME`
  data types $d_1, \ldots, d_n$;
  identification
    `attribut`$_1$: `sort`$_1$;
    ...
    `attribut`$_k$: `sort`$_k$;

Die Wertebereiche `sort`$_j$ müssen hierbei jeweils Sorten eines der importierten Datentypen d_i sein. Wir unterscheiden Sorten und Datentypen, da eine Datentypdefinition mehrere Sorten als Wertemengen festlegen kann.

Diese Komponenten bestimmen den folgenden Datentyp |`NAME`| basierend auf einer Instanzierung eines parametrisierten Datentypkonstrukturs für k-wertige Tupel :

sort |`NAME`| := **tuple**(`sort`$_1, \ldots,$ `sort`$_k$);
based on $d_1, \ldots, d_n$;
operations
  `attribut`$_1$: |`NAME`| $\rightarrow$ `sort`$_1$;
  ...
  `attribut`$_k$: |`NAME`| $\rightarrow$ `sort`$_k$;
  `NAME`: `sort`$_1$ $\times \ldots \times$ `sort`$_k$ $\rightarrow$ |`NAME`|;
predicates
  =: |`NAME`| $\times$ |`NAME`|;

Wir geben hier nur die Signatur des Namensraumdatentyps an; auf die naheliegenden Gleichungen zur Festlegung des Zusammenspiels zwischen der Generierungsfunktion `NAME` und den Selektionsfunktionen der Attribute wird verzichtet. Die Trägermenge der Sorte |`NAME`| definiert den Namensraum *ID*. □

Diese Festlegungen eines Namensraums für eine allgemeine Klassendefinition sollen nun anhand eine konkreten Beispiels verdeutlicht werden.

Beispiel 3.6.7 Die Namensraumfestlegung der Objektklasse `BOOK` (Beispiel 3.2.3 von Seite 52) wird wie folgt spezifiziert :

object class `BOOK`
  data types `string`;
  identification
    `Title: string;`

```
        FirstAuthor: string;
     template ...
  end object class BOOK;
```

Als Namensraumdatentyp erhalten wir nun den folgenden Datentyp

```
     sort |BOOK| := tuple(string, string);
     based on string;
     operations
        Title: |BOOK| → string;
        FirstAuthor: |BOOK| → string;
        BOOK: string × string → |BOOK|;
     predicates
        =: |BOOK| × |BOOK|;
```

der die Signatur und die Konstruktion des Datentyps |BOOK| festlegt. □

Dieser Festlegung nach ist der Aufbau von Objektidentifikatoren transparent nach außen, d.h., beim Import des Namensraumdatentyps werden gleichzeitig die Selektionsfunktionen und die Generierungsfunktion importiert. Wir werden sehen, daß diese Funktionen oft in Objektspezifikationen benötigt werden. Andererseits ist es oft sinnvoll, die innere Struktur von Objektidentifikatoren zu verbergen, um ihre explizite Manipulation zu verhindern. Dies kann durch eine explizite *Einkapselung* erreicht werden.

Definition 3.6.8 Steht nach **identification** als weiteres Schlüsselwort das Wort **encapsulated**, wird der Namenraumdatentyp wie oben festgelegt und kann auch mit dieser Signatur *lokal* in der Spezifikation der Objektklasse benutzt werden.

Wird er hingegen in einer anderen Spezifikation als Datentyp importiert, enthält seine Signatur nur das Prädikat =. Insbesondere die Selektionsfunktionen sind nicht mehr auf Identifikatorwerte anwendbar. □

Eine weitere sinnvolle Erweiterung ist es, sogenannte *Schlüsselbedingungen* (engl. *key constraints*) zuzulassen, die als zusätzliche Bedingungen bei der Konstruktion des Namensraums berücksichtigt werden müssen. Ein Beispiel hierfür wäre "Die Werte des Schlüsselattributs `FirstAuthor` müssen mit einem Großbuchstaben beginnen und dürfen höchstens 30 Zeichen lang sein".

Literaturhinweise

Eine gut verständliche Einführung in die Grundlagen der Prädikatenlogik basierend auf der Idee abstrakter Datentypen bietet das Buch von H.-J. Kreowski [Kre91]. Weitere empfehlenswerte deutsche Bücher neueren Datums zu diesem Thema sind [Sch89] und [Sie90].

Die vorgestellte lineare temporale Logik ist an die temporalen Logiken angelehnt, die von Z. Manna und A. Pnueli in [MP81, MP92] vorgestellt wurden. Die zukunftsgerichtete temporale Logik wurde aus [Saa89, Saa91b] übernommen. Die Definition der semantischen Strukturen für temporale Logik ist an die Präsentation in [Saa88, SL89] angelehnt.

Verschiedene semantische Modelle für Objekte werden in mehreren Arbeiten von H.-D. Ehrich, A. Sernadas und anderen vorgestellt [ESS88, ESS89, EGS90, ESS90, SEC90, ES91, SE91, ESS92, SJE92]. Die zentrale Rolle von Objekten in der Spezifikation von Informationssystemen wird in [SFSE89] diskutiert.

Die verwendeten Beispiele für Objektspezifikationen sind an der Beispielmodellierung in [JSS91a, SJ91] orientiert, die dort in der Sprache **Oblog**$^+$, einer Vorversion von TROLL, spezifiziert ist. Die Sprache TROLL selber ist ausführlich in [JSHS91] sowie in [JHSS91, JSH91, SJ92a] beschrieben. Beide Sprachen basieren auf den in [SSE87] vorgestellten Konzepten. Die Umsetzung weiterer TROLL-Sprachkonstrukte in eine temporale Logik ist in der Dissertation von R. Jungclaus beschrieben [Jun93].

Kapitel 4

Beziehungen zwischen Objekten

Bislang haben wir uns mit der Beschreibung isolierter Objekte beschäftigt. In einem Informationssystem stehen aber Objekte in vielfältiger Beziehung zueinander — sie kommunizieren über gemeinsame Ereignisse, sie sind Teil anderer, komplexer Objekte, sie sind spezielle, eventuell nur zeitweilige Rollen anderer Objekte, und anderes mehr. Dieses Kapitel beschäftigt sich mit den verschiedenen Arten, in denen Objekte und Objektklassen zueinander in Beziehung stehen können, und deren formaler Spezifikation. Im Gegensatz zu isoliert stehenden Objektspezifikationen werden wir keine umfassende formale Semantik für alle Konzepte geben können und uns statt dessen auf einige ausgewählte Konstruktionen beschränken.

4.1 Arten von Objektbeziehungen

Wir beginnen die Diskussion der verschiedenartigen Objektbeziehungen mit einer informellen Auflistung der zu betrachtenden Abstraktionskonzepte. Viele dieser Konzepte wurden bereits in Kapitel 2 im Zusammenhang mit semantischen Datenmodellen diskutiert.

- Die insbesondere in objektorientierten Ansätzen wohl verbreiteteste Beziehung zwischen Objektklassen und deren Instanzen ist der Aufbau einer *Klassenhierarchie mit Vererbung.* Mit diesem Begriff sind eine Reihe von semantischen Konstruktionen verbunden, die genauer behandelt werden müssen :

  - Auf der Ebene der Objektbeschreibungen und Klassentypen beschreibt eine Klassenhierarchie eine (optionale) Erweiterung der Signatur (mehr Attribute oder Ereignisse) sowie eine Verfeinerung der Objektspezifikation (mehr Integritätsbedingungen o.ä.). Wir bezeichnen diese Erweiterung unter Beibehaltung bisheriger Spezifikationsbestandteile als *syntaktische Vererbung* in einem *Typverband.*

- Auf der Ebene der Klassenzustände und der aktuellen Instanzen haben wir eine Untermengenbeziehung zwischen den aktuellen Klassenpopulationen. Ein Objekt einer Basisklasse in einer spezielleren Klasse behält seine Identität und seine Historie und somit den aktuellen Zustand als Teil des spezielleren Objekts. Wir sprechen in diesem Zusammenhang von *semantischer Vererbung* in einem *Klassenverband.*
- Die Einordnung in eine Klassenhierarchie kann auf zwei Arten gesteuert werden. Erfolgt der Wechsel in eine Klasse aufgrund eines Ereignisses dynamisch zur Laufzeit, so sprechen wir von *Phasen* oder *Rollen* eines Objekts. Erfolgt die Einordnung aufgrund eines (statischen) Prädikats über dem Objektzustand, so sprechen wir von *Spezialisierungen.* In einem Klassenverband können beide Arten beliebig miteinander kombiniert werden.

- Die *Generalisierung* erzeugt ebenfalls eine neue Klasse in einem Klassenverband, indem jeweils mehrere existierende Klassen zu einer neuen Klasse generalisiert werden. Im Gegensatz zu Phasen und Spezialisierungen erfolgt die Konstruktion aber entgegengesetzt zur Untermengenbeziehung auf den Klassenpopulationen. Das Ergebnisse einer Generalisierung ist in der Regel eine *heterogene Objektklasse.*

- Aus semantischen Datenmodellen und den sogenannten Nicht-Standard-Datenbankanwendungen insbesondere im Büro- und technischen Bereich stammt der Begriff der *komplexen* Objekte. Wir unterscheiden wieder mehrere semantische Konzepte, die unter diesem Begriff subsumiert werden können.
  - Direkte *Objektinklusion* bestimmt zur Spezifikationszeit, daß ein Objekt als eingekapselter Teil eines anderen Objekts aufzufassen ist. Objektinklusion ist das semantische Primitiv zur Konstruktion allgemeiner komplexer Objektstrukturen.
  - Die Bildung von *Komponentenobjekten* als zustandsabhängige Konstruktion komplexer Objektstrukturen ermöglicht die Manipulation komplexer Objekte zur Laufzeit. Wir unterscheiden *disjunkte und nichtdisjunkte* Komponentenbildung je nachdem, ob die Komponenten nur lokal existieren oder aus einer global definierten Klasse entnommen wurden.

    Die Manipulation komplexer Komponenten erfolgt über implizit generierte zusätzliche Attribute und Ereignisse. Die Aggregationskonzepte fortschrittlicher Datenmodelle — etwa Mengenbildung oder Listenbildung — werden durch parametrisierte Konstruktionen unterstützt.

- Objekte *kommunizieren* miteinander, indem sie an gemeinsamen Ereignissen teilhaben oder gegenseitig Ereignisse aufrufen.

In den folgenden Abschnitten werden diese Konzepte anhand von Beispielen erläutert, die korrespondierenden Sprachkonzepte vorgestellt und die Semantik der

Konstruktionen diskutiert. Die Reihenfolge folgt dabei dem logischen Zusammenspiel der semantischen Konzepte und nicht der obigen Auflistung.

4.2 Kommunikation durch Ereignisaufruf

Wir beginnen unsere Diskussion der Beziehungen zwischen Objekten mit den Kommunikationsprimitiven des *Ereignisaufrufs* (engl. *event calling*) und der Definition *gemeinsamer* oder auch *identifizierter Ereignisse* (engl. *event sharing*), da diese beiden Konzepte auch lokal in isolierten Objekten definiert werden können und diese Definitionen sich in natürlicher Weise auf zusammengesetzte Objekte übertragen lassen. Die Deklaration beider Kommunikationsprimitive wird in TROLL mit dem Schlüsselwort `interaction` eingeleitet.

Ereignisse können aufgefaßt werden als Abstraktionen von Methodenausführungen objektorientierter Programmiersprachen bzw. elementarer Transaktionen in Datenbanksystemen. Die Kommunikation zwischen Objekten sollte entsprechend von den konkreten Konzepten des Methodenaufrufs der objektorientierten Programmierung abstrahieren. Diese Konzepte basieren auf operationalen Kontrollflußprinzipien angelehnt an den Prozeduraufruf imperativer Programmiersprachen bzw. konkreten Prozeßkommunikationsprotokollen.

4.2.1 Ereignisidentifikation und Ereignisaufruf

Wir abstrahieren zuerst von implementierten Konzepten, indem wir *synchrone symmetrische Kommunikation* durch die Deklarartion gemeinsamer Ereignisse einführen. Die Basisidee hinter gemeinsamen Ereignissen ist, daß zwei Ereignisnamen (innerhalb eines Objektes oder auch verschiedener Objekte) semantisch ein und dasselbe Ereignis bezeichnen — zum Beispiel, daß das Ereignis `KaufeAuto(A)` einer Person mit Identifikator P das selbe Ereignis ist wie `WirdGekauftVon(P)` des Autoobjekts mit dem Identifikator A.

Definition 4.2.1 Zwei Ereignisse `Ereignis1` und `Ereignis2` werden als *identisch* deklariert durch die folgende Notation

```
interaction
    Ereignis1 == Ereignis2
```

Sind beide Ereignisse in verschiedenen Objekten definiert (zum Beispiel in verschiedenen Komponentenobjekten innerhalb eines komplexen Objekts), so sprechen wir von *gemeinsamen Ereignissen* (engl. *shared events*). Allgemein sprechen wir vom Konzept der *Ereignisidentifikation*. □

Um das Konzept identischer Ereignisse zu formalisieren, können wir verschiedene Ansätze wählen, die hier nur kurz skizziert werden sollen :

- Da die Menge der Ereignisse in der formalen Semantik durch die Trägermenge eines abstrakten Datentyps E_{ob} modelliert wird, können wir eine Definition eines gemeinsamen Ereignisses direkt in eine *Gleichung einer algebraischen Spezifikation* für den Datentyp E_{ob} umwandeln. Als Ergebnis erhalten wir für verschiedene Ereignisnamen denselben Wert in E_{ob}.

- Auf der Ebene der Objektmodelle können wir eine Bedingung (e_1 == e_2) als zusätzliche Einschränkung für das Bilden von korrekten Lebensläufen $\lambda \in \Lambda$ auffassen :

  $$\forall(\lambda \in \Lambda)\ \forall(s_i \in \lambda)\ \ (e_1 \in s_i \Leftrightarrow e_2 \in s_i)$$

  Die Formel sagt aus, daß jeder Schnappschuß s_i eines Lebenslaufs $\lambda \in \Lambda$ entweder keines oder beide Ereignisse gleichzeitig enthalten muß.

- Derselben Idee folgend, kann die Angabe (e_1 == e_2) auch als temporale Formel formuliert werden :

  $$\mathbf{always}((\mathbf{after}(e_1) \Rightarrow \mathbf{after}(e_2)) \wedge (\mathbf{after}(e_2) \Rightarrow \mathbf{after}(e_1)))$$

  Eventuelle Parametervariablen der Ereignisse müssen allquantifiziert werden.

Die Identifikation von Ereignissen modelliert eine symmetrische und synchrone Kommunikation. Viele Anwendungen erfordern aber eine *asymmetrische* Kommunikation, d.h. einen gerichteten Kontrollfluß.

Beispiel 4.2.2 Betrachten wir ein einfaches Objekt `GiroKonto`, das unter anderen die folgenden Ereignisse habe :

```
events
   Einzahlen(money);
   Abheben(money);
   BuchungsZähler;
```

Bei jeder Abhebung oder Einzahlung soll das Ereignis `BuchungsZähler` aufgerufen werden, das die Attribute `AnzahlBuchungen` und `DatumDerLetztenBuchung` aktualisiert. Diese Aktualisierung wird durch ein spezielles Ereignis durchgeführt, um eine sonst notwendige doppelte, redundante und dadurch fehlerträchtige Spezifikation zu vermeiden.

Sollte die Kommunikation zwischen den Ereignissen durch Ereignisidentifikation erfolgen, wären alle drei Ereignisse gleichgesetzt, da die durch == induzierte Relation auf Ereignissen symmetrisch und transitiv ist. Zusätzlich würden mit derselben Begründung auch die Einzahlungen für alle konkreten Parameterwerte miteinander identifiziert. Ereignisidentifikation ist somit in diesem Fall nicht geeignet, die gewünschte Kommunikationsbeziehung zu modellieren. □

Eine asymmetrische Kommunikation kann durch das Konzept des *Ereignisaufrufs* (engl. *event calling*) beschrieben werden [SE91, JSHS91]. Ereignisaufruf ist eine Abstraktion von den Konzepten Methoden- bzw. Prozeduraufruf imperativer Programmiersprachen. Ein Ereignis kann mehrere andere Ereignisse gleichzeitig aufrufen, die dann konzeptionell synchron ausgeführt werden.

Definition 4.2.3 Der *Aufruf* eines Ereignisses `Ereignis2` eines Objekts durch ein anderes Ereignis `Ereignis1` wird deklariert durch die folgende Notation :

```
interaction
    Ereignis1 >> Ereignis2;
```

Der Begriff "Ereignis" wird hier im Sinne eines Ereignis*terms* verwendet, d.h. die Ereignisparameter werden durch Variablen oder Datenterme besetzt. Variablen sind hierbei wie üblich implizit allquantifiziert. □

Beispiel 4.2.4 Die in Beispiel 4.2.2 beabsichtigte asymmetrische Kommunikation kann wie folgt deklariert werden :

```
interaction
    variables m: money;
        Einzahlen(m) >> BuchungsZähler;
        Abheben(m) >> BuchungsZähler;
```

Als ein Beispiel mit einem Datenterm anstatt einer Variablen formalisieren wir die Bedingung aus dem erweiterten `konto`-Beispiel 3.3.6 von Seite 56, daß das Einrichten eines Kontos immer mit der gleichzeitigen Einzahlung von 5.- DM verbunden ist. Dies kann deklariert werden durch:

```
interaction
    Eröffnung >> Einzahlen(5);
```

Nehmen wir diese beiden Beispiele zusammen, haben wir ein Beispiel für die transitive Fortpflanzung des Ereignisaufrufs — `Eröffnung` ruft das Ereignis `Einzahlen(5)` auf, das wiederum den `Buchungszähler` aktiviert. □

Auch bei der Formalisierung des Ereignisaufrufs können wir die unterschiedlichen Ansätze benutzen, die bei der Ereignisidentifikation diskutiert wurden.

- Im Gegensatz zur Identifikation können wir Gleichungen auf dem Ereignisdatentyp E_{ob} nicht direkt benutzen, da Gleichungen symmetrisch und transitiv sind. Eine mögliche algebraische Konstruktion könnte einen Datentyp für Ereignismengen und zugehörige Operationen benutzen.

- Auf der Ebene der Objektmodelle können wir eine Bedingung (e_1 >> e_2) wieder als zusätzliche Einschränkung für das Bilden von korrekten Lebensläufen $\lambda \in \Lambda$ auffassen :

  $$\forall(\lambda \in \Lambda)\ \forall(s_i \in \lambda)\ \ e_1 \in s_i \Rightarrow e_2 \in s_i$$

  Die Formel sagt aus, daß jeder Schnappschuß s_i eines Lebenslaufs $\lambda \in \Lambda$ auch e_2 enthalten muß, falls er e_1 enthält.

- Eine Semantikfestlegung in temporaler Logik modelliert e_1 >> e_2 direkt als logische Implikation (vergleiche auch [Jun93]).

  $$\textbf{always}(\textbf{after}(e_1) \Rightarrow \textbf{after}(e_2))$$

  Eventuelle Parametervariablen der Ereignisse müssen allquantifiziert werden.

In TROLL besteht die Möglichkeit, Identifikations- und Aufrufdeklaration mit einer zusätzlichen Bedingung zu versehen. Wir sprechen dann von *bedingter Ereignisidentifikation* bzw. *bedingtem Ereignisaufruf* (engl. *conditional sharing* und *conditional calling*).

Definition 4.2.5 Sowohl Identifikations- als auch Ereignisaufrufe können mit einer zusätzlichen *Bedingung* versehen werden. Die Bedingung ist eine Formel der vergangenheitsgerichteten temporalen Logik. *Bedingte Ereignisidentifikation* und *bedingter Ereignisaufruf* werden wie folgt notiert:

```
interaction
    { Bedingung } ==> Ereignis1 == Ereignis2;
    { Bedingung } ==> Ereignis3 >> Ereignis4;
```

Auch hier stehen `Ereignis1` bis `Ereignis4` für Ereignis*terme*. Die erweiterte Semantikfestlegung z.B. in temporaler Logik erfolgt in naheliegender Weise durch eine zusätzliche Implikation. □

Abschließend ist eine Bemerkung zur asynchronen Kommunikation und ihre Integration mit den vorgestellten Konzepten sicherlich angebracht. Basierend auf synchroner Kommunikation, kann asynchrone Kommunikation durch zusätzliche *Kanalobjekte* realisiert werden, die ein vorgegebenes Kommunikationsprotokoll als internen Prozeß realisieren und eventuell einen Nachrichtenpuffer mit internen Attributen verwirklichen [HJ92]. Da eine derartige Simulation immer möglich ist, wurden bisher keine expliziten Sprachprimitive für asynchrone Kommunikation in die Sprache TROLL aufgenommen.

4.2.2 Ereignisaufruf in Objektspezifikationen

Die bisherigen Beispiele und deren Diskussion zeigten den Einsatz von Ereignisaufrufen analog zur Verwendung des Funktionsaufrufs in Programmiersprachen. Die deklarative Semantik des Ereignisaufrufs ermöglicht aber einen Einsatz dieses Konzepts in Spezifikationen, der weit über die Möglichkeiten des prozeduralen Funktions- oder Prozeduraufrufs hinausgeht. Im folgenden Abschnitt sollen die Einsatzmöglichkeiten des synchronen Ereignisaufrufs anhand einfacher Beispiele vorgeführt werden.

Das erste betrachtete Anwendungsbeispiel ist die Spezifikation von Ketten von Aufrufen, bei der ein aufgerufenes Ereignis wiederum andere Ereignisse aufruft. Im allgemeinen Fall sind sogar rekursive Kette von Aufrufen möglich — und diese lassen sich für elegante Spezifikationen etwa von kaskadierenden Ereignissen einsetzen. *Rekursiver Ereignisaufruf*, d.h. ein Ereignis, das sich selber mit geänderten Parametern aufruft, ist in der Regel mit bedingtem Ereignisaufruf verbunden, um die Rekursion abbrechen zu lassen.

Beispiel 4.2.6 Als Beispiel für eine rekursive Kette von Ereignisaufrufen und deren sinnvollem Einsatz in Spezifikationen betrachten wir die folgende Spezifikation eines `DezimalZählers`. Ein Dezimalzähler zählt das Auftreten eines Ereignisses `Zähle` in Dezimaldarstellung, wobei die einzelnen Dezimalstellen durch einen Attributgenerator **Stelle(nat)** modelliert werden.

```
object DezimalZähler
  template
    attributes
      Stelle(nat):nat;
    events
      birth ErzeugeZähler;
      Zähle;
      SetzeStelleWeiter(nat);
    valuation
      [ ErzeugeZähler ] Stelle(n) = 0;
      { Stelle(n) < 9 } ==>
        [ SetzeStelleWeiter(n) ] Stelle(n) = Stelle(n) + 1;
      { Stelle(n) = 9 } ==>
        [ SetzeStelleWeiter(n) ] Stelle(n) = 0;
    interaction
      Zähle >> SetzeStelleWeiter(1);
      { Stelle(n) = 9 } ==>
        SetzeStelleWeiter(n) >> SetzeStelleWeiter(n+1);
end object DezimalZähler;
```

Das vorgestellte Beispiel realisiert einen Dezimalzähler mit unendlich vielen Stellen[1] modelliert durch den Attributgenerator **Stelle**. Für jede einzelne Stelle des Dezimalzählers ist ein Ereignis **SetzeStelleWeiter** definiert, das diese Stelle um 1 weitersetzt (modulo 10). Der Überlauf einer Stelle führt zum Aufruf des Ereignis **SetzeStelleWeiter** für die nächsthöhere Stelle. Der Zähler zählt das Auftreten des Ereignis **Zähle** dadurch, daß das Ereignis **Zähle** die erste Stelle des Zählers durch den Aufruf des Ereignisses **SetzeStelleWeiter(1)** weitersetzt. □

Ein weiterer interessanter Aspekt des obigen Beispiels ist, daß die Anzahl der aufgrund von Ereignisaufruf gleichzeitig eintretenden Ereignisse erstens nicht beschränkt ist (beliebig viele Ziffern 9 müssen synchron auf 0 weitergeschaltet werden) und daß zweitens die konkrete Anzahl zustandsabhängig ist, diese Ereignismenge also nicht zur Spezifikationszeit explizit in ein Einzelereignis, das den Effekt der parallelen Komposition simuliert, transformiert werden kann.

Bemerkung 4.2.7 Da Ereignisaufruf auch den Aufruf von Geburtsereignissen bedeuten kann, kann (neben der Initialisierung unendlich vieler Attribute) das Ergebnis eines Aufrufs auch die simultane Erzeugung *unendlicher Objektstrukturen* sein. Ein sinnvolles Beispiel hierfür wäre die später in Beispiel 6.3.2 diskutierte Initialisierung eines unendlichen Gitters aus parallel arbeitenden Automaten.

Während unendliche Objektstrukturen zur Spezifikationszeit durchaus Sinn machen können, bereiten sie zur Ausführungszeit natürlich Probleme. Neben einer Trans-

[1] Die Initialisierung unendlich vieler Attribute (die Variable **n** ist allquantifiziert!) in der ersten Auswertungsregel ist in der Spezifikationsphase als Konstrukt erlaubt, muß aber in einer späteren Implementierung natürlich anders realisiert werden.

formation in endliche Strukturen während des Verfeinerungsprozesses kommt als Alternative auch ein Ausführungkonzept in Frage, das eine Art 'lazy evaluation' anbietet, wie sie etwa aus funktionalen Programmiersprachen mit unendlichen Objekten bekannt ist. □

Das obige Beispiel zeigte den Einsatz von rekursivem Ereignisaufruf, um zustandsabhängig durch die Kumulation von Einzelereignissen einen Effekt zu erreichen, der durch Einzelereignisse nur sehr umständlich erreichbar wäre (im Beispiel etwa durch bedingte Auswertungsregeln mit einer Allquantifizierung über niedrigere Zählerstellen in der Bedingung). Da Ereignisaufruf nicht auf den Aufruf eines *einzelnen* Ereignisses beschränkt ist, können ähnliche Effekte durch den *simultanen* Aufruf vieler Ereignisse gleichzeitig erreicht werden.

Beispiel 4.2.8 Wir modifizieren das Beispiel 4.2.6 dahingehend, daß wir die Initialisierung der Stellen nicht explizit durch eine Auswertungsregel für das Ereignis `ErzeugeZähler`, sondern durch den simultanen Aufruf von expliziten Ereignissen `SetzeStelle` ersetzen.

```
object DezimalZähler2
   template
      attributes
         Stelle(nat):nat;
      events
         birth ErzeugeZähler;
         Zähle;
         SetzeStelle(nat,nat);
         SetzeStelleWeiter(nat);
      valuation
         [ SetzeStelle(n,m) ] Stelle(n) = m;
      interaction
         ErzeugeZähler >> SetzeStelle(n,0):
         Zähle >> SetzeStelleWeiter(1);
         { Stelle(n) < 9 } ==>
            SetzeStelleWeiter(n) >> SetzeStelle(n, Stelle(n) + 1);
         { Stelle(n) = 9 } ==>
            SetzeStelleWeiter(n) >> SetzeStelle(n,0);
         { Stelle(n) = 9 } ==>
            SetzeStelleWeiter(n) >> SetzeStelleWeiter(n+1);
end object DezimalZähler2;
```

Ein weiterer interessanter Aspekt dieses Beispiels ist, daß in der neuen Spezifikation des Dezimalzählers alle expliziten Änderungen des Attributs `Stelle` nun durch ein einzelnes Ereignis `SetzeStelle` realisiert werden können. Diese Lösung hat den Vorteil einer lokalen Kontrolle aller Änderungen dieses Attributs durch ein einzelnes Ereignis. □

Bisher wurde der Einsatz von simultanen Ereignisaufrufen innerhalb eines Objektes diskutiert. In den folgenden Abschnitten wird dieses Konzept primär zur *Kommu-*

nikation zwischen Objekten eingesetzt. In diesem Zusammenhang entspricht simultaner Ereignisaufruf einer Art *Multicasting-Kommunikationsbeziehung*, d.h. ein Sender sendet seine Nachricht simultan an mehrere Empfänger. Ein typisches Beispiel ist ein `GehaltsAbteilung`-Objekt, das bei allen `Angestellten` eine `GehaltsErhöhung` durchführen will.

Zu beachten hierbei ist, daß weiterhin eine synchrone Kommunikation modelliert wird, d.h. ein simultaner Aufruf kann nur erfolgen, wenn alle beteiligten Objekte existieren und auch bereit zum Ausführen des Ereignisses sind. Vorstellbar ist hier eine Spracherweiterung um einen *schwachen* Ereignisaufrufmechanismus (engl. *weak calling*), der eine Nachricht an alle Objekte weitergibt, die gerade empfangsbereit sind. Der schwache Ereignisaufruf kann durch den vorgestellten Aufrufmechanismus und zusätzliche zustandsabhängige Prädikate simuliert werden, etwa nach dem folgenden Muster:

```
{ obj.Exists and obj.EventEnabled } ==>
      Calling.Event >> obj.Event;
```

Der Term `obj` sei hier ein objektbezeichnender Term, eventuell mit einer freien Variable `O`. Das Prädikat `Exists` wird genau dann wahr, falls der Term `obj` ein bereits kreiertes Objekt bezeichnet. Ein derartiges Prädikat kann implizit in der Spezifikationssprache definiert oder explizit als Klassenattribut spezifiziert werden.[2] Das Attribut `EventEnabled` muß derart spezifiziert sein, daß es genau dann wahr ist wenn alle Vorbedingungen des Ereignisses `Event` erfüllt sind.

4.2.3 Kontrollfluß versus Datenfluß

Ein weiterer interessanter Aspekt des vorgestellten Aufrufkonzepts ist die Behandlung von *Datenfluß bei der Parameterübergabe*. Da Ereignisaufruf eine synchrone Kommunikation modelliert, ist ein Datenfluß prinzipiell in beide Richtungen möglich — Variablen als Parameter der Ereignisterme können sowohl eine Wertübergabe als Aufrufparameter als auch ein vom aufgerufenen Objekt zurückgeliefertes Ergebnis bezeichnen. Mit anderen Worten, der Datenfluß kann entgegengesetzt zum Kontrollfluß erfolgen.

Ein typisches Beispiel dafür ist eine Spezifikation etwa eines endlichen Kellerspeichers `FiniteStack`, bei dem das `Push`-Ereignis zwei Parameter hat, ein Parameter für das zu speichernde Ereignis und ein **bool**sches Attribut, das einen Überlauf anzeigt. Ruft nun ein Objekt `Ob` das `Push`-Ereignis auf, so wird der Wert des ersten Parameter durch den Aufruf bestimmt, während der Wert des zweiten Parameters durch den Kellerspeicher gesetzt wird, um eine eventuelle Fehlersituation anzuzeigen.

In diesem Beispiel kann man spezifizieren, daß ein Aufruf nur stattfindet, falls `Push` den Wert **true** als Ergebnis liefert. Soll ein derartiger Aufruf mit den bisher

[2] Die konkrete Syntax müßte bei beiden Realisierungen allerdings anders lauten — etwa als Klassenprädikat mit einen Objektidentifikator als Parameter. Zur Erläuterung des Prinzips wurde hier obige intuitive Schreibweise gewählt.

vorgestellten Sprachkonstrukten formuliert werden, so könnte dies wie folgt notiert werden:

```
interaction
    Ob.Speichere(n) >> FiniteStack.Push(n,true);
```

Dieser Ansatz aber versagt, falls wir einen Wert, etwa die Anzahl aktuell gespeicherter Werte, als Ergebnis zurückgeben wollen. Die Parameterrückgabe kann nur als Parameter des aufrufenden Ereignisses modelliert werden, wenn wir synchrone Kommunikation als Kommunikationsparadigma verwenden. Die folgende Modellierung formuliert nun nicht unbedingt vollständig die gewünschte Kommunikationsbeziehung:

```
interaction
    Ob.Speichere(n,anz) >> FiniteStack.Push(n,anz);
```

Wie gefordert, haben wir eine synchrone Kommunikation der beiden parametrisierten Ereignisse — aber die Information über den *Datenfluß* ist in der Spezifikation nicht enthalten, obwohl diese Information sowohl in der Spezifikationsanalyse als auch in der Implementierungsphase eminent wichtig ist.

Betrachten wir gar eine Aufrufbeziehung, in der ein als Wert zurückgegebener Parameter kein Parameter eines aufrufenden Ereignisses ist. Hierzu betrachten wir eine Erweiterung des obigen Beispiels um ein Ereignis `AuftragsEingang`, das neben anderen Parametern als Parameter die Auftragsnummer `n` hat, die auf dem `FiniteStack` abgelegt werden sollen. Die naheliegende Modellierung durch

```
interaction
    Ob.AuftragsEingang(x,y,n) >> Ob.Speichere(n,anz);
    Ob.Speichere(n,anz) >> FiniteStack.Push(n,anz);
```

ist nicht korrekt, da alle Variablen allquantifiziert sind ! Die erste **interaction**-Klausel ruft somit unendlich viele Ereignisse auf, da die Variable anz allquantifiziert ist und nicht auf der linken Seite der Klausel durch einem konkreten Wert substituiert wurde.

Eine erste Lösung des Problems bietet auch hier der schwache Ereignisaufruf, so daß nur diejenigen Aufrufe instanziiert werden, die aktuell möglich sind (d.h. in diesem Fall derjenige Aufruf, der den korrekten Rückgabewert hat). Der Nachteil hierbei ist allerdings, daß in dem Fall, daß das aufgerufene Objekt aus anderen Gründen nicht kommunikationsbereit ist bzw. gar nicht existiert, gar kein Aufruf stattfindet ohne daß dabei eine Fehlersituation auftritt.

Die aufgeführten Beispiele legen es nahe, die besondere Situation des Datenflusses *entgegen* der Kontrollflußrichtung syntaktisch besonders zu notieren. Ein derartiges syntaktisches Sprachkonzept folgt auch dem Entwurfsprinzip, alle für eine Anwendungssituation relevanten Informationen im konzeptionellen Entwurfsprozeß zu erfassen.

Prinzipiell gibt es mehrere Möglichkeiten der syntaktische Behandlung von zum Kontrollfluß inversem Datenfluß, die als Sprachkonstrukt in eine objektorientierte Spezifikationssprache eingebaut werden können:

- In der Spezifikationssprache TROLL [JSHS91] werden die Ereignisparameter in der Objektsignatur durch die Schlüsselworte **in** und **out** markiert, um die Richtung des Datenflusses zu kennzeichnen. Das Schlüsselwort **in** bezeichnet Parameter, die als *Ein*gabe dem Objekt von außen mitgeteilt werden, während **out**-Parameter vom Objekt selber bestimmt werden (also einen potentiellen Datenfluß gegen die Aufrufrichtung bedeuten können).

- Ein alternatives Sprachkonzept kennzeichnet den Datenfluß explizit in einer Aufrufdefinition, etwa (in der Notation an CSP [Hoa85] angelehnt) durch die Symbole ! (Ausgabe) und ? (Eingabe).

  Das obige Beispiel kann dann folgendermaßen formuliert werden:

  ```
  interaction
     Ob.AuftragsEingang(x,y,!n) >> Ob.Speichere(?n,?anz);
     Ob.Speichere(!n,?anz) >> FiniteStack.Push(?n,!anz);
  ```

  Der Auftragseingang übergibt den Parameter `n` an das Ereignis `Speichere`, das diesen wiederum an den Kellerspeicher weiterreicht. Der Kellerspeicher gibt die Anzahl aktuell gespeicherter Werte (die für den Auftragseingang nicht von Interesse ist) als Ergebnis zurück.

  Bemerkenswert ist, daß die Markierung des ersten Parameters des Ereignisses `Speichere` unterschiedlich ist, je nachdem, ob dieses in der Rolle als aufrufendes oder aufgerufenes Ereignis auftritt. Dies zeigt, daß dieser Ansatz ausdrucksfähiger als die zuerst diskutierte Signaturmarkierung ist.

- In der Terminologie der Prozeßtheorie entspricht ein Datenfluß von außen einer externen Wahl (engl. *external choice*). Das obige Problem kann demnach durch einen *Prozeßaufruf* anstatt eines Ereignisaufrufs gelöst werden:

  ```
  interaction
     Ob.AuftragsEingang(x,y,n) >>
        choice(anz:nat) Ob.Speichere(n,anz);
     Ob.Speichere(n,anz) >> FiniteStack.Push(n,anz);
  ```

  Hierbei wird ein Operator **choice** benutzt, der die externe Wahl der Variable **anz** anzeigt.

  Externe Wahl wird als Sprachkonzept in der Prozeßsprache angeboten, die als Teilsprache in TROLL integriert ist [JSHS91]. Der **choice**-Operator wird in TROLL syntaktisch als **case on** notiert (vergleiche Abschnitt 5.3.1).

Eine interessante Fragestellung ist die Analyse von Datenfluß in komplexen Ereignisaufrufen zur Spezifikationszeit und zur Laufzeit. Für einen gerichteten Graphen aus Ereignisaufrufbeziehungen muß analysiert werden, ob der Datenfluß zyklische Beziehungen aufbauen kann. Während zur Laufzeit bekannte Techniken der Datenflußanalyse eingesetzt werden können, kann dies zur Spezifikation (aufgrund bedingtem

Ereignisaufruf !) oft nicht durchgeführt werden, da allein die Fragestellung *"Terminiert eine rekursive bedingte Ereignisaufrufkette ?"* unentscheidbar ist[3].

4.3 Sichere Objektinklusion

Bisher haben wir uns nur mit isolierten Objekten und der Kommunikation innerhalb eines Objektes beschäftigt. Die elementare Art, Objekte in Bezug zueinander zu setzen, ist die *Objektinklusion* unter Berücksichtigung der lokalen Objekteinkapselung. Diese Einkapselung bedeutet in unserem Ansatz insbesondere, daß lokale Attribute nur durch lokale Ereignisse verändert werden dürfen. Um diese Einkapselung hervorzuheben, sprechen wir auch von *sicherer Objektinklusion.*

Objektinklusion bedeutet konzeptionell, daß ein Objekt a ein anderes Objekt b als Teilobjekt enthält. Diese 'Enthaltenseinbeziehung' hat sowohl eine syntaktische als auch eine semantische Dimension :

- Auf der syntaktischen Ebene haben wir eine Inklusion auf den Signaturen, wobei eventuell Umbenennungen nötig sind, um Namenskonflikte zu vermeiden (z.B. können alle syntaktische Namen von b durch den Namen von b als Präfix ergänzt werden). Es gilt also

  $$\Sigma_b' \subseteq \Sigma_a$$

  wobei $\Sigma_b' \equiv \Sigma_b$ nach eventuellen Umbenennungen, d.h. Σ_b' ist isomorph zu Σ_b. In den folgenden Notationen benutzen wir Σ_b auch für Σ_b' und ignorieren die eindeutigen Umbenennungen in Notationen und Definitionen, um diese nicht unnötig komplex werden zu lassen.

- Auf der semantischen Ebene haben wir eine sichere Inklusion der Objektmodelle, d.h.

  - jede Beobachtung von Folgen von b-Ereignissen im Objekt a ergibt einen korrekten Lebenslauf des b-Objekts,
  - und interne Attribute von b werden nicht durch Ereignisse von a manipuliert.

Diese Bedingungen stellen sicher, daß ein Objekt als Teilobjekt eines anderen Objekts sich so verhält, wie es — als isoliertes Objekt! — spezifiziert wurde.

[3]Das Beispiel 4.2.6 zeigt, wie ein Ereignis im Zusammenspiel mit einem Attributgenerator zu beliebig langen Berechnungsfolgen führen kann. Die Unentscheidbarkeit kann anhand der folgenden Argumentation deutlich gemacht werden. Ein Ereignisparameter eines komplexen Datentyps kann eine unendliche Zustandsfolge modellieren, während das zugehörige Ereignis einen allgemeinen Berechnungsschritt auf Zuständen ausführen kann. Der Beweis der Terminierung der Aufrufkette entspricht dann dem Beweis des Halteproblems.

Die Konkretisierung der syntaktischen Dimension ist kein Problem, aber die semantische Komponente erfordert doch mehr Aufwand. Wir beginnen mit der Formalisierung der 'Beobachtung von Ereignisfolgen eines Komponentenobjekts innerhalb eines komplexen Objekts'.

Definition 4.3.1 Gegeben seien zwei Mengen X_1 und X_2 von Ereignissen mit $X_1 \subseteq X_2$. Ferner sei λ ein Lebenslauf über X_2 und s ein Schnappschuß über X_2. Die *Reduktion* des Schnappschusses s auf das Alphabet X_1, notiert als $s \downarrow X_1$, ist definiert als

$$s \downarrow X_1 \ := \ \{e | e \in s \wedge e \in X_1\}$$

Die *Einschränkung von* λ *auf* X_1, notiert als $\lambda \downdownarrows X_1$, ist wie folgt definiert. Für einen nichtleeren Schnappschuß $\lambda = s \circ \lambda'$ gilt

$$(s \circ \lambda') \downdownarrows X_1 \ := \ \begin{cases} \lambda' \downdownarrows X_1 & \text{falls } s \downarrow X_1 = \{\} \\ (s \downarrow X_1) \circ (\lambda' \downdownarrows X_1) & \text{andernfalls} \end{cases}$$

Diese rekursive Definition muß für endliche Lebensläufe um die folgende Bedingung erweitert werden, die eine Terminierung für den leeren Lebenslauf ε garantiert :

$$\varepsilon \downdownarrows X_1 = \varepsilon$$

Die Einschränkung auf X_1 streicht also Ereignisse, die nicht in X_1 enthalten sind, aus dem ursprünglichen Lebenslauf über X_2 heraus und entfernt zusätzlich leere Schnappschüsse aus dem Ergebnis. □

An dieser Stelle sind sicherlich einige Bemerkungen zur Motivation dieser Formalisierungen angebracht. Bisher wurden Objekte lokal betrachtet, und diese Objekte 'sehen' lokal jeweils nur ihre eigenen Ereignisse. Im globalen Zusammenhang (beziehungsweise innerhalb eines zusammengesetzten Objekts) treten viele Ereignisse ein, an denen ein bestimmtes lokales Objekt nicht beteiligt ist. Bei einer globalen Synchronisation mehrerer Objekte entspricht dies *leeren* Schnappschüssen zwischen den lokal relevanten Übergängen, die in der Formalisierung einzelner Objekte gerade ausgeschlossen wurden.

Basierend auf dem Konzept der Lebenslaufeinschränkung können wir jetzt die Einschränkungen für die sichere Objektinklusion formalisieren.

Definition 4.3.2 Ein Objektmodell b (mit den Komponenten X_b, Λ_b, A_b und α_b) ist *eingebettet* in ein Objektmodell a, wenn die folgenden Bedingungen erfüllt sind :

1 Die Signatur von b ist in der von a enthalten, also

$$\Sigma_b' \subseteq \Sigma_a,$$

insbesondere gilt somit $X_b \subseteq X_a$ und $A_b \subseteq A_a$.

2. Die Einschränkungen von a-Lebensläufen auf X_b sind korrekte b-Lebensläufe :

$$\forall(\lambda_a \in \Lambda_a) \ \exists(\lambda_b \in \Lambda_b) \ \ (\lambda_a \downdownarrows X_b) = \lambda_b$$

3. Eine Beobachtung der Attribute von b innerhalb von a ergibt dasselbe Ergebnis, als würde man b isoliert beobachten :
$$\forall(\lambda_a \in \Lambda_a)\ \forall(\tau_a \in \mathbf{Prefix}(\lambda_a))\ \ \alpha_a(\tau_a) \downarrow A_b = \alpha_b(\tau_a \downdownarrows X_b)$$
wobei die Notation $\downarrow A_b$ die Restriktion der Beobachtungsmenge auf Attribute in A_b bedeutet. Der Anteil $\alpha_a(\tau_a) \downarrow A_b$ beschreibt den "b-Anteil" in einer a-Beobachtung, und $\alpha_b(\tau_a \downdownarrows X_b)$ den Effekt der b-Ereignisse auf die b-Attribute, als ob b isoliert betrachtet würde.

Die Einbettung wird auch als *sichere Objektinklusion* bezeichnet. □

Die dritte Bedingung in Definition 4.3.2 formalisiert das *Lokalitätsprinzip* der Objektinklusion. Die Konsequenz der dort angegebenen Gleichung ist, daß lokale Attribute direkt nur durch lokale Ereignisse modifiziert werden können. Das Lokalitätsprinzip realisiert somit die Forderung nach der Einkapselung des Objektzustands, in dem mögliche Attributänderungen nur über die Schnittstelle der lokalen Objektereignisse erfolgen können. Diese Forderung gehört zu den Kernkonzepten der objektorientierten Modellierung.

Sichere Objektinklusion ist ein Spezialfall von strukturerhaltenden Abbildungen zwischen Objektmodellen, sogenannten *Objektmorphismen.* Objektmorphismen spielen eine wichtige Rolle in der direkten Übertragung von objektorientierten Konzepten auf semantische Objektmodelle. Die sichere Objektinklusion spielt als semantische Grundlage eine wichtige Rolle in den folgenden Abschnitten. Explizite Sprachkonstrukte für Objektinklusion werden in Abschnitt 4.5.1 diskutiert.

4.4 Klassenhierarchien mit Vererbung

Der Aufbau einer Klassenhierarchie mit Vererbung ist eine weitverbreitete Konstruktion sowohl in (semantischen) Datenmodellen als auch in objektorientierten Ansätzen. Die Basisidee ist dabei, daß ausgehend von einer Basisklasse eine neue, spezialisiertere Klasse konstruiert wird. Die spezialisiertere Klasse *erbt* dabei Eigenschaften von der Basisklasse. Die verschiedenen Ansätze für Datenmodelle und objektorientierte Programmierung differieren allerdings sehr stark bezüglich des eingesetzten Vererbungskonzepts.

4.4.1 Syntaktische und semantische Vererbung

Vererbung kann als eine gerichtete, azyklische Beziehung zwischen Objekten, Klassen oder zugehörigen Typen aufgefaßt werden. Der verbreiteteste Fall ist der Aufbau einer *Vererbungshierarchie*, bei dem jede Klasse von höchstens einer anderen Klasse erbt. Wird diese Einschränkung aufgegeben, sprechen wir von einem *Vererbungsverband mit Mehrfachvererbung.* Wir fordern hierbei die Verbandeigenschaft, daß Mehrfachvererbungen wieder auf eine gemeinsame Basisklasse zurückführen. Im Gegensatz zum hier vorgestellten Ansatz ist diese Eigenschaft in vielen anderen objektorientierten Ansätzen immer durch die Existenz einer Basisklasse `Object` gewährleistet, die transitiv als Basisklasse aller anderen Klassen fungiert.

In der objektorientierten Programmierung ist das Hauptziel der Vererbung die *Wiederverwendung von Schnittstellen und ausprogrammierten Methoden.* Schnittstellendefinitionen werden hierbei in der Regel unverändert übernommen, während bei Methoden eine Neuimplementierung stattfinden kann. Mit anderen Worten, die Schnittstelle (oder Objektsignatur in unserer Sprechweise) wird unverändert vererbt, während die Methoden (die Semantik) geändert werden können.

Das dieser Art der Wiederverwendung zugrundeliegende Vererbungskonzept bezeichnen wir als *syntaktische Vererbung.* Syntaktische Vererbung für Objektspezifikationen beinhaltet

- eine Signatureinbettung der Basisklasse in die konstruierte Klasse sowie
- eine Einbettung der Spezifikations*texte* mit der Möglichkeit des Überschreibens.

Syntaktische Vererbung ist auf der Spezifikationsebene und nicht auf der Ebene der Instanzen angesiedelt. Syntaktische Vererbung setzt somit also Objektbeschreibungen oder Klassentypen miteinander in Verbindung. Oft wird in diesem Zusammenhang von einem *Typverband mit syntaktischer Vererbung* gesprochen. Konzepte wie Objektinstanzen oder Klassenpopulationen werden durch syntaktische Vererbung nicht berührt, wie das folgende Beispiel andeutet.

Beispiel 4.4.1 Wir betrachten ein Beispiel aus der objektorientierten Programmierung und benutzen auch die dort verwendete Terminologie. Gegeben sei eine Klasse `Quadrat` mit einem Attribut `Seitenlänge_a` und zwei Methoden `BerechneUmfang` und `Zeichne`. Der Umfang wird als 4 * `Seitenlänge_a` berechnet.

Eine zweite Klasse `Rechteck` kann jetzt die Attribute und Methoden von `Quadrat` erben und zusätzlich ein Attribut `Seitenlänge_b` neu definieren. Die ererbte Methode `BerechneUmfang` wird neu definiert zu 2 * `Seitenlänge_a` + 2 * `Seitenlänge_b`. □

In semantischen Datenmodellen hingegen wird beim Aufbau einer Klassenhierarchie (durch die **is-a**- Beziehung) zwar auch die syntaktische Vererbung von Attributen unterstützt, aber die Klassenhierarchie hat zusätzlich eine Bedeutung für die Instanzen in den Klassen — eine Unterklasse hat eine *Teilmenge* der aktuellen Population der Oberklasse als aktuelle Ausprägung. Vererbung wird also auch auf der Ebene der Instanzen und Klassen definiert und nicht allein auf der (syntaktischen) Typebene. Wir bezeichnen dieses Konzept darum als *semantische Vererbung in einem Klassenverband.*

Bei der semantischen Vererbung in einem Klassenverband haben wir

- eine syntaktische Vererbung der Signatur,
- eine semantische Vererbung der Objektinstanzen in Form einer sicheren Objektinklusion,

- und eine Teilmengenbeziehung auf den Klassenpopulationen.

Eine Unterklasse enthält also eine Untermenge der Instanzen der Oberklasse als jeweilige Population, und jede enthaltene Objektinstanz erbt syntaktisch die Schnittstellendefinition und semantisch die Oberklasseninstanz als sicher eingebettetes Teilobjekt. Insbesondere werden bei semantischer Vererbung somit auch — im Gegensatz zu syntaktischer Vererbung — Attribut*werte* und der interne Objektzustand vererbt.

Beispiel 4.4.2 Betrachten wir das Beispiel 4.4.1 aus der Sicht der semantischen Vererbung, so stellen wir fest, daß auf der Instanzenebene die umgekehrte Beziehung gilt — Quadrate sind eine Untermenge der Rechtecke ! Die semantische Vererbung läuft also im Klassenverband in die umgekehrte Richtung wie in Beispiel 4.4.1. Die Attribute `Seitenlänge_a` und `Seitenlänge_b` werden übernommen, als Erweiterung der Unterklasse haben wir dann die Bedingung `Seitenlänge_a` = `Seitenlänge_b`. □

Mehrfachvererbung (engl. *multiple inheritance*) kann in die vorgestellten Konzepte integriert werden. Namenskonflikte müssen dabei z.B. durch explizite Umbenennung gelöst werden. Auf der Ebene der Klassenpopulationen erhalten wir bei Mehrfachvererbung Teilmengen des Durchschnitts der beteiligten Populationen.

Die Sprache TROLL unterstützt semantische Vererbung durch die Abstraktionskonzepte Rolle und Spezialisierung, die in den folgenden beiden Abschnitten eingeführt werden. Syntaktische Vererbung spielt eine Rolle bei der Benutzung von Spezifikationsbibliotheken und der syntaktischen Wiederverwendung von Objektbeschreibungen und Klassentypen, die als Erweiterungen von TROLL vorgesehen sind.

Die hier diskutierte semantische Vererbung basiert auf der Vererbung von semantischen Ereignissen und Attributbeobachtungen, also auf einer modelltheoretischen Semantik. S. Braß und U. Lipeck stellen in [BL91] einen Ansatz zur semantischen Vererbung vor, der auf Vererbungsbeziehungen zwischen Objekt*theorien* basiert und somit einer primär logikbasierten Semantik zuzuordnen ist. Dieser Ansatz integriert Konzepte von Default-Logiken und ermöglicht dadurch dadurch insbesondere eine elegante Integration des Überschreibens von Bedingungen für Ereignisse und Attribute (engl. *overriding*) im Zusammenspiel mit semantischer Vererbung.

4.4.2 Objektphasen und Rollen von Objekten

Ein Objekt einer Oberklasse spielt eine speziellere *Rolle* in einer Unterklasse, wenn es zeitweilig in dieser Unterklasse enthalten ist und dort ein verfeinertes Verhalten zeigt oder eine erweiterte Schnittstelle aufweist. Anstatt von dem Begriff der Rolle zu sprechen, wird oft auch von *Phasen* von Objekten oder auch (zeitweiligen) Sichten (engl. *views*) auf Objekte gesprochen [SSE87], die allerdings nicht mit der Sichtdefinition in Datenbanksprachen verwechselt werden sollten. Von einer Phase wird insbesondere dann gesprochen, wenn das spezialisierte Objekt zwar dieselbe Schnittstelle aber ein verfeinertes Verhalten aufweist.

Der Übergang in eine speziellere Rolle erfolgt durch ein ausgezeichnetes Ereignis, das den Phasenübergang einleitet. Dieses Ereignis ist entweder in der Basisklasse definiert oder als Geburtsereignis der Rolle in der Rollenklasse deklariert. Diese beiden Möglichkeiten spiegeln die unterschiedlichen Modellierungen wider, daß der Phasenübergang unter lokaler Kontrolle des Basisobjekts oder unter globaler Kontrolle von außerhalb (z.B. durch Klassenereignisse oder globale Kommunikation) erfolgt.

Zusammengefaßt umfaßt die Idee der Deklaration von Objekten in einer zeitweiligen Rolle oder Phase

- die Deklaration des Phasenübergangs durch Angabe von Geburtsereignissen für die Rolle bzw. Phase,
- eine optionale Erweiterung der Objektsignatur bei der Rollendefinition,
- optionale weitere Einschränkungen des Verhaltens des Basisobjekts,
- sowie eine sichere Objektinklusion des jeweiligen Basisobjekts in das erweiterte Objekt.

Bei der Betrachtung von Klassen kommt zusätzlich noch eine Untermengenbeziehung auf den aktuellen Populationen hinzu.

Aus dem Bereich der semantischen Datenmodellierung sind eine Reihe von Standardbeispielen bekannt, so `ANGESTELLTER` als Rolle von `PERSON` und `MANAGER` als Rolle von Objekten der Klasse `ANGESTELLTER`. Haben wir `PATIENT` als weitere Rolle von `PERSON`, können wir als einen Fall mit Mehrfachvererbung die Rolle `PATIENT-MANAGER` als gemeinsame Rolle von `MANAGER` und `PATIENT` definieren.

Definition 4.4.3 Die syntaktische Notation einer *Rollendefinition* wird für Klasssen durch die Deklaration

```
object class Klassenname
   role of Basisklasse / Basisklassen
   template ...
```

und eine zusätzliche Objektbeschreibung als Erweiterung vorgenommen. In dieser Erweiterung dürfen die Signaturelemente (Attributnamen, Datentypen, Ereignisnamen) der Basisklasse benutzt werden. Ausnahmen sind hierbei zusätzliche Auswertungsregeln für geerbte Attribute, die verboten sind — derartige Regeln würden die Einkapselung der Basisobjekte durch sichere Objektinklusion verletzen.

Mit Basisklasse wird hier nicht die Wurzel der Rollenhierarchie bezeichnet, sondern der direkte Vorgänger im Vererbungsgraphen. Analog zu Klassen kann eine Rollendefinition auch für Einzelobjekte vorgenommen werden :

```
object Objektname
   role of Basisobjekt
   template ...
```

Hier gelten dieselben Einschränkungen wie für Klassen. □

Im folgenden werden die Sprachmittel zur Definition von Rollen und ihre Semantik anhand mehrerer Beispiele erläutert.

Beispiel 4.4.4 Wir beginnen als Einstieg mit einem Fragment aus dem oben erwähnten Szenario mit Personen, Angestellten und Managern. Die Klasse MANAGER kann als Rolle von Angestellten wie folgt deklariert werden :

```
object class MANAGER
   role of ANGESTELLTER;
   template
      attributes
         OfficialCar : |CAR|;
      events
         birth BecomeManager;
         ...
      constraints
         Salary >= 5.000;
      ...
end object class MANAGER;
```

In diesem Beispiel fehlen noch Ereignisse zur Manipulation der Daten über den dem Manager zustehenden Dienstwagen (Attribut OfficialCar). Das Attribut Salary wird von ANGESTELLTER geerbt und kann zur Formulierung einer Integritätsbedingung benutzt werden. Alternativ kann die Notation ANGESTELLTER.Salary benutzt werden. □

Bei einer Rollendefinition wird keine neue Identifikation angegeben, da der Identifikationsmechanismus geerbt wird. Die Notationen |PERSON|, |ANGESTELLTER| und |MANAGER| sind also Namen für ein und denselben Datentyp als Namensraum.

Das folgende Beispiel ist dem im dritten Kapitel begonnenen Bibliotheksbeispiel entnommen. Das Beispiel wird im Abschnitt 4.5.1 fortgeführt.

Beispiel 4.4.5 Die Objektklasse LIB_BOOK modelliert die Klasse der Bücher, die in der Bibliothek tatsächlich mit Exemplaren vorhanden sind. Dazu wird die Klasse LIB_BOOK als Rolle der insgesamt erfaßten Bücher BOOK definiert :

```
object class LIB_BOOK
   role of BOOK;
   template
      data types nat;
      attributes
         no_available: nat;
      events
         birth acquire;
         dec_copies;
         inc_copies;
      valuation
         {no_available> 0} ==>
            [dec_copies] no_available = no_available - 1;
         [inc_copies] no_available = no_available + 1;
         [aquire] no_available = 0;
end object class LIB_BOOK;
```

Hier wird nur eine unvollständige Spezifikation von `LIB_BOOK` vorgestellt. Die vollständige Spezifikation findet sich in Beispiel 4.5.4. Die erste Auswertungsregel ist ein Beispiel für eine ***bedingte Auswertungsregel***, eine Erweiterung der im vorigen Kapitel vorgestellten Sprachkonstrukte für Auswertungsregeln, bei der das Attribut nur geändert wird, falls eine gegebene Bedingung erfüllt ist.

Die Objekte der Klasse `LIB_BOOK` haben als zusätzliches Attribut die Anzahl aktuell verfügbarer Exemplare `no_available`, und mehrere zusätzliche Ereignisse, die die Ausleihvorgänge verwalten. Das Ereignis `acquire` initialisiert ein Bibliotheksbuch, und die Ereignisse `dec_copies` und `inc_copies` zählen die Anzahl der verfügbaren Exemplare herunter bzw. herauf. □

Die bisherigen Beispiele waren alle mit einer Signaturerweiterung verbundene Rollendeklarationen. Da neben Signaturerweiterungen auch weitere *Einschränkungen* des Verhaltens der Basisobjekte möglich sind, machen auch Deklarationen ohne Signaturerweiterung einen Sinn, die oft zur Unterscheidung von Rollen als *Phasen* bezeichnet werden. Phasen definieren in gewissem Sinne zeitweilig zusätzliche Integritätsbedingungen für Objekte.

Beispiel 4.4.6 Wir betrachten die Klasse `LOANED_COPY` als Beispiel für eine Phase der Basisklasse `COPY` (Beispiel 3.2.4, Seite 53) ohne zusätzliche Signaturerweiterung. Als Erweiterung haben wir eine zusätzliche Einschränkungen der korrekten Lebenszyklen: ausgeliehene Exemplare müssen auch wieder zurückgegeben werden[4].

```
object class LOANED_COPY
    role of COPY
    template
        events
            birth COPY.CheckOut(|USER|,date,nat);
            death COPY.Return;
        obligations
            COPY.Return;
end object class LOANED_COPY;
```

Die Klasse `LOANED_COPY` ist auch ein Beispiel für die lokale Kontrolle des Übergangs in die Phase — der Phasenübergang wird durch die Ereignisse `COPY.CheckOut(U,d,n)` und `COPY.Return` der `COPY`-Klasse hervorgerufen. □

Bei *Mehrfachvererbung* in einer Rollendeklaration mit mehreren Eingangsklassen haben wir auf der Populationenebene eine Untermenge der Schnittmenge der beteiligten Eingangsklassenpopulationen, was natürlich nur Sinn macht, da die Eingangsklassen selber direkt oder indirekt Rollen (oder Spezialisierungen) ein und derselben Basisklasse sein müssen. Aus diesem Grund ist auch der Namensraumdatentyp der neuen Klasse wohldefiniert. Auf der Signatur- und Instanzenebene haben wir — nach Auflösung etwaiger Namenskonflikte — die Vereinigung der Objekteigenschaften.

Beispiel 4.4.7 Als Beispiel für Mehrfachvererbung bei Rollen hatten wir bereits die

[4]Dieses Beispiel kann natürlich auch mit einer bedingten Lebendigkeitsbedingung an Stelle einer Phase modelliert werden.

Klasse PATIENT-MANAGER als gemeinsame Rolle der Klassen MANAGER und PATIENT erwähnt. Die Klasse PATIENT-MANAGER erhält die Vereinigung der Erweiterungen für MANAGER und PATIENT als geerbte Eigenschaften. Instanzen in PATIENT-MANAGER müssen sowohl in MANAGER als auch in PATIENT enthalten sein. Die gemeinsame Rolle wird deklariert durch

```
object class PATIENT-MANAGER
   role of PATIENT, MANAGER;
   ...
end object class PATIENT-MANAGER;
```

Wird zum Beispiel in PATIENT und in MANAGER jeweils ein neues Attribut Status mit unterschiedlicher Bedeutung neu definiert, muß der Namenskonflikt durch die ausschließliche Verwendung der Namen PATIENT.Status und MANAGER.Status aufgelöst werden. □

Der vorgestellte Ansatz unterscheidet sich insbesondere durch die semantische Vererbung der Instanzen von der Philosophie anderer objektorientierter Ansätze. Das in objektorientierten Programmiersprachen populäre Überschreiben von Methoden (engl. *overriding*) widerspricht der semantischen Vererbung, so wie sie hier benutzt wird. Eine mögliche Teillösung dafür ist es, in der Sprache zuzulassen, daß ein neues Ereignis mit gleichem Namen definiert werden kann, wobei dann auf das geerbte Ereignis mittels des Klassenpräfix der Basisklasse zugegriffen werden kann.

Wie bereits erwähnt, bietet der in [BL91] vorgestellte Ansatz eine auf der Ebene der logischen Beschreibungen angesiedelte allgemeinere Lösung dieser Fragestellung.

4.4.3 Spezialisierung

In semantischen Datenmodellen ist eine 'automatische Klassifizierung' anhand von Attributwerten ein verbreitetes Modellierungskonzept. Ein Standardbeispiel ist die Klassifizierung von PERSON-Objekten in die Klassen MANN und FRAU anhand des Werts eines Attributs Geschlecht. Wir bezeichnen diese Art der Klassifizierung als *Spezialisierung*. Diese Klassifizierung ist konzeptionell Attribut-gesteuert im Gegensatz zur Ereignis-gesteuerten Klassifizierung der Rollenkonstruktion.

In semantischen Datenmodellen gibt es keine Einschränkung für die Art der Attribute, die die Klassifizierung steuern. Wir beschränken die Definition der Spezialisierungsbedingung hingegen auf Formeln über *konstanten Attributen* (inklusive Schlüsselattributen). Der Grund ist, daß bei allgemeinen Formeln jede Attributänderung als (beabsichtigten oder unbeabsichtigten) Effekt einen Wechsel der Klassifizierung erzeugen kann. Aus methodischen Gründen fordern wir, daß derartige dynamische Klassifizierungen direkt durch Ereignisse modelliert werden müssen.

Definition 4.4.8 Eine *Spezialisierung* wird definiert durch die Angabe einer Basisklasse und eine Spezialisierungsbedingung, die eine nichttemporale Formel über den konstanten Attributen (inklusive Schlüsselattributen) der Basisklasse ist. Zusätzlich wird die Erweiterung des Objekttemplates angegeben. Syntaktisch wird eine Spezialisierung wie folgt notiert :

```
object class Klassenname
    specializing from Basisklasse where   Formel über konstanten Attributen;
    template
        ...
end object class Klassenname;
```

Semantisch werden Spezialisierungen durch eine äquivalente Rollenkonstruktion definiert. Dazu wird zusätzlich ein künstliches **birth**-Ereignis für die Rolle eingeführt, das vom Geburtsereignis der Basisklasse genau dann aufgerufen wird, wenn die Spezialisierungsbedingung gilt. □

Wir erläutern die Spezialisierungskonstruktion anhand einer weiteren Erweiterung unseres Bibliotheksbeispiels.

Beispiel 4.4.9 Bibliotheksbenutzer USER werden definiert als Basisklasse, deren Objekte die Tätigkeiten von Bibliotheksbenutzern modellieren: USER melden sich bei der Bibliothek an (subscribe) und wieder ab (unsubscribe), leihen Bücher aus (borrow) und geben sie zurück (return), und fordern Bücher an (request).

Ein konstantes Attribut copies_allowed gibt die Höchstzahl von Büchern an, die der Benutzer ausleihen kann, und ein Attribut borrowed enthält die Identifikatoren aller aktuell ausgeliehenen Bücher.

```
object class USER
    data types string;
    identification
        uid: string;
    template
        data types |COPY|, date, nat, |LIB_BOOK|;
        attributes
            borrowed: set(|COPY|);
        constant copies_allowed: {3, 10};
        events
            birth subscribe;
            death unsubscribe;
            borrow(|COPY|, date, nat);
            active return(|COPY|);
            active request(|LIB_BOOK|);
        valuation
            variables C: |COPY|, d: date, n: nat;
            [borrow(C,d,n)] borrowed = insert(C, borrowed);
            [return(C)] borrowed = remove(C, borrowed);
        permissions
            variables C: |COPY|, d: date, n: nat;
            {not(in(C, borrowed)) and card(borrowed) < copies_allowed}
                borrow(C,d,n);
            {sometime(after(borrow(C,d,n)))} return(C);
```

```
        {empty(borrowed)}unsubscribe;
      obligations
        variables C: |COPY|, d: date, n: nat;
        {after(borrow(C,d,n))} ==> return(C);
end object class USER;
```

Das Schlüsselwort **active** markiert in der Sprache TROLL diejenigen Ereignisse, die ein USER-Objekt aus eigener Initiative ausführen kann (näheres zu diesem Thema in Abschnitt 5.6.1). **card** ist eine Operation des Datentypkonstruktors **set**.

Anhand der Werte des konstanten Attributs **copies_allowed** können wir jetzt zwei Klassen von Benutzern unterscheiden : Institutsangehörige (STAFF_USER) dürfen maximal 10 Bücher ausleihen, studentische Ausleiher (STUDENT_USER) nur 3.

```
object class STAFF_USER
   specializing from USER where copies_allowed = 10;
   template
      events
        get_message(|LIB_BOOK|);
      obligations
        variables LB: |LIB_BOOK|, C: |COPY|;
        { after(get_message(LB))
          and in(C,borrowed) and C.of = LB }  ==>  return(C);
end object class STAFF_USER;
```

Institutsbenutzer haben keine Beschränkung der Ausleihdauer, müssen aber darum auf eine erhaltene Anforderungsmitteilung (get_message) reagieren. Studentische Benutzer hingegen dürfen Bücher höchstens für 21 Tage ausleihen :

```
object class STUDENT_USER
   specializing from USER where copies_allowed = 3;
   template
      permissions
        variables C: |COPY|, d: date, n: nat;
        { n ≤ 21 } borrow(C,d,n);
end object class STUDENT_USER;
```

Die letzte Klassifizierung ist ein Beispiel für eine Klassifizierung ohne Signaturerweiterung analog zur Phasenkonstruktion. □

Spezialisierungen und Rollenkonstruktionen können in einem Klassenverband beliebig gemischt auftreten. Mehrfache Spezialisierungen analog zur Rollenkonstruktion sind ebenfalls möglich, da sie äquivalent durch eine Rolle über mehreren Basisklassen plus eine anschließende Spezialisierung modelliert werden können.

Als abschließende Bemerkung sei erwähnt, daß der Semantikansatz der Definition von Spezialisierungen über bedingten Ereignisaufruf sich natürlich auch auf Spezialisierungsbedingungen über nichtkonstanten Eigenschaften anwenden läßt *(dynamische Spezialisierung)*. Die Einschränkung auf konstante Attribute hat also tatsächlich hauptsächlich methodische Gründe — Seiteneffekte wie Klassifizierungsänderungen sollten immer explizit und nichtredundant deklariert werden. Auch können Initialisierungen von neuen Attributen der Spezialisierungsklassen bei dynamischer Spezialisierung extrem unübersichtlich und fehlerträchtig werden.

4.4.4 Erweiterungen des Rollenkonzepts

Eine interessante Erweiterung des bisher vorgestellten Rollenkonzepts ist die Möglichkeit der *Mehrfachinstanziierung* in einer Spezialisierungsklasse, bei dem einem Objekt der Basisklasse mehrere Objekte der Spezialisierung entsprechen können. Dies widerspricht dem bisherigen Spezialisierungs- und Rollenkonzept. Ein Beispiel ist die Klasse **ANGESTELLTER** als Spezialisierung von PERSON, wobei eine PERSON mehrfach in der Rolle eines Angestellten auftreten darf — etwa in Form von Teilzeitbeschäftigten bei mehreren Firmen.

Im bisher diskutierten Ansatz übernimmt die spezialisierte Klasse implizit den Identifikationsmechanismus der Basisklasse. Um Mehrfachinstanziierung unterstützen zu können, muß eine erweiterte Identifikation eingeführt werden. Wie auch in den bisherigen Sprachkonzepten wird ein expliziter Identifikationsmechanismus einer impliziten Generierung von Objektidentifikatoren vorgezogen, wie sie etwa in vielen objektorientierten Datenmodellen verwendet wird.

Definition 4.4.10 Eine Rollendeklaration mit *Instanzengenerator* ermöglicht Mehrfachinstanziierung in einer Unterklasse. Ein Instanzengenerator ist ein zusätzliches identifizierendes Attribut (oder auch mehrere), das nach dem Schlüsselwort **with identification** deklariert wird.

Der Instanzengenerator muß beim **birth**-Ereignis mit einem konkreten Wert besetzt werden, also in der Regel ein Parameter dieses Ereignisses sein. Der Instanzengenerator ist — als Teil des Schlüssels — ein konstantes Attribut. □

Prinzipiell sind auch Instanzengeneratoren bei Spezialisierungen denkbar — der Wert des Generatorattributs kann etwa aus den Elementen eines konstanten mengenwertigen Attributs gewählt werden. Wir verzichten hier auf einen konkreten Sprachvorschlag.

Beispiel 4.4.11 Als Beispiel für eine Rollendefinition mit Instanzengenerator geben wir das folgende Spezifikationsfragment einer Angestelltenrolle an, bei der eine Person bei mehreren Fimen gleichzeitig als Teilzeitkraft arbeiten kann. Der Einfachheit halber gehen wir davon aus, daß alle Datentypen bereits in PERSON importiert wurden.

```
object class ANGESTELLTER
   role of PERSON
   with identification Firma: |FIRMA|;
   template
      attributes
         ProzentDerArbeitszeit: integer;
      events
         birth Einstellung(Firma: |FIRMA|);
         ...
```

end object class ANGESTELLTER;

In diesem Beispiel wurde die Kurzschreibweise der Initialisierung von konstanten Attributen durch das Geburtsereignis übernommen in der die Initialisierung über benannte Parameter des Geburtsereignisses erfolgt. □

Streng genommen sind Unterklassen mit Instanzengeneratoren keine Unterklassen im eigentlichen Sinne mehr. Unabhängig von der Modellierungsintention, kann die Semantik einer Unterklasse mit Instanzengenerator durch andere bereits diskutierte Sprachmittel auf verschiedene Arten ausgedrückt werden:

- Mehrfachinstanzen können zu Einzelinstanzen zusammengefaßt werden, etwa in dem alle neuen Signaturelemente mit einem zusätzlichen Parameter (dem Wert des Instanzengenerators) versehen werden.

  Dieser Ansatz hat gravierende Nachteile:

  - Die Lokalität der Einzelinstanzen geht verloren. Insbesondere entsprechen modellierte Objekte nicht den realisierten Objekten.
  - Weitere Spezialisierungen und Rollendefinitionen der Einzelinstanzen sind nicht direkt möglich.

- Eine Unterklasse mit Instanzengenerator kann durch eine unabhängige neue Klasse mit neuem Namensraum und expliziter Objektinklusion der Basisobjekte ausgedrückt werden (vergl. Abschnitt 4.5.1). Die zusätzliche Semantik muß durch explizite Integritätsbedingungen und Kommunikation ausgedrückt werden.

  Die Deklaration einer Unterklasse mit Instanzengenerator trägt mehr Modellierungssemantik als eine unabhängige Klassendefinition und ist als explizites Modellierungskonzept dieser Lösung vorzuziehen.

In der Sprache TROLL ist das Konzept von Unterklassen mit Instanzengeneratoren bisher nicht integriert worden. Die diesem Sprachvorschlag zugrundeliegende konzeptionelle Idee wurde durch die Ausführungen von R. Wieringa und W. de Jonge in [WdJ92] motiviert. In [WdJ92] wird zusätzlich eine weitere Verallgemeinerung des Rollenkonzepts diskutiert, in der verschiedene Objekte gemeinsam eine Rolle spielen — als Resultat muß dann zwischen Objektidentifikatoren und Rollenidentifikatoren unterschieden werden.

4.5 Komplexe Objekte

Komplexe Objekte beschreiben die Aggregation von Teilobjekten zu größeren Gesamtobjekten, wie sie insbesondere in semantischen Datenmodellen und Nicht-Standard-Datenbankanwendungen eine große Rolle spielen.

Semantische Grundlage für die Konstruktion komplexer Objekte ist die *sichere Objektinklusion* aus Definition 4.3.2, d.h. eine Objekt-/Teilobjektbeziehung, die auf strukturerhaltenden Abbildungen zwischen kompletten Objektmodellen beruht. Komplette Objektmodelle aber bedeuten komplette Objektlebensläufe; und sichere Inklusion modelliert somit eine *statische* Beziehung zwischen Objekten, die nicht dynamisch zur Laufzeit verändert werden kann.

Im folgenden ersten Teilabschnitt 4.5.1 werden Sprachmittel der Sprache TROLL diskutiert, die die direkte Deklaration statischer komplexer Objektstrukturen mittels sicherer Objektinklusion ermöglichen [JSHS91, HJS92]. Es folgen zwei weitere Teilabschnitte, die sich mit Sprachkonzepten und semantischen Grundlagen dynamischer komplexer Objekte beschäftigen.

4.5.1 Explizite Objektinklusion

Die explizite Inklusion entspricht dem Basisprinzip der semantischen Vererbung, d.h. neben der syntaktischen Vererbung von Signaturanteilen werden auch Objektmodelle an ein anderes Objekt 'vererbt'. Diese Auffassung ist, wie bereits erwähnt, weiter gefaßt als die Vererbungsidee objektorientierter Programmiersprachen.

Definition 4.5.1 Der einfache Fall der *expliziten Inklusion* ist, daß ein bestimmtes Objekt ein einzelnes anderes Objekt als Teilobjekt importiert. Dies wird syntaktisch mit dem Sprachmittel

including instance `Objektspezifikation [as Komponentenname ];`

ausgedrückt. Die Objektspezifikation identifiziert eindeutig das zu importierende Objekt und hat eine der folgenden Formen :

- Direkte Angabe des `Objektnamens` eines isolierten Objekts.
- Spezifikation *eines einzelnen* Objekts aus einer Objektklasse in der Form
  `Identifikationsterm` **in** `Klasse`
  wobei `Identifikationsterm` ein Term des Namensraumdatentyps |`Klasse`| der Klasse `Klasse` ist, der ausschließlich über konstanten Objekteigenschaften gebildet ist.

Optional kann nach dem Schlüsselwort **as** eine Umbenennung bzw. eindeutige Namenszuordnung des importierten Objekts vorgenommen werden. □

Die Beschränkung auf konstante Objekteigenschaften beim Identifikationsterm ist notwendig, da nur *statische* Objektzusammensetzungen deklariert werden dürfen.

Beispiel 4.5.2 Angenommen wir haben zwei isolierte Objekte `copy` und `book`, so können wir direkt spezifizieren, daß `book` Teilobjekt von `copy` sein soll :

```
object copy
  template
    including instance book;
    ...
end object copy;
```

Die Signatur von copy wird hierbei erweitert um die Signatur von book, und das Objektmodell von book wird von dem von copy mittels sicherer Inklusion als Teilobjekt importiert.

Als zweites (etwas anwendungsnäheres) Beispiel betrachten wir den Fall, daß wir für jedes Bibliotheksexemplar in der Klasse COPY den zugehörigen Bucheintrag aus BOOK als Teilobjekt importieren wollen.

```
object class COPY
   data types nat, |BOOK|;
   identification
      DocNo: nat;
   constants
      Of: |BOOK|;
   template
      including instance Of in BOOK
         as BookEntry;
   ...
end object class COPY;
```

Über den eindeutigen Namen BookEntry kann hierbei auch bei Namenskonflikten eindeutig auf die Signaturkomponenten des Teilobjekts zugegriffen werden. □

Der allgemeinere Fall der expliziten Objektinklusion erlaubt es, die gleichzeitige Inklusion ganzer Mengen von Objekten aus einer Klasse zu spezifizieren.

Definition 4.5.3 Der mengenwertige Fall der *expliziten Inklusion* bedeutet, daß ein Objekt eine Teilpopulation einer Objektklasse als Teilobjekte importiert. Dies wird syntaktisch mittels der Konstruktion

```
including Objektvariable in Klassenname
   [ where statische Selektionsbedingung ]
   [ as Komponentenname ];
```

ausgedrückt. Die statische Selektionsbedingung verwendet die Objektvariable, um auf die (statischen) Eigenschaften der zu importierenden Objekte zuzugreifen. Auch statische Eigenschaften des importierenden Objekts können in dieser Formel auftauchen. Statische Eigenschaften sind im wesentlichen Werte von konstanten Attributen und Schlüsselattributen. Optional kann wieder nach dem Schlüsselwort **as** eine Namensgebung der Menge der importierten Objekte vorgenommen werden. □

Beispiel 4.5.4 Als Beispiel für den mengenwertigen Fall der *expliziten Inklusion* betrachten wir eine Erweiterung von Beispiel 4.4.5, bei dem die Bibliotheksbücher der Klasse LIB_BOOK alle zugehörigen Exemplare aus COPY importieren.

```
object class LIB_BOOK
   view of BOOK;
   template
      data types nat;
      including C in COPY where C.of = SELF.id as COPIES;
      attributes
         no_available: nat;
```

```
events
   birth acquire;
   dec_copies;
   inc_copies;
   hand_out(|USER|, |COPY|);
   request(|USER|);
   send_message(|STAFF_USER|);
valuation
   {no_available > 0} ⇒
       [dec_copies] no_available = no_available - 1;
   [inc_copies] no_available = no_available + 1;
   [aquire] no_available = 0;
permissions
   variables U: |USER|, C, C1: |COPIES|, SU: |STAFF_USER|
   {no_available > 0 and sometime(after(request(U)))}
       hand_out(U,C);
   {not(sometime(after(hand_out(U,C)))
      since last after(COPIES(C).return))}
         hand_out(U,C1);
   {no_available = 0 and
      sometime(after(request(U))) since last after(hand_out(U,C))}
         send_message(SU);
interaction
   variables U: |USER|, C: |COPIES|, d: date, n: nat;
      COPIES(C).check_out(U,d,n) >> dec_copies;
      COPIES(C).return >> inc_copies;
      COPIES(C).get_copy >> inc_copies;
      hand_out(U,C) >> COPIES(C).check_out(U,d,n);
end object class LIB_BOOK;
```

Die Objektvariable **SELF** ist implizit innerhalb einer Objekt(klassen)spezifikation definiert und kann benutzt werden, um als Präfix unmißverständlich auf die Signaturbestandteile des gerade spezifizierten Objekts zu verweisen.

Das Attribut **id** ist als abkürzende Schreibweise definiert und bezeichnet den Identifikator des aktuellen Objekts. Hier ist der Term **SELF**.**id** also äquivalent zum Term `BOOK(`**SELF**`.Title,` **SELF**`.FirstAuthor)`.

Der neu definierte Name `COPIES` kann lokal in der Spezifikation wie ein globaler Objektklassenname benutzt werden, wobei implizit immer die aktuell importierte Objektpopulation angesprochen wird. Insbesondere ist auch der Datentyp `|COPIES|` als Teilnamensraum von `|COPY|` definiert. □

Wie bei allen Sprachkonzepten, die auf sicherer Objektinklusion beruhen, sind neue Auswertungsregeln für importierte Attribute verboten, aber zusätzliche Einschränkungen für Lebensläufe durchaus erlaubt. Dies basiert auf dem Grundkonzept, daß ein Objekt in Beziehung zu anderen Objekten sich allgemein so verhält wie spezifiziert, aber z.B. aufgrund von Kommunikation innerhalb komplexer Objekte eventuell nicht mehr alle seine Lebensläufe wirklich auftreten können.

Konzeptionell ist die explizite Objektinklusion in vielen Fällen weniger als eine Konstruktion komplexer Objekte als vielmehr als eine Deklaration von *Sichtbarkeitsbereichen* aufzufassen — die **including**-Deklarationen geben an, von welchen anderen Objekten Attribute, Ereignisse und Komponenten sichtbar und benutzbar sind.

4.5.2 Disjunkte komplexe Objekte

Viele Datenmodelle für strukturierte Informationen, so etwa das NF^2- oder das eNF^2-Datenmodell [PA86, PT86], unterstützen nur *disjunkte Datenstrukturen* als Modellierungskonzept, also baumartige Zugriffstrukturen mit Zugang über Datenbank'objekte' als Wurzel. Auf der konzeptionellen Ebene, auf der die semantischen Datenmodelle und auch die hier vorgestellte Objektspezifikation angesiedelt sind, entspricht dieser Idee das Konzept von *abhängigen Unterobjekten mit lokaler Identifikation*, also Objektstrukturen, die ausschließlich als Teilobjekt existieren können und eine Objektidentität nur lokal innerhalb des Oberobjekts aufweisen.

Beim Aufbau disjunkter Objektstrukturen werden die Teilobjekte also nicht aus globalen Objektklassen entnommen, sondern sie werden lokal definiert. Ebenfalls lokal wird ein Identifikationsmechanismus definiert. Die lokale Definition von Objekten geschieht durch die Deklaration von *Teilobjektbeschreibungen* (auch engl. *subtemplates*) innerhalb von Objektbeschreibungen. Ein Subtemplate ist eine komplette Objektbeschreibung, die entweder importiert werden kann, falls sie bereits definiert wurde, oder explizit spezifiziert wird.

Die lokale Objektidentifikation wird analog zu Ereignisparametern bzw. Attributgeneratoren deklariert. Subtemplates werden zusammen mit den Attributen und Ereignissen definiert und erhalten wie sie einen eindeutigen lokalen Namen. Dieser Name kann mit einem oder mehreren Parametern versehen werden, die mehrere Teilobjekte gleicher Struktur unterscheiden.

Beispiel 4.5.5 Als Beispiel für disjunkte Objektstrukturen betrachten wir den Dokumentenaufbau, bei dem ein Dokument unter anderem aus mehreren Kapiteln aufgebaut ist. Kapitel werden — lokal ! — durch eine Kapitelnummer identifiziert.

Wir beginnen mit der Spezifikation von Objektbeschreibungen für einzelne Kapitel, indem wir ein Template `KapitelTemplate` deklarieren.

```
template KapitelTemplate
   data types string, text ;
   attributes
      Überschrift : string ;
      Inhalt : text;
      Autor : |PERSON|;
   events
      birth InitialisiereKapitel (Überschrift: string);
      ...
 end template KapitelTemplate;
```

Wollen wir nun fragmentarisch eine Objektklasse DOKUMENT spezifizieren, die einzelne Kapitel als Unterobjekte besitzt, so können wir diese Klasse wie folgt deklarieren.

```
object class DOKUMENT
...
  subtemplates
    Kapitel(nat): KapitelTemplate;
...
end object class DOKUMENT;
```

Auf die einzelnen Ereignisse und Attribute der Kapitel können wir nun über den Namen der Unterstrukturen und Parameterwerte zugreifen, etwa auf die Überschrift des ersten Kapitels mittels

```
Kapitel(1).Überschrift
```

Als Beispiel für eine nicht parametrisierte Unterstruktur können wir zusätzlich ein besonderes Kapitel Kurzfassung einführen, für das wir eine zusätzliche Integritätsbedingung (außerhalb des Subtemplates !) deklarieren können.

```
object class DOKUMENT_2
...
  subtemplates
    Kurzfassung: KapitelTemplate;
    Kapitel(nat): KapitelTemplate;
  ...
  constraints
    Kurzfassung.Überschrift = 'Kurzfassung'
            or Kurzfassung.Überschrift = 'Abstract';
...
end object class DOKUMENT_2;
```

Alle Unterobjekte müssen mit den expliziten lokalen **birth**-Ereignissen initialisiert werden. Vor diesen lokalen Geburtsereignissen werden alle zugehörigen lokalen Attribute als uninitialisiert behandelt. □

Syntaktisch bedeuten Subtemplates eine Erweiterung der Objektsignatur um neue Ereignisse und Attribute, deren Namen aus dem Subtemplate-Namen und dem Attribut- oder Ereignisnamen zusammengesetzt wird und die eine Parameterliste besitzen, die sich aus der lokalen Identifikation der Unterobjektstrukturen und den eigentlichen Ereignis- und Attributparametern zusammensetzt.

Semantisch können wir disjunkte Objektstrukturen auf zweierlei Weise erklären :

- Die Definition von Subtemplates kann als eine strukturierte Beschreibung *eines* komplexen Templates mit strukturierten Namen aufgefaßt werden.

  Dieser Ansatz hat den Nachteil, daß die Strukturierung in Teilobjekte in der semantischen Modellbildung verloren geht. Auch muß die erwünschte sichere Einkapselung der Unterobjekte auf der syntaktischen Ebene garantiert werden.

- Eine mit lokalen Subtemplates strukturierte Objektbeschreibung kann in eine Beschreibung mit globalen Objektklassen umgewandelt werden [JHSS91]. Dafür werden für Unterstrukturen neue künstliche globale Klassen definiert, deren Identifikation sich aus der Identifikation der betrachteten Objektklasse und den Parametern der Subtemplates zusammensetzt. Die Unterstrukturen werden dann mittels expliziter Objektinklusion zum Gesamtobjekt zusammengesetzt.

Wir geben nur ein Beispiel für den zweiten Semantikansatz, da die Namensexpansion des ersten Ansatzes naheliegend durch Präfixbildung und Parameterverschiebung erfolgen kann.
Beispiel 4.5.6 Für das obige DOKUMENT-Beispiel 4.5.5 können wir eine neue globale Klasse DOKUMENT_KAPITEL definieren, die die folgende Identifikation besitzt :

```
object class DOKUMENT_KAPITEL
   data types nat, |DOKUMENT|;
   identification
      DOKUMENT_id: |DOKUMENT|;
      Kapitel: nat;
...
end object class DOKUMENT_KAPITEL;
```

Über explizite semantische Inklusion werden dann diejenigen DOKUMENT_KAPITEL-Objekte in die DOKUMENT-Objekte importiert, die den gleichen Identifikator wie das Dokument als Wert des Schlüsselattributs DOKUMENT_id haben. □

Der vorgestellte Ansatz der Subtemplatedeklarationen ist auch dazu geeignet, *rekursive* disjunkte Strukturen zu modellieren. Als Beispiel betrachten wir eine Erweiterung der Dokumentmodellierung aus Beispiel 4.5.5.
Beispiel 4.5.7 Statt nur Kapitel als oberste Strukturierungsstufe zu modellieren, können wir das allgemeine Konzept eines Abschnitts eines Dokuments spezifizieren, der rekursiv Unterabschnitte enthalten kann.

```
template Abschnitt
   data types string, text ;
   subtemplates
      Unterabschnitt(nat) : Abschnitt;
   attributes
      Überschrift : string ;
      Inhalt : text;
      Autor : |PERSON|;
   events
      birth InitialisiereAbschnitt (Überschrift: string);
   ...
 end template Abschnitt;
```

Die rekursive Objektstruktur eines Dokuments hat als Blätter Abschnitte, für die keine Unterabschnitte durch ein Geburtsereignis explizit initialisiert wurden. □

Auch die oben angeführten Semantikfestlegungen lassen sich auf rekursive Strukturen erweitern, indem für den identifizierenden Parameterwert bzw. den neuen Objektnamensraum ein Datentyp definiert wird, der als Wertebereich die Menge der *endlichen Pfade durch einen attributierten Baum* hat.

Disjunkte Objektstrukturen können auch als *lokale* Objekte oder Objektklassen aufgefaßt werden, die in einem Objekt eingekapselt sind. Denkbar wäre somit auch eine syntaktische Notation, die sich an dieser Sicht anlehnt.

4.5.3 Konstruktoren für nichtdisjunkte komplexe Objekte

Die explizite Objektinklusion aus Abschnitt 4.5.1 erlaubt die Zusammensetzung komplexer Objektstrukturen aus Objekten globaler Klassen. Sie modelliert somit das Konzept beliebig zusammengesetzter *nicht-disjunkter* komplexer Objekte. Im Vergleich mit Modellierungskonzepten vergleichbarer Datenmodelle für komplexe nichtdisjunkte Objekte, z.B. dem MAD-Modell [Mit88], hat dieser Vorschlag einige gravierende Nachteile in der Ausdrucksfähigkeit der Modellierungskonzepte :

- Die Zusammensetzung der komplexen Objekte ist *statisch* festgelegt, kann sich also zur Laufzeit nicht ändern.

- Die Zusammensetzung ist *wertegesteuert* im Gegensatz zu der ereignisgesteuerten Modellierung wichtiger Anwendungsgebiete — ein komplexer Bauteil in Ingenieuranwendungen z.B. wird aktiv zusammengesetzt.

- Die semantische Inklusion unterstützt als einzige Strukturierungskonzepte die (heterogene) Aggregation fester Kardinalität ("Tupelbildung") und die homogene Mengenabstraktion.

Ziel ist ein Konstruktionsmechanismus für nichtdisjunkte komplexe Objektstrukturen, der diese Nachteile nicht aufweist, aber in den bisher vorgestellten Rahmen paßt. Ein derartiger Mechanismus sollte also

- es erlauben, Objektstrukturen *ereignisgesteuert* zu manipulieren, und

- die unterschiedlichen verbreiteten *Strukturierungskonzepte* unterstützen.

Als Konstruktionsmechanismus wird in TROLL die *ereignisgesteuerte Komponentenbildung* eingesetzt [JHSS91, HJS92]. Die Basisidee ist angelehnt an die Idee der parametrisierten Datentypen auf dem Gebiet der algebraischen Spezifikation abstrakter Datentypen [EM85]. Die Signatur einer durch Ereignisse veränderbaren komplexen Objektstruktur wird bei Verwendung eines parametrisierten Komponentenkonstruktors implizit vorgegeben, und die Semantik wird z.B. durch eine feste Spezifikationstransformation festgelegt.

Ein parametrisierter Komponentenkonstruktor ist z.B. der Konstruktor **LIST** der als Parameter einen Klassennamen hat und die Deklaration von Listen von Objektinstanzen dieser Klasse als eine Komponente ermöglicht. Mit der Verwendung dieses Konstruktors werden implizit Ereignisse und Attribute generiert, die die Manipulation und Beobachtung der Komponente ermöglichen.

Wir beginnen die Diskussion der parametrisierten Komponentenkonstruktion mit einem einführenden Beispiel.

Beispiel 4.5.8 Als Beispiel modellieren wir die komplexe Objektklasse TEAM, deren Objekte jeweils einen Trainer und mehrere Spieler als Instanzen aus der Klasse PERSON als Komponenten enthält. Die Klasse PERSON ist entsprechend dem folgenden Fragment spezifiziert.

```
object class PERSON
   data types ...;
   identification
      Name: string;
      Geburtstag: date;
   ...
end object class PERSON;
```

Die Klasse TEAM wird nun wie folgt deklariert, wobei die Spieler als *Liste* von PERSONen modelliert sind.

```
object class TEAM
   data types string;
   identification
      TeamName: string;
   template
      components
         Trainer : PERSON;
         Spieler : LIST(PERSON);
...
end object class TEAM;
```

Komponenten sind bei der Geburt eines Objekts leer bzw. nicht initialisiert. Initialisierung und Manipulation erfolgt ausschließlich über implizit generierte Ereignisse (und Attribute). Für die Komponenten Trainer und Spieler haben wir u.a. die folgenden abgeleiteten Ereignisse :

Trainer.ASSIGN(|PERSON|) Setzen der Trainer Komponente.

Spieler.APPEND(|PERSON|) Eine neue PERSON als Spieler aufnehmen.

Spieler.REMOVE(|PERSON|) Eine PERSON aus der Spieler-Liste entfernen.

Als Parameter von Ereignissen sind natürlich nur Objekt*identifikatoren*, nicht aber die Objekte selber, erlaubt. Als generierte Attribute für die Komponenten Trainer und Spieler haben wir u.a. die folgenden Attribute :

`Trainer.DEFINED`: **boolean.** Ist die `Trainer`-Komponente initialisiert ?

`Spieler.COUNT`: **integer.** Aktuelle Anzahl von `Spielern`.

`Spieler.ID_SET`: **set(|PERSON|).** Menge der Identifikatoren der aktuellen `Spieler`.

Nicht nur Attribute und Ereignisse können als abgeleitete Konzepte zur Verfügung gestellt werden, sondern auch *Komponenten* (also Unterobjekte) selber, so etwa der erste `Spieler` unter dem Namen `Spieler.FIRST`. Auf die Signaturbestandteile der Komponenten kann wie üblich durch die Verwendung von Pfadausdrücken zugegriffen werden. □

Nach diesem einführenden Beispiel werden die Sprachkonstrukte für die Instanziierung parametrisierter Komponentenkonstruktoren beispielhaft anhand dreier Konstruktoren und der bei ihrer Deklaration generierten Ereignisse, Attribute und Unterobjekte definiert.

Definition 4.5.9 Die Deklaration von *Komponenten* wird durch das Schlüsselwort **components** eingeleitet. Es folgt die Deklaration der einzelnen Komponenten :

components
`Componentname : Komponententyp;`

Der `Komponententyp` beschreibt die Instanziierung eines parametrisierten Komponentenkonstruktors mit aktuellen Klassen, so etwa **LIST**(`KlassenName`). Der elementare Konstruktor **SINGLETON** beschreibt Komponenten, die genau eine Instanz beinhalten, und wird syntaktisch vereinfacht als `KlassenName` an Stelle von **SINGLETON**(`KlassenName`) notiert.

Die folgende Aufstellung präsentiert Beispiele für parametrisierte Komponentenkonstruktoren (angelehnt an den TROLL-Sprachvorschlag [JHSS91]).

Elementare Komponenten

Wir beginnen mit elementaren Komponenten definiert durch den Komponentenkonstruktor **SINGLETON**(`Klasse`) bzw. dessen syntaktischer Kurzform '`Klasse`'. Der Komponente sei der Name `KompName` zugewiesen.

Als generierte Attribute haben wir die folgenden Attribute :

`KompName.DEFINED`: **boolean.** Abfrage, ob die `KompName`-Komponente initialisiert ist.

`KompName.ID`: **|Klasse|.** Identifikatorwert der aktuellen `KompName`-Komponente.

Als neues Ereignis wird das Ereignis `ASSIGN` zur Initialisierung und Neusetzen der Komponente definiert :

`KompName.ASSIGN(|Klasse|)`. Setzen der `KompName`-Komponente.

Unter dem Namen `KompName` kann auf das aktuelle Komponentenobjekt als Unterobjekt zugegriffen werden.

Mengenwertige Komponenten

Mengenwertige Komponenten werden definiert durch die Instanziierung des Komponentenkonstruktors **SET** notiert als **SET**(`Klasse`). Der Komponente sei wieder der Name `KompName` zugewiesen.

Als generierte Attribute haben wir die folgenden Attribute :

`KompName.EMPTY`: **boolean.** Abfrage, ob die Komponente Elemente enthält.

`KompName.COUNT`: **integer.** Anzahl der Elemente der Menge.

`KompName.ID_SET`: **set(|Klasse|).** Identifikatoren der Elemente der aktuellen Komponente.

Zur Manipulation der Menge werden folgende Ereignisse generiert :

`KompName.INSERT(|Klasse|)`. Einfügen eines Elements in die `KompName`-Komponente.

`KompName.REMOVE(|Klasse|)`. Löschen eines Elements aus der `KompName`-Komponente.

Unter dem Namen `KompName` kann auf das aktuelle Komponentenobjekt als Menge von Unterobjekten zugegriffen werden. Die Syntax des Zugriffs entspricht dem Zugriff auf eine Menge explizit importierter Unterobjekte (Abschnitt 4.5.1).

Listenwertige Komponenten

Listenwertige Komponenten können durch den Konstruktor **LIST**(`Klasse`) definiert werden. Der Komponente sei wieder der Name `KompName` zugewiesen.

Als generierte Attribute haben wir die folgenden Attribute :

`KompName.EMPTY`: **boolean.** Abfrage, ob die Komponente Elemente enthält.

`KompName.LENGTH`: **integer.** Länge der Liste.

`KompName.ID(nat)`: **|Klasse|.** Identifikator des i-ten Elements der aktuellen Liste.

`KompName.ID_LIST`: **list(|Klasse|).** Liste der Identifikatorwerte in der Reihenfolge der Elemente in dieser Liste.

`KompName.ID_SET`: **set(|Klasse|).** Menge der Identifikatoren der Elemente der aktuellen Komponente. Dieses Attribut wird insbesondere zur Quantifizierung über alle Elemente einer listenwertigen Komponente eingesetzt.

Zur Manipulation der Liste werden folgende Ereignisse generiert :

`KompName.APPEND(|Klasse|)`. Anhängen eines Elements an die Liste.

`KompName.ASSIGN(nat,|Klasse|)`. Setzen des i-ten Elements der Liste auf ein neues Element (nur für $0 < i \leq$ `KompName.LENGTH`).

`KompName.REMOVE_FIRST`. Löschen des ersten Elements aus der `KompName`-Komponente.

`KompName.REMOVE(|Klasse|)`. Löschen eines durch einen Identifikator identifiziertes Elements aus der `KompName`-Komponente.

Unter dem Namen `KompName.INSTANCE_SET` kann auf Instanzen in der aktuellen Komponentenliste als Menge von importierten Unterobjekten zugegriffen werden. Als weitere generierte Unterobjekte haben wir die folgenden generierten Komponenten, auf die wieder mittels der Syntax aus Abschnitt 4.5.1 zugegriffen werden kann.

`KompName.FIRST: (Klasse)`. Erstes Element der `KompName`-Liste.

`KompName.ELEMENTS(integer): (Klasse)`. i-tes Element der `KompName`-Liste als Unterobjekt (nur für $0 < i \leq$ `KompName.LENGTH` initialisiert).

Sinnvoll sind sicherlich noch weitere Konstruktoren zur Beschreibung etwa von Multimengen, gerichteten Graphen oder Bäumen von Objektinstanzen, auf die hier nicht weiter eingegangen wird. □

Die Komponentenkonstruktion kann konzeptionell *nicht direkt* auf sichere Objektinklusion zurückgeführt werden, da diese prinzipiell statisch ist und keine Änderung der komplexen Objektstruktur zur Laufzeit erlaubt. Die Semantikfestlegung kann jedoch trotzdem auf dieses Konzept zurückgeführt werde, indem eine zusätzliche generierte Objektklasse eingeführt wird.

Definition 4.5.10 Die *Semantik dynamischer Komponentenbildung* kann durch eine zweistufige statische sichere Objektinklusion definiert werden. Eine neue implizite Objektklasse wird definiert, die für *jede mögliche* Komponentenstruktur statisch das komplexe Objekt über Inklusion festlegt. Der Identifikator dieser Klasse wird aus der Komponentendeklaration generiert, wobei etwa mengenwertige Komponenten der Klasse `Klasse` zu einem Schlüsselattribut des Typs `set(|Klasse|)` führen.

All diese neuen statischen komplexen Objekte werden nun statisch in das komplexe Objekt importiert. Zustandsabhängig ist nun genau dasjenige Objekt existent, das die (dynamische) aktuelle Komponentenstruktur widerspiegelt. Die generierten Ereignisse des Komponentobjekts zur Manipulation der komplexen Objektstruktur rufen jeweils ein Geburts- und ein Sterbeereignis der entsprechenden Instanzen dieser Klasse auf. □

Auch wenn wir diese Semantikfestlegung nicht vertieft diskutieren wollen, soll die Basisidee doch anhand eines Beispiels erläutert werden.

Beispiel 4.5.11 Wir betrachten hierzu das Beispiel 4.5.8, in dem ein TEAM-Objekt eine mengenwertige Komponente Spieler und eine elementare Komponente Trainer hat. Als implizite neue Klasse wird die Klasse STATIC_TEAM wie folgt definiert :

```
object class STATIC_TEAM
   data types |TEAM|, |PERSON|, set(|PERSON|);
   identification
      TEAM_id: |TEAM|;
      Trainer_id: |PERSON|;
      Spieler_id_list: list(|PERSON|);
   template
      including object SELF.Trainer_id in PERSON as Trainer;
      including P in PERSON
         where is_element(P.id, Spieler_id_list)
         as Spieler;
...
end object class STATIC_TEAM;
```

Die Operation **is_element** testet, ob ein Wert in einer Liste des passenden Typs enthalten ist.

Gemäß dieser Spezifikation sind jetzt alle Unterobjekte mittels sicherer Inklusion importiert, deren Identifikatoren im Schlüssel auftauchen. Der listenwertige Schlüssel wird dabei konzeptionell in eine Menge umgewandelt, da sichere Inklusion für Instanzen*mengen* definiert ist. Die Verwaltung der Listeneigenschaften (Ordnung, Duplikate) bei Zugriffen auf Unterobjekte muß zusätzlich mit expliziten Attributen verwaltet werden.

Als letzter Schritt ist die Interpretation der generierten Ereignisse, Attribute und Unterobjekte durch die zugehörigen Konstrukte der Klasse STATIC_TEAM festzulegen, auf deren Angabe an dieser Stelle verzichtet wird. □

Dieses Beispiel soll nur das *Grundprinzip* verdeutlichen, mit dem dynamische Aggregation mit parametrisierten Komponentenkonstruktoren semantisch auf statische Objektinklusion zurückgeführt werden kann. Die hier weggelassene Interpretation der abgeleiteten Konzepte kann zum Teil mit den bereits vorgestellten Sprachmitteln Ereignisaufruf und abgeleiteten Attributen erfolgen. Als mächtigeres Konzept hierfür bietet sich die *formale Implementierung von Objekten über Basisobjekten* an [ES90, SE91], die in Abschnitt 5.3 diskutiert wird.

Es soll hier besonders betont werden, daß es wesentliche Unterschiede gibt zwischen Komponenten und zeigerwertigen Attributen. Zeigerwertige Attribute erlauben nur den Zugriff auf die *Werte* von Objektidentifikatoren, sie unterstützen also *nicht* den Zugriff auf die zugehörigen Instanzen. Insbesondere ist die Existenz eines Identifikatorwerts *unabhängig von der Existenz der Instanz*, d.h. es gibt im Gegensatz zu einigen implementierten objektorientierten Ansätzen konzeptionell keine implizite Änderungsfortpflanzung (engl. *update propagation*) für Zeiger beim Löschen von Objekten !

Die benötigte Auswahl der konkreten parametrisierten Komponentenkonstruktoren und der jeweils generierten neuen Signaturbestandteile hängt natürlich stark vom Anwendungsgebiet ab. Eine Spezifikationssprache sollte also neben einigen Standardkonstruktoren die Möglichkeit der *Erweiterung um neue Konstruktoren* prinzipiell vorsehen.

Als letzte Bemerkung zu nicht-disjunkten komplexen Objektstrukturen sei an dieser Stelle erwähnt, daß *rekursive* Strukturen — etwa die bekannte Teilehierarchie (*part - subpart - Beziehung*) — ohne syntaktische oder semantische Probleme modelliert werden können.

4.6 Heterogene Klassen und Generalisierung

Im Abschnitt über Semantik von Objektklassen und Klassentypen wurden *heterogene Klassen und Typen* eingeführt. Heterogene Klassen und Typen sind mit Konzepten wie varianten Strukturen oder Vereinigungsdatentypen und zugehörigen Variablen verwandt, die aus moderneren Programmiersprachen bekannt sind. Die dort verwendeten Beschreibungs- und Zugriffskonzepte können zum Teil auch auf Objektspezifikationen mit heterogenen Klassen übertragen werden.

Während in den ursprünglichen Sprachvorschlägen der Sprachen OBL89 [CSS89] und **Oblog$^+$** die explizite Konstruktion heterogener Klassen vorgesehen war, ist in der aktuellen Version der Sprache TROLL nur die Konstruktion mittels der *Generalisierungsabstraktion* vorgesehen. In diesem Abschnitt werden beide Konzepte diskutiert und anhand von Beispielen vorgestellt.

4.6.1 Explizite Spezifikation heterogener Objektklassen

Die wesentliche Idee heterogener Klassen und Klassentypen wurde bereits in Abschnitt 3.6 besprochen. Im Unterschied zu homogenen Klassen können in *heterogenen Objektklassen bzw. Klassentypen* unterschiedlichen Objektidentifikatoren verschiedene Objektmodelle zugeordnet werden. Wie bei homogenen Klassen und Typen, erfolgt die Deklaration eines Klassentyps in der Regel integriert mit der einer Klasse.

Bei der Deklaration einer heterogenen Klasse müssen somit mehrere Einzelpunkte spezifiziert werden :

- Der Namensraum der Klasse (d.h. des Klassentyps).
- Die verschiedenen Objektbeschreibungen.
- Eine *eindeutige Zuordnung* von Objektbeschreibungen zu Objektidentifikatoren.

Als Schnittstelle nach außen haben wir in der Regel die *Vereinigung* der Einzelsignaturen der verschiedenen Objektbeschreibungen, wobei ein syntaktisches Konzept

(Attribut, Ereignis, Unterobjekt) bei einer Klasseninstanz nur ansprechbar bzw. anwendbar ist, wenn die Instanz das passende Template hat.

Als Erweiterung dieser Basisidee führen wir eine explizite *gemeinsame homogene Teilsignatur* ein, die allen Objektbeschreibungen gemeinsam ist. Diese wird gesondert deklariert, um Redundanz in der Beschreibung möglichst zu vermeiden. Eine wesentliche Aufgabe dieser gemeinsamen Konzepte ist die Bereitstellung einer einheitlichen Schnittstelle für die heterogenen Objekte. Dies kann durch geeignete abgeleitete Attribute und gemeinsame Ereignisse erfolgen.

Definition 4.6.1 Die Deklaration einer *heterogenen Objektklasse* kann syntaktisch nach folgendem Muster erfolgen :

```
heterogeneous object class KlassenName
    Namensraumdefinition;
    template
    case
        Bedingung_1 : Templatedeklaration_1;
        Bedingung_2 : Templatedeklaration_2;
        ...
    otherwise Templatedeklaration_o;
    end case;
    common template
        Templatedeklaration_c;
end object class KlassenName;
```

Der **otherwise**-Fall kann weggelassen werden, wenn gewährleistet ist, daß für jeden Objektidentifikator mindestens eine `Bedingung_i` wahr ist. Für jeden Identifikator darf höchstens eine `Bedingung_i` erfüllt sein. `Bedingung_i` ist jeweils eine Formel über den konstanten Attributen und den Schlüsselattributen. `Templatedeklarationen` sind entweder explizit deklarierte Templates oder Verweise auf bereits spezifizierte Templates.

In der gemeinsamen Objektbeschreibung `Templatedeklaration_c` kann durch die Verwendung von **case**-Anweisungen oder äquivalenten Sprachmitteln auf die syntaktischen Konzepte der heterogenen Templatedeklarationen zugegriffen werden, um z.B. abgeleitete Attribute zu definieren. □

Die Semantik einer heterogenen Klassendefinition kann direkt durch die in Abschnitt 3.6.1 vorgestellten semantischen Modelle ausgedrückt werden.

Beispiel 4.6.2 Wir betrachten eine heterogene Klasse `Veröffentlichung`, deren Instanzen Bücher, Tagungsbände, Zeitschriftenartikel, etc. sein können.

```
heterogeneous object class Veröffentlichung
    data types ..
    identification
        Nummer: integer;
    constants
        DokuTyp: enumeration(Buch,Tagungsband,...);
    template
    case
```

```
        if DokuTyp = Buch then book.template;
        if DokuTyp = Tagungsband then
           template
              attributes
                 Herausgeber: list(|PERSON|);
                 ...
           end template
        ...
     common template
        template
           attributes
              derived AutorenOderHerausgeber: list(|PERSON|);
              ...
           derivation rules
              AutorenOderHerausgeber =
                 case
                    if DokuTyp = Buch then Autoren;
                    if DokuTyp = Tagungsband then Herausgeber;
                    ...
                 end case;
           ...
        end template
  end object class Veröffentlichung;
```

Die eindeutige Zuordnung zwischen Objektidentifikatoren und Templates wird anhand des konstanten Attributs **DokuTyp** definiert.

Das in der Ableitungsregel benutzte **case**-Konstrukt ist im wesentlichen eine syntaktische Abkürzung für geschachtelte **if-then-else**-Anweisungen[5], die syntaktisch in Anlehnung an die **case**-Fallunterscheidung in Deklarationen von heterogenen Klassentypen gewählt wurden. □

Dieses Beispiel zeigt nur eine kleinen Ausschnitt aus der Modellierung einer heterogenen Klasse. Bereits hierbei wird deutlich, wie komplex derartige Spezifikationen werden können. Aus diesem Grunde werden heterogene Klassen in der Regel eher als Resultat von *Generalisierungen* auftreten, wie sie im folgenden Abschnitt behandelt werden.

4.6.2 Generalisierung

Die *Generalisierung* ist eine aus semantischen Datenmodellen wohlbekannte Konstruktion. Die grundlegende Idee der Generalisierung ist, unterschiedliche Objektklassen konzeptionell zu einer gemeinsamen Klasse zu vereinigen (zu *generalisieren*). Im Gegensatz zur Mehrfachvererbung bei Rollen und Spezialisierungen basiert die

[5] Da keine der zugrundeliegenden Spezifikationssprachen derartige Konstruktionen anbietet, wurde eine einfache intuitive Syntax gewählt, die in konkreten Sprachvorschlägen sicher überarbeitet werden muß.

Generalisierung auf einer *disjunkten* Vereinigung der Klassenpopulationen.

Eine Generalisierung besteht im vorgestellten Spezifikationsansatz somit

- aus der Definition eines heterogenen Klassentyps, dessen Namensraum aus der disjunkten Vereinigung der Namensräume der beteiligten Klassen besteht, und
- der Definition einer Vereinigungsklasse analog zur Rollenkonstruktion und Spezialisierung.

Auch hier haben wir einerseits eine syntaktische Kontruktion, nämlich die Festlegung eines heterogenen Klassentyps, und andererseits eine semantische Dimension, hier die Festlegung der Klassenausprägung als Vereinigung der Klassenausprägungen der beteiligten Basisklassen.

Analog zur expliziten Deklaration heterogener Klassen erlauben wir auch bei der Generalisierung die Definition einer gemeinsamen Teilbeschreibung. Semantisch ist diese Erweiterung aber auch durch eine Basisgeneralisierung ohne Signaturerweiterung und einer anschließenden Spezialisierung mit Signaturerweiterung ausdrückbar.

Definition 4.6.3 Syntaktisch wird die Deklaration einer *Generalisierungsklasse* wie folgt notiert.

```
object class KlassenName
   generalizing Liste von disjunkten Klassen;
   [ template
      gemeinsames Template; ]
end object class KlassenName;
```

Klassen sind als *disjunkt* zu betrachten, wenn sie nicht in einem Rollen- bzw. Spezialisierungsverhältnis zur selben Basisklasse stehen. Die Angabe eines gemeinsamen Templates ist optional. □

Ein bekanntes Beispiel für Generalisierungen ist der Begriff der juristischen Person, unter dem Personen und Firmen rechtlich zusammengefaßt werden, wenn es um Begriffe wie Besitzverhältnisse etc. geht.

Beispiel 4.6.4 Die Klasse der juristischen Personen LEGAL_PERSON kann nach obigem Muster als Generalisierung der Klassen PERSON und COMPANY deklariert werden.

```
object class LEGAL_PERSON
   generalizing PERSON, COMPANY
   template
      data types set(|CAR|), ...;
      attributes
         OwnedCars: set(|CAR|);
         derived LegalName: string;
      ...
      contraints
         derivation rules
            LegalName =
               case
```

```
            if SELF isa PERSON then Name,
            if SELF isa COMPANY then CompanyName
        end case;
    ...
end object class LEGAL_PERSON;
```

Die atomare Formel '**SELF isa** PERSON' testet die Zugehörigkeit einer Instanz der Generalisierungsklasse zu einer Basisklasse. □

In dem aktuellen Sprachvorschlag für TROLL wird die Generalisiserungsdeklaration weiter eingeschränkt, indem statt allgemeiner Ableitungsbedingungen für die homogene Schnittstelle nur die Umbenennung existierender Signaturbestandteile erlaubt ist [JSHS91].

Die gemeinsame Objektbeschreibung kann wie bei expliziten heterogenen Klassendeklarationen zur Festlegung einer einheitlichen gemeinsamen Zugriffsschnittstelle (hier Attribut `LegalName`) oder auch zu echten Erweiterungen (hier das Attribut `OwnedCars`) benutzt werden. Die Bedeutung der gemeinsamen Schnittstelle wird durch Ableitungsregeln, gemeinsame Ereignisse und Ereignisaufruf festgelegt.

Definition 4.6.5 Die *Semantik* einer Generalisierungsklasse ist durch eine heterogene Objektklasse definiert, für die gilt :

- Der *Namensraum* der heterogenen Klasse ist durch die disjunkte Vereinigung der Namensräume der Basisklassen gegeben. Diese Vereinigung erfolgt durch die Instanziierung des Datentypkonstruktors **union**.
- Für jede Basisklasse gibt es ein Template, das als einzige Spezifikationsbestandteile die *semantische Inklusion der zugehörigen Basisinstanz* sowie jeweils ein generiertes Geburtsereignis und Todesereignis enthält.
- Geburtsereignisse der Basisklassen rufen die korrespondierenden Geburtsereignisse der Generalisierungsklasse auf. Dies gilt ebenfalls für Todesereignisse.
- Die gemeinsame Objektbeschreibung wird behandelt wie bei expliziten heterogenen Klassen.

Die Bedeutung des **isa**-Prädikates kann als ein Prädikat auf dem durch disjunkte Vereinigung erzeugten Namensraum definiert werden. □

4.7 Globale Beziehungen

In den meisten objektorientierten Programmiersprachen und Datenmodellen sind Objekte das einzige Modellierungskonzept Beziehungen zwischen Objekten werden dann durch ein Zeigerkonzept dargestellt. Ein Zeiger ist vom Prinzip her eine gerichtete Beziehung — auch wenn in vielen objektorientierten Datenmodellen die inverse Beziehung vom System bereitgestellt werden kann. Auch die Komponentenbildung des hier vorgestellten Ansatzes ist eine gerichtete Beziehung zwischen Objekten und kann als Abstraktion eines Zeigerkonzepts aufgefaßt werden.

Im Bereich der konzeptionellen Modellierung von Informationssystemen hat sich der Nutzen ungerichteter Beziehungen als Modellierungskonzept allein durch den Erfolg des *Entity-Relationship-Modells* [Che76] in so unterschiedlichen Bereichen wie Datenstrukturentwurf oder Problemanalyse herausgestellt. Auch Ansätze der objektorientierten Modellierung erweitern den rein objektorientierten Ansatz um ungerichtete Beziehungen [RBP+90].

Im Bereich der objektorientierten Spezifikation bieten sich allgemeine Beziehungen als Konzept zur strukturierten Spezifikation globaler Zusammenhänge an. Insbesondere die *globale Kommunikation* zwischen Objekten und *globale Integritätsbedingungen* können auf diese Weise auf natürliche und strukturierte Art deklariert werden.

4.7.1 Globale Beziehungen als Objektaggregationen

Allgemeine globale Beziehungen können als Paare oder n-stellige Tupel von Objekten aufgefaßt werden. Eine Beziehungsinstanz wird identifiziert durch die an ihr beteiligten Objektinstanzen, und ihre Eigenschaften werden durch die Eigenschaften der beteiligten Objekte festgelegt. Diese Eigenschaften legen es nahe, allgemeine Beziehungen semantisch als *Spezialfälle von Objektaggregation mittels sicherer Objektinklusion* aufzufassen.

Definition 4.7.1 Eine allgemeine *Beziehung* zwischen Objektklassen kann als abkürzende Schreibweise für eine Objektklasse aufgefaßt werden,

- deren Instanzen durch Tupel über den beteiligten Objektklassennamensräumen identifiziert werden, und
- deren Template die zugehörigen Objektinstanzen mittels sicherer Inklusion importiert.

Instanzen der Beziehung werden jeweils zusammen mit den Instanzen der beteiligten Klassen erzeugt.

Analog zu Erweiterungen des Entity-Relationship-Models [HNSE87, EGH+92] kann diese Klasse eine Signaturerweiterung beinhalten (Stichwort *Beziehungsattribute*). In der Regel beinhaltet das Template allerdings nur diejenigen globalen Eigenschaften, die durch die Beziehung ausgedrückt werden sollen, also etwa Integritätsbedingungen und globale Kommunikation. □

Diese Definition legt nahe, auf Beziehungen als Modellierungskonzept zugunsten weniger Spezifikationsprimitive ganz zu verzichten und sie explizit durch Objektspezifikationen auszudrücken. Viele objektorientierte Ansätze verzichten darum im Gegensatz zu TROLL auf ein zusätzliches Beziehungskonzept.

Für die Aufnahme des Beziehungskonzepts in eine objektorientierte Spezifikationssprache sprechen folgende Überlegungen :

- Das Beziehungskonzept verwirklicht eine ungeordnete Assoziation zwischen Objekten verschiedener Klassen. Diese müßte andernfalls durch gerichtete Beziehungen (Zeiger, Objekthierarchien) modelliert werden, wie es z.B. in objektorientierten Datenmodellen üblich ist. Für den konzeptionellen Entwurf sollten aber auch Modellierungskonzepte bereit gestellt werden, die von diesen 'implementierungsnahen' Konzepten abstrahieren können, falls die Beziehung konzeptionell ungerichtet ist.

- Globale Eigenschaften wie Integritätsbedingungen oder globale Kommunikation können mit expliziten Beziehungen direkt modelliert werden, ohne daß künstliche zusätzliche Objektklassen explizit spezifiziert werden müssen.

- Die Aufnahme des Beziehungskonzepts ermoglicht die direkte Integration etablierter Modellierungsmethoden, z.B. des ER-Ansatzes, in die objektorientierte Spezifikation.

Der folgende Abschnitt präsentiert eine Integration von Sprachkonzepten für Beziehungen, wie sie in TROLL realisiert wurden. Um die Unterscheidung zwischen komplexen Objekten und Beziehungen auf der methodischen Ebene klar zu trennen, sind keine Signaturerweiterungen (also Beziehungsereignisse und -attribute) in Beziehungsdeklarationen vorgesehen — Beziehungen mit Attributen und Ereignissen sollen auch konzeptionell explizit als Objektklassen spezifiziert werden. Diese Einschränkung basiert auf dem aus der objektorientierten Entwurfsmethode begründetem Konzept, daß nur Objekte ein lokales Gedächtnis (in Form von Attributen) haben sollten.

4.7.2 Deklaration von Beziehungen

Globale Beziehungen werden in Objektspezifikationen dafür eingesetzt, globale Eigenschaften wie Kommunikation zwischen Objekten und klassenübergreifende Integritätsbedingungen direkt modellieren zu können, ohne explizit Aggregationsobjekte definieren zu müssen. Die bisherigen Sprachkonstrukte erlauben die Angabe von Kommunikations- und Integritätsbedingungen nur *innerhalb* von Objektbeschreibungen, die allerdings ihrerseits durch semantische Inklusion mehrere andere Objekte als Unterobjekte importieren können. Globale Bedingungen lassen sich also bis jetzt nur dadurch modellieren, daß ein Objekt die betreffenden Klasseninstanzen als Unterobjekte importiert und Einschränkungen für deren Ausprägungen spezifiziert.

Definition 4.7.2 Eine allgemeine *Beziehung* zwischen Objektklassen wird syntaktisch notiert als

```
relationship Beziehungsname
   between Klasse_1 [Variable_1], ..., Klasse_n [Variable_n]
      Templatebestandteile ohne Signaturerweiterung;
end relationship Beziehungsname;
```

Ähnlich der Konvention etwa in der SQL-Sprache können optionale Klassenvariablen definiert werden, um die Lesbarkeit zu erhöhen oder wenn die Beziehung zwischen Instanzen ein und derselben Klasse definiert ist.

Auch Beziehungen zwischen singulären Objekten und Klassen sind möglich — einzelstehende Objekte werden dazu wie einelementige Klassen behandelt. □

Wie bereits erwähnt, können Beziehungsdefinitionen als abkürzende Schreibweise für die Deklaration einer Klasse von Aggregationsobjekten aufgefaßt werden.

Definition 4.7.3 Die *Semantik einer Beziehungsdefinition* gemäß Definition 4.7.2 ist definiert durch die folgende äquivalente Objektklassendefinition :

```
object class Beziehungsname
   data types |Klasse_1|, ..., |Klasse_n|;
   identification
      Klasse_1_Id: |Klasse_1|;
      ...
      Klasse_n_Id: |Klasse_n|;
   template
      including object Klasse_1_Id in Klasse_1 as Variable_1;
      ...
      including object Klasse_n_Id in Klasse_n as Variable_n;
      Templatebestandteile unverändert übernommen;
      ...
end object class Beziehungsname;
```

Zusätzlich muß durch Ereignisaufruf und ein generiertes Geburtsereignis garantiert werden, daß das Existenzintervall eines Beziehungsobjekts dem Intervall entspricht, in dem alle beteiligten Objekte existieren. □

Ein wichtiger Spezialfall globaler Beziehungen sind *Kommunikationsbeziehungen* zwischen Objekten. In Abschnitt 4.2 wurden die syntaktischen Primitive für die Deklaration symmetrischer und asymmetrischer Kommunikation vorgestellt, wie sie bisher innerhalb komplexer Objekte verwendet werden konnten.

Definition 4.7.4 Eine *Kommunikationsbeziehung* ist eine Beziehung, in der nur die Deklaration von gemeinsamen Ereignissen und Ereignisaufrufen erfolgt. □

Beispiel 4.7.5 Als Beispiel betrachten wir einen Ausschnitt aus den Kommunikationsbeziehungen in dem bereits zum Teil modellierten Bibliotheksbeispiel. Modelliert wird die Kommunikation zwischen COPY-Objekten (Beispiel 3.2.4 auf Seite 53) und USER-Objekten (Beispiel 4.4.9 auf Seite 107).

```
relationship USER_COPY
   between USER, COPY;
   variables U: |USER|, C: |COPY|, d: date, n: nat;
   interaction
      USER(U).borrow(C,d,n) == COPY(C).CheckOut(U,d,n);
      USER.return(C) >> COPY(C).Return;
end relationship USER_COPY;
```

Diese Kommunikation modelliert das Ausleihen und Zurückgeben von Buchexemplaren. Während das Ausleihen durch eine gemeinsames Ereignis ausgedrückt werden kann, muß die Rückgabe durch Ereignisaufruf modelliert werden, um nicht eine Synchronisation zwischen allen USER-Objekten über das Return-Ereignis zu erzwingen.

Die Notation USER(U) weist der Variable U den Objektidentifikator des aktuell betrachteten USER zu. □

Ein weiterer Spezialfall ist die Deklaration *globaler Integritätsbedingungen* mittels globaler Beziehungen. Viele objektorientierte Absätze verbieten globale Integritätsbedingungen mit dem Argument, daß diese Bedingungen und ihre Überwachung lokal durch Methoden erfolgen muß. Diese Argument trifft für objektorientierte Programmiersprachen und Datenbanken sicherlich zu, aber im konzeptionellen Entwurf sprechen starke Argumente für globale Integritätsbedingungen :

- Der konzeptionelle Entwurf startet mit der Analyse der (informalen) Anforderungen, die im wesentlichen globale Aussagen über das zu entwerfende System enthalten. Insbesondere in frühen Entwurfsschritten des konzeptionellen Entwurfs lassen sich derartige Aussagen oft direkt in globale Integritätsbedingungen überführen.
- Der konzeptionelle Entwurf soll vom zu implementierenden System abstrahieren. Die Entscheidung, wie und von welcher Methode eine Integritätsbedingung erzwungen wird, ist aber eine Implementierungsentscheidung.

Obwohl in gewissen Sinne alle Spezifikationsbestandteile zur Deklaration einer Art 'globaler Bedingung' benutzt werden könnten, beschränken wir uns bei globalen Integritätsbedingungen auf Integritätsbedingungen über Attributwerten.

Beispiel 4.7.6 Als Beispiel betrachten wir eine globale Integritätsbedingung zwischen COPY-Objekten (Beispiel 3.2.4 auf Seite 53) und USER-Objekten (Beispiel 4.4.9 auf Seite 107).

```
relationship USER_COPY_IC
   between USER, COPY;
   variables U: |USER|, C: |COPY|;
   constraints
      in(C,USER(U).borrowed) implies
            (COPY(C).OnLoan and U = last(COPY(C).Borrowers));
end relationship USER_COPY_IC;
```

Die Integritätsbedingung erzwingt, daß bei jedem von einem Benutzer aktuell ausgeliehenem Buchexemplar der Ausleihstatus korrekt gesetzt ist und der Ausleihende als letzter Ausleiher notiert ist. Die Spezifikation der Ereignisse der Objektklassen USER und COPY erzwingt bereits lokal die Einhaltung dieser Integritätsbedingung. □

Denkbar ist auch die Deklaration globaler Ablaufprozesse durch entsprechende globale Beziehungen. Aus methodischen Gründen sollten derartige Abläufe allerding explizit in Objekten eingekapselt werden, da sie zusätzlich lokale Hilfsattribute und Synchronisationsereignisse haben können und auch eine zeitliche Existenz mit Geburts- und Todeszeitpunkt besitzen.

Literaturhinweise

Die Darstellung der verschiedenen Objektbeziehungen ist an deren Realisierung in der Sprache TROLL orientiert [JSHS91, JHSS91]. Ereignisaufruf und identifizierte Ereignisse haben ihre Wurzeln in synchronen Kommunikationsmodellen für abstrakte Prozeßmodelle [Hen88, Mil80, Hoa85].

Das Konzept der sicheren Objektinklusion basiert auf dem Konzept eines *Objektmorphismus* als ausschließlichem Konzept, Objekte miteinander in Beziehung zu setzen. Als vertiefende Literatur hierzu seien insbesondere die Veröffentlichungen von H.-D. Ehrich und A. Sernadas zu diesem Thema empfohlen [SE91, ES91]. Objektmorphismen für verschiedene Objektmodelle werden in [SSE87, ESS90, EGS90, SEC90] diskutiert. Die Darstellung in dieser Arbeit ist an [EGS90] angelehnt. Der Bezug verschiedener Abstraktionsmechanismus zu Objektmorphismen ist in [ES91, SJE92, ESS92] ausführlich dargestellt.

Spezialisierungshierarchien, so wie sie hier vorgestellt wurden, haben ihren Ursprung in verschiedenen Wissensrepräsentationsformalismen und semantischen Datenmodellen [MBW80, HK87, UD86, PM88]. Die besondere Rolle temporärer Objektrollen bzw. -phasen wird von R. Wieringa in [Wie90, WdJ92] diskutiert.

Der Begriff der komplexen Objekte entstammt dem Bereich der Datenbanksysteme für Nicht-Standard-Anwendungen [LP83, LNE89, Mit88, Heu92]. Komplexe Objekte in TROLL werden in [HJS92] diskutiert.

Heterogene Objektklassen haben ihre Wurzeln in der Modellierungen von Generalisierungsklassen, bei der neue Klassen Objekte unterschiedlicher Struktur zusammenfassen [EGH+92]. Verschiedene Vorschläge für die Deklaration heterogener Objektklassen in Objektspezifikationen können in [CSS89, JSS91a, JSHS91] gefunden werden.

Ungerichtete Beziehungen in der konzeptionellen Modellierung haben ihre Bedeutung auch durch den Erfolg des ER-Modells zur implementierungsunabhängigen Beschreibung von Datenbankstrukturen [Che76] gewonnen. [RBP+90] schlägt die Integration von ungerichteten Beziehungen in den objektorientierten Entwurf aus methodischen Gründen vor. Globale Beziehungen in TROLL und ihre Rolle bei der objektorientierten Spezifikation werden in [JHS93] diskutiert. Für explizite Beziehungen und die Spezifikation globaler Intergitätsbedingungen argumentieren auch G. Koschorreck und U. Lipeck in [KL93].

Kapitel 5

Objektgesellschaften

In den bisherigen Kapiteln haben wir uns mit der Beschreibung von Objekten und Objektklassen sowie verschiedener Arten von Beziehungen zwischen Objekten beschäftigt. Das eigentliche Ziel des konzeptionellen Entwurfs ist allerdings die Beschreibung ganzer *Systeme*, die aus Objekten als Basiseinheiten aufgebaut sind. Allgemein bezeichnen wir im folgenden ein System aufgebaut aus kommunizierenden Objekten als *Objektgesellschaft*.

Motiviert ist die Benutzung des Begriffs *Gesellschaft* in diesem Zusammenhang durch folgende Beobachtung : Das Verhalten von Objekten wird lokal beschrieben und erlaubt einzelnen Objekten in der Regel ein breites Spektrum an möglichen Lebensläufen. Eingebunden in einem System vieler Objekte wird dieses Verhalten eingeschränkt durch die Kommunikation und die Beziehungen zu anderen Objekten — genau so, wie Menschen in einer Gesellschaft sich an Regeln des Zusammenlebens halten müssen und somit einen Teil ihrer Autonomie aufgeben.

Der erste Abschnitt diese Kapitels beinhaltet die formale Beschreibungen von Systemen durch Objektgesellschaften. Zwei spezielle Aspekte der Beschreibung von Systemen werden in den folgenden Abschnitten gesondert behandelt : die Definition von (benutzerspezifischen) Schnittstellen oder auch *Sichten* auf Objekte eines Systems, sowie die *Implementierung* von abstrakten Systemobjekten auf einfacheren Basisobjekten. Abschließend wird ein Ansatz zur Strukturierung von Objektsystemen diskutiert, der auf der Schemaarchitektur von Datenbankanwendungen basiert. Basierend auf den Überlegungen zur Schemaarchitektur werden *Modularisierungskonzepte* für Objektgesellschaften diskutiert.

Informationssysteme sind komplexe interaktive Systeme, deren Entwurf und Architektur besonderen Anforderungen genügen muß. Die bisherigen Ausführungen haben die Grundlagen für den formalen Entwurf von Objektsystemen gelegt. Die letzten beiden Abschnitte dieses Kapitels behandeln zwei wichtige Bereiche der Erstellung und Modellierung komplexer Informationssysteme, nämlich die Themengebiete *Wiederverwendbarkeit* und *Modellierung von aktiven Systemen*.

Die in diesem Kapitel vorgestellten Sprachkonzepte sind im Zusammenhang mit objektorientierter Spezifikation bisher nur wenig diskutiert worden. Als Folge davon sind die formalen Grundlagen der meisten Sprachkonstrukte bisher nur angedacht und können noch nicht in Einzelheiten präsentiert werden. Andererseits sind die Konzepte unverzichtbar, um objektorientierte Spezifikationstechniken beim Entwurf komplexer Informationssysteme in der Zukunft praktisch einsetzen zu können, so daß zukünftige Forschungsarbeiten hoffentlich dieses Manko beheben werden.

Diese problematische Situation führt auch dazu, daß in diesem Kapitel zwar eine ganze Reihe von Sprachkonstrukten diskutiert werden kann, diese Sprachkonstrukte aber sicherlich in dieser Form keine endgültig festgeschriebene Spracherweiterung von TROLL darstellen (und zu diesem Zeitpunkt auch nicht darstellen können). Diese Aufgabe kann Inhalt einer zukünftigen tiefgreifenden Sprachrevision von TROLL sein, die die in diesem Kapitel angesprochenen Themenkomplexe in den existierenden Sprachvorschlag [JSHS91] integrieren soll.

5.1 Aufbau von Objektgesellschaften

Eine Objektgesellschaft entspricht einem abgeschlossenen System kommunizierender Objekte. Die Spezifikation einer Objektgesellschaft ist somit eine Beschreibung aller Aspekte eines Objektsystems, die auf Vollständigkeit und Konsistenz überprüft werden kann. Neben den vorgestellten Spezifikationen von Objekten und Objektklassen beinhaltet sie somit auch die formale Spezifikation von abstrakten Datentypen als Wertebereiche für Attribute und Parameter.

In einer ersten Annäherung kann eine Objektgesellschaft wie folgt beschrieben werden :

object society `SocietyName`
  Import von Bibliotheken;
  Datentypspezifikationen;
  Template- und Klassentypspezifikationen;
  Objekt- und Klassendeklarationen;
  Beziehungsdeklarationen;
end object society `SocietyName`.

Die einzelnen Bestandteile einer derartigen Spezifikation einer Objektgesellschaft werden wie folgt aufgeführt :

- Der *Name* der Objektgesellschaft `SocietyName` kann beliebig gewählt werden, sofern kein Konflikt zu anderen Objektgesellschaften auftritt.
- Die Beschreibung der Objektgesellschaft beginnt mit der Angabe des *Imports von Bibliotheken*. Bibliotheken können Bibliotheken von Datentypspezifikationen (hier nicht behandelt) oder Bibliotheken von — eventuell parametrisierten — Template- und Klassentypspezifikationen sein. Die letzteren werden ausführlicher in Abschnitt 5.5 diskutiert.

- *Datentypspezifikationen* dienen der formalen Beschreibung von Datentypen als Wertebereiche für Attribute und Parameter. Die konkrete Spezifikationssprache ist unabhängig vom Formalismus der Objektbeschreibung und kann im Prinzip frei gewählt werden [EM85, EGL89].
- Explizite *Template- und Klassentypspezifikationen* legen Typbeschreibungen für Objekte und Klassen fest, die bei konkreten Objekt- bzw. Klassendeklarationen wiederverwendet werden können (vergl. auch Abschnitt 5.5).
- *Objekt- und Klassendeklarationen* definieren die eigentlichen Objektsysteme und deren mögliche Objektpopulationen.
- *Beziehungsdeklarationen* (Abschnitt 4.7) etablieren die Kommunikationskanäle zwischen autonomen Objekten und ermöglichen die Angabe globaler Integritätsbedingungen.

Entgegen der obigen linearen Auflistung der Spezifikationsbestandteile erlaubt die Sprache TROLL eine beliebige Reihenfolge der drei letzteren Punkte, also der Typbeschreibungen für Objekte und Klassen, der Objekt- und Klassendeklarationen sowie der Beziehungsdeklarationen. Diese Sprachfestlegung beschreibt den prinzipiellen Aufbau einer Objektgesellschaft. In den folgenden Abschnitten werden mögliche Erweiterungen und spezielle Aspekte dieses Ansatzes behandelt, etwa

- Schnittstellen zur Einkapselung von Objektgesellschaften (Abschnitte 5.2 und 5.4),
- Implementierung abstrakter Objektgesellschaften durch primitivere Basisobjektschnittstellen (Abschnitt 5.3),
- und Modularisierungsaspekte (insbesondere Abschnitt 5.4.2) und
- Spezifikationsbibliotheken (Abschnitt 5.5).

Der letzte Abschnitt 5.6 dieses Kapitels behandelt die Modellierung verschiedener Aspekte von Aktivität in Objektsystemen. Die Modellierung aktiver Komponenten, etwa Uhren, Sensoren oder Benutzungsschnittstellen, ist ein wichtiger Aspekt des Entwurfs von Informationssystemen.

5.2 Sichtendefinition

Komplexe Anwendungen und somit auch Informationssysteme haben in der Regel mehrere Schnittstellen zur Außenwelt, also zu Benutzergruppen oder anderen Systemen. Diese Schnittstellen können als unterschiedliche *Sichten* auf ein System aufgefaßt werden. Im Bereich der Datenbankanwendungen ist die Definition verschiedener Sichten, ihre Integration zu einem Gesamtschema und ihr Einsatz zur Rechtevergabe und -kontrolle fester Bestandteil des Entwurfs- und Implementierungsprozesses.

5.2.1 Sichten auf Objekte und Klassen

In den bisherigen Sprachkonzepten wurde das Konzept der Einkapselung im Sinne der Einkapselung der *internen Realisierung* realisiert, d.h. ein Objekt zeigt eine sauber definierte Schnittstelle nach außen, aber der aktuelle Objektzustand und die konkrete Realisierung der Ereignisse ist verborgen. Die Semantik der Ereignisse und ihr Effekt auf den internen Zustand ist aber in Form einer deskriptiven Spezifikation bekannt.

In vielen Anwendungen ist man zusätzlich an einer *syntaktischen Einkapselung der Schnittstelle* von Objekten interessiert, d.h. eine Einschränkung des Zugriffs und der Benutzung von Bestandteilen der Objektsignatur. Eine weitere interessante Art der Einkapselung für Klassen ist die Auswahl einer Teilpopulation der Instanzen als "Zugriffsmenge".

Die Schnittstelleneinkapselung und auch die Teilpopulationsauswahl finden ihr Äquivalent im Bereich der Datenbanktechnik in den Begriffen Projektionssicht und Selektionssicht. Tatsächlich entspricht die Motivation dieser Einkapselungsvarianten von Objektklassen derjenigen zur Definition von Sichten bei Datenbankanwendungen :

- Ein System kann durch die Einführung von verschiedenen Sichten auf den gleichen Datenbestand zusätzlich strukturiert entworfen werden.
- Verschiedene Anwendungen haben unterschiedliche Sichten auf denselben Datenbestand bzw. auf dasselbe Objektsystem.
- Sichten sind die Einheit der Rechtevergabe und Kontrolle in Anwendungssystemen.

Im Gegensatz zu etwa relationalen Datenbanksichten [Dat90, Ull88, Vos91] bezieht sich die Sichtendefinition für Objekte und Klassen neben der Projektion auf Attribute und abgeleiteten Attributen bei Objektsichten immer auch auf das *dynamische Verhalten*, also die Ereignisse, und den *komplexen Objektaufbau*. Der komplexe Objektaufbau spielt auch in Sichtdefinitionen für Datenmodelle mit komplexen Objekten eine Rolle [Day89, SLT91]. Das dynamische Verhalten wird dort allerdings nicht in dem Maße berücksichtigt wie in Objektspezifikationssprachen notwendig.

In der Sprache TROLL werden Sichten prinzipiell durch die Angabe einer Teilsignatur bzw. durch eine abgeleitete Signatur für Objekte und Klassen definiert. Zusätzlich werden die Ableitungsregeln der abgeleiteten Signaturbestandteile und eine (optionale) Selektionsbedingung für Objektklassen angegeben. Sichten haben somit denselben Signaturaufbau wie Objekte bzw. Objektklassen; Sichten sollten somit in einer Spezifikation einer Objektgesellschaft an allen Stellen eingesetzt werden können, an denen Objekte bzw. Objektklassen auftreten dürfen.

Es stellt sich nun die naheliegende Frage, ob Sichten denn Objekte bzw. Klassen sind — immerhin können sie ja wie diese benutzt werden. Folgen wir der Definition von Objekten und Objektmodellen in Kapitel 3, so müssen wir dies zuerst verneinen:

ein Objektmodell ist dort definiert durch aus nichtleeren Schnappschüssen aufgebaute Objektlebensläufe, deren Präfixen eindeutig Attributwerte zugeordnet sind. In der Definition von Objektsichten werden nicht nur Attribute eingekapselt, sondern auch Ereignisse — ein extremes Beispiel ist eine reine Lesesicht, in der nur die Attribute sichtbar sind und alle Ereignisse verborgen. Betrachten wir eine Sicht als Objekt zu der definierten eingeschränkten Signatur, haben wir das Phänomen, daß sich Attribute ändern, ohne daß ein lokales Ereignis eingetreten wäre, da das ändernde Ereignis nicht sichtbar ist. Dieses Dilemma können wir auf verschiedene Arten auflösen :

- Wir betrachten eine Sicht nicht als Objekt (bzw. als Klasse), sodern als *syntaktische Einschränkung* des Zugriffs auf ein Objekt. Die modelltheoretische Semantik einer Sicht ist somit das Ursprungsobjekt selber, aber auf der Spezifikationsebene ist nur der Zugriff auf die sichtspezifischen Signaturelemente möglich.

  Selektionssichten beinhalten zusätzlich die Konstruktion einer zusätzlichen Spezialisierung (siehe Abschnitt 4.4.3) auf der Basisklasse der Sicht. Auch abgeleitete Attribute und Ereignisse können auf Basis einer impliziten Spezialisierung eingeführt werden.

- H.-D. Ehrich und A. Sernadas schlagen in [ES91] ein allgemeineres Objektmodell vor, in dem auch 'spontane' Attributänderungen erlaubt sind. Hierzu werden Attributbeobachtungen als zu Änderungen gleichwertige Leseereignisse behandelt. Sichten können dann direkt als Objekte modelliert werden, die analog zur Rollendefinition mit dem Basisobjekt über einen Einbettungsmorphismus verbunden sind.

Wir geben im folgenden keine explizite Semantikdefinition an. Der erste erwähnte Ansatz kann auf der Ebene der Spezifikationssprache durch einschränkende Regeln der Namenskonvention und Namensbenutzung definiert werden. Die zusätzliche optionale Spezialisierung erfolgt in naheliegenden Weise durch Übernahme der Selektionsbedingung. Für den zweiten Ansatz verweisen wir statt dessen auf die angegebene Literatur.

5.2.2 Sprachvorschläge

Ein wesentlicher Bestandteil einer Sichtendefinition ist die Signaturfestlegung analog zur Festlegung der Schnittstelle bei Objekt- oder Klassendefinitionen in TROLL. Im einfachsten Fall geschieht dies durch eine Restriktion der Signatur der zugrundeliegenden Basisklasse. In der Terminologie der Datenbanken entspricht dieses einer *Projektionssicht*, die sich hier allerdings neben der Projektion auf eine Teilattributmenge auch auf die Ereignisse und Komponentenobjekte bezieht.

Beispiel 5.2.1 Gegeben sei eine Klasse `ANGESTELLTE` mit einer Reihe von Attributen und Ereignissen, so etwa als Attribute den Namen `Name`, das Alter `Alter`, das Gehalt **Gehalt** und als Attributgenerator für jedes Jahr das Jahreseinkommen **JahresEinkommen(integer)**, sowie als Ereignisse die Einstellung **Einstellung** des Angestellten, den Wechsel der Abteilung **AbteilungsWechsel** und die Änderung des Gehalts **GehaltsÄnderung**.

Es bietet sich an, für die Zwecke der Gehaltsabteilung z.B. eine Sicht **ANGESTELLTE_GEHALT** zu definieren, in der nur die für Aufgaben dieser Abteilung notwendigen Attribute und Ereignisse sichtbar sind.

```
interface class ANGESTELLTE_GEHALT
encapsulating ANGESTELLTE
   attributes
      Name: string;
      JahresEinkommen(integer): money;
      Gehalt: money;
   events
      GehaltsÄnderung(money);
end interface class ANGESTELLTE_GEHALT;
```

Analog können für komplexe Objekte auch Projektionen auf Komponenten gebildet werden (vergl. Abschnitt 5.2.3). □

Die Sprache TROLL erlaubt die Definition von abgeleiteten Attributen und Ereignissen. Die Integration dieser Möglichkeit in Sichtendefinitionen ermöglicht eine komfortable Definition *erweiterter Projektionssichten* mit einer allgemeinen abgeleiteten Schnittstelle. Ein wichtiger Spezialfall hierbei ist die *Umbenennung* von Attributen und Ereignissen.

Beispiel 5.2.2 Die Sicht **ANGESTELLTE_GEHALT_2** hat als abgeleitetes Attribut das Jahreseinkommen für das aktuelle Jahr **AktuellesJahresEinkommen**, das aus dem aktuellen Wert des Gehaltsattributs berechnet wird.

```
interface class ANGESTELLTE_GEHALT_2
encapsulating ANGESTELLTE
   attributes
      Name: string;
      derived AktuellesJahresEinkommen: money;
      Gehalt: money;
   events
      derived GehaltsErhöhung;
   derivation
      attributes
         AktuellesJahresEinkommen is Gehalt *13.5;
      events
         GehaltsErhöhung is GehaltsÄnderung(Gehalt *1.1);
end interface class ANGESTELLTE_GEHALT_2;
```

In diesem Beispiel erfolgt die Ableitung des Ereignisses **GehaltsErhöhung** durch ein anderes Ereignis. In der Sprache TROLL kann ein Ereignis allgemein durch einen als Transaktion geklammerten Prozeß definiert werden [JSHS91]. □

Eine große Rolle im Gebiet der Datenbanken spielen sogenannte *Selektionssichten*, die aus einer Klasse (im Datenbankbereich entspricht dies dem Konzept einer Relation) eine Teilpopulation auswählen anhand eines vorgegebenen Selektionskriteriums. Das Selektionskriterium ist dabei eine beliebige Formel über dem Objektzustand. Selektionssichten sind in der Regel mit der Definition einer Projektionssicht verbunden, so daß es Sinn macht, sie syntaktisch als Erweiterung der vorgestellten Sprachmittel einzuführen.

Beispiel 5.2.3 Die Sicht FORSCHUNGS_ANGESTELLTE enthält nur diejenigen Instanzen der Klasse ANGESTELLTE, die in der Abteilung Forschung & Entwicklung eingestellt sind.

```
interface class FORSCHUNGS_ANGESTELLTE
encapsulating ANGESTELLTE
selection where ANGESTELLTE.Dept = 'Forschung & Entwicklung';
   attributes
      Name: string;
      Gehalt: money;
   events
      GehaltsÄnderung(money);
end interface class FORSCHUNGS_ANGESTELLTE;
```

Die Syntax der **where**-Klausel entspricht hierbei derjenigen der Spezialisierungsbedingungen in Abschnitt 4.4.3. Im Gegensatz zu diesen Bedingungen ist der Zugriff hier nicht auf die konstanten Attribute beschränkt. □

Angelehnt an die Konzepte von Datenbanksichten haben die hier vorgestellten Selektionssichten dynamische Ausprägungen, da Selektionsbedingungen auch auf nichtkonstante Attribute zugreifen dürfen. In der Sprache TROLL sind Selektionssichten in Analogie zu Spezialisierungsbedingungen auf die konstanten Objekteigenschaften beschränkt [JSHS91].

In Sichtendefinitionen im Datenbankbereich ist es nicht nur m ein Zugriff in Form einer Sicht auf existierende einzelne Objekte möglich, sondern auch die Definition *virtueller abgeleiteter komplexer* Strukturen. Der einfachste Fall ist die Verbundsicht relationaler Datenbanken, bei der eine virtuelle Relation über einen relationalen Verbund deklariert wird. Eine Definition entsprechender virtueller Objekte durch Sichten ist sicher auch für Objektspezifikationen sinnvoll.

Da in der vorgestellten Modellbildung für TROLL je zwei Objekte ein virtuelles komplexes Objekt als Aggregation dieser beiden Objekte festlegen, können die aus dem Datenbankbereich bekannten *Verbundsichten* (engl. *join view*) auch für Objekte definiert werden. Der semantische Hintergrund entspricht der Definition von Beziehungen im Abschnitt 4.7 als implizites Aggregationsobjekt. Verbundsichten sind dann Sichten auf derartige Aggregationsobjekte, wobei das Verbundkriterium einer impliziten Selektionssicht entspricht.

Beispiel 5.2.4 Gegeben eine Klasse von Abteilungen ABTEILUNG einer Firma mit einem Attribut Angestellte vom Typ **set**(|ANGESTELLTE|), kann eine Verbundsicht

ARBEITET_IN wie folgt definiert werden.

```
interface class ARBEITET_IN
encapsulating ANGESTELLTE A, ABTEILUNG D
selection where A.id in D.Angestellte;
   attributes
      AbteilungsName: string;
      PersonName:string;
   derivation
      attributes
         AbteilungsName is D.AbtName;
         PersonName is A.Name;
end interface class ARBEITET_IN;
```

Verbundsichten entsprechen dem Konzept von *abgeleiteten Beziehungen* mit Beziehungsattributen. In diesem Beispiel werden Klassenvariablen A und D eingeführt, um auf die Einzelinstanzen einer Kombination zugreifen zu können. Diese Variablen können bei eindeutigen Signaturzuordnungen der verwendeten Attribute und Ereignisse wegfallen, sind aber zwingend nötig bei Verbundsichten, an denen dieselbe Klasse mehrfach beteiligt ist (etwa einer Sicht über Paare von Personen). □

Die bisher vorgestellten Beispiele zeigen typische Spezifikationsmuster von Sichtendefinitionen. Die Syntax der Sichtendefinitionen kann nun wie folgt zusammengefaßt werden.

Definition 5.2.5 Für einzeln definierte Objekte wird eine *Sicht* nach dem folgenden Muster definiert :

```
interface InterfaceName
encapsulating Basisobjekt
   Teilsignatur des Basisobjekts und neu abgeleitete Signatur;
[ derivation
   Ableitungsregeln für abgeleitete Signaturelemente; ]
end interface InterfaceName;
```

Im Fall der Einkapselung von Objektklassen durch Sichten haben wir zusätzlich die Möglichkeit, die Sichtenpopulation zu einer Teilmenge der ursprünglichen Klassenpopulation mittels der Angabe einer Selektionsbedingung einzuschränken.

```
interface class InterfaceKlassenName
encapsulating BasisObjektklasse [ Variable ]
[ selection where Selektionsbedingung; ]
   Teilsignatur des Basisobjekts und neu abgeleitete Signatur;
[ derivation
   Ableitungsregeln für abgeleitete Signaturelemente; ]
end interface class InterfaceKlassenName;
```

Verbundsichten werden im ersten Fall dadurch definiert, daß eine Liste von Basisobjekten angegeben wird. Für eingekapselte Klassen kann in diesem Fall bei der Liste der Basisklassen jeweils optional eine Klassenvariable deklariert werden, die in der Selektionsbedingung und in den Ableitungsregeln benutzt werden kann. Da allgemein

Einzelobjekte als Spezialfälle von Klassen mit einem einelementigen Namensraum aufgefaßt werden können, machen gemischte Verbundsichten durchaus Sinn und sind erlaubt. □

Derartig definierte Sichten können in der Spezifikation eines Systems wie Objekte und Objektklassen eingesetzt werden, somit können sie

- Komponenten komplexer Objekte sein und an Beziehungen teilnehmen,
- Basisklasse von Rollen und Spezialisierungen sein,
- und auch selbst Basisobjekt oder -klasse von Sichtendefinitionen sein.

5.2.3 Sichten auf komplexe Objekte

In dem vorgestellten Objektmodell gibt es neben den importierten Datentypen drei Arten von Signaturbestandteilen in einer Objektbeschreibung, nämlich Attribute, Ereignisse und Komponenten. Bisher haben wir uns bei der Sichtendefinition auf abgeleitete Attribute und Ereignisse beschränkt. Ein allgemeiner Ansatz zur Sichtendefinition für Objekte und Klassen muß aber auch die Komponentenbildung betreffen. In den Abschnitten 4.5.1, 4.5.2 und 4.5.3 wurden mehrere Sprachkonzepte vorgestellt, wie Objekte als Teilobjekte eines komplexen Objekts deklariert werden können. Derartige Komponenten haben in allen drei vorgestellten Ansätzen einen eindeutigen lokalen Namen, der den Zugriff auf die Komponentenobjekte ermöglicht.

Alle Varianten können in einer Sichtdefinition als Bestandteil einer Objektsignatur analog zur Behandlung von Attributen und Ereignissen aufgefaßt werden. In einer Projektionssicht können nun Komponentennamen gleichberechtigt zu Attribut- und Ereignisnamen in der Sichtdefinition eingesetzt werden, wie das folgende Beispiel zeigt.

Beispiel 5.2.6 Als Beispiel betrachten wir eine Sicht `SPIELER_LISTEN` auf die Klasse `TEAM` aus Beispiel 4.5.8 von Seite 118. In den komplexen `TEAM`-Objekten gab es die beiden Komponenten `Trainer` und `Spieler`, von denen in der folgenden Sicht `SPIELER_LISTEN` nur die `Spieler` sichtbar sind.

```
interface class SPIELER_LISTEN
encapsulating TEAM
  components
    Spieler : LIST(PERSON);
end interface class SPIELER_LISTEN;
```
□

Nach diesem Beispiel stellt sich die Frage, ob die bisherigen Konzepte zur Definition von Sichten bereits für die Erweiterung auf komplexe Objekte ausreichen. Die Einkapselung von Ereignissen und Attributen wurde bei einfachen Sichtdefinitionen syntaktisch auf der Objektsignatur definiert. Die Definition 5.2.5 (syntaktische Definition von Sichten) muß für die Notation für komplexe Objekte nicht erweitert werden, wenn Komponentennamen als gleichberechtigte Signaturbestandteile betrachtet werden, wie es in der Sprache TROLL der Fall ist. Auch die Konzepte der Umbenennung, Selektionssichten und Verbundsichten können unverändert übernommen werden.

Ein wichtiger Aspekt der bisherigen Sichtendefinitionen sind *abgeleitete* Attribute und Ereignisse. Es liegt nahe, dieses Konzept auch auf Komponenten zu erweitern — aber wie ? Um abgeleitete Komponenten zu deklarieren, benötigen wir ein Sprachkonzept um auf existierende (Komponenten-) Objekte über eine geänderte Schnittstelle zugereifen zu können. Ein derartiges Konzept wurde aber bereits vorgestellt — es ist die Definition von Sichten auf Objekte und Klassen !

Die Deklaration von abgeleiteten Komponenten in einer Sicht auf ein komplexes Objekt erfordert also Sichtdeklarationen innerhalb einer Sichtdeklaration. Man beachte, daß dieses Konzept rekursiv auf beliebig geschachtelte komplexe Objekte anwendbar ist. Da der Typ der abgeleiteten Komponenten erst in der Ableitungsregel festgelegt wird, wird er in der **components**-Klausel nicht explizit festgelegt und statt dessen wird die entsprechende Komponente mit **local** markiert[1].

Beispiel 5.2.7 Wir betrachten eine Sicht `ÜBERBLICK` auf die Klasse `DOKUMENT_2` aus Beispiel 4.5.5 von Seite 114. In den `ÜBERBLICK`-Sichten ist jeweils die `Kurzfassung` sowie die `Überschriften` der einzelnen `Kapitel` als lokale Sicht enthalten.

```
interface class ÜBERBLICK
encapsulating DOKUMENT_2
   components
      Kurzfassung: KapitelTemplate;
      derived Kapitel(nat): local;
   derivation
      components
         variables n: nat;
         Kapitel(n) is interface LocalInterface
                          encapsulating DOKUMENT_2.Kapitel(n);
                                 attributes Überschrift: string;
                          end interface LocalInterface;
end interface class ÜBERBLICK;
```

Sinnvoll wäre in diesem Beispiel natürlich auch die Übernahme einiger Attribute der Objektklasse `DOKUMENT_2` in die Sicht, insbesondere etwa der Schlüsselattribute und des Dokumenttitels. Die Deklaration der Variablen `n` ist notwendig, da syntaktisch ein Komponentengenerator als Signaturelement vorliegt. □

Syntaktisch unterscheiden wir wieder zwischen einzelnen Sichtobjekten und Sichten auf Objektmengen, die als Interfaceklasse definiert werden.

Definition 5.2.8 Ein *abgeleitetes Komponentenobjekt* wird als lokale Sicht definiert. In der Signaturangabe wird der Komponententyp als **local** deklariert :

[1]Ein Vorwärtsverweis auf den Typ eines abgeleiteten Signaturbestandteils kann auch für Attribute sinnvoll sein, etwa wenn die Ableitungsregel aus einer komplexen Anfrage besteht (vergleiche Abschnitt 5.3.1)

```
components
   derived KompName: local;
```

Als Ableitungsregel für die Komponente KompName wird eine lokale Sicht eingeführt :

```
derivation
   components
      KompName is interface LocalInterfaceName
                  encapsulating SubObjekt;
                  ...
                  end interface LocalInterfaceName;
```

Mengenwertige Komponenten, also mengenwertige explizite Objektinklusion mit **include** (Abschnitt 4.5.1) und Konstruktion nichtdisjunkter Komponenten mit dem **SET**-Konstruktor (Abschnitt 4.5.3), können durch *lokale Interfaceklassen* abgeleitet werden. In der Signaturangabe wird dabei der Komponententyp als **local class** deklariert :

```
components
   derived KompName: local class;
```

Als Ableitungsregel für die Komponente wird eine lokale Sichtdefinition als Klasse eingeführt :

```
derivation
   components
      KompName is interface class LocalInterfaceName
                  encapsulating SubObjectSet;
                  ...
                  end interface class LocalInterfaceName;
```

Im Gegensatz zu Sichten auf Einzelobjekten, machen hier auch Selektionssichten Sinn, um Teile der Population der mengenwertigen Komponente auszuwählen. □

An dieser Stelle sei darauf hingewiesen, daß abgeleitete Komponenten konzeptionell unterschiedlich zu (komplexen) abgeleiteten Attributwerten aufzufassen sind — abgeleitete Attributwerte sind *Daten* als Ergebnis von Anfragen, während abgeleitete Komponenten *Sichten* auf (eventuell persistente) Objekte sind. Abgeleitete Komponenten modellieren gemeinsamen Zugriff auf Objekte, während abgeleitete Attribute Kopien von Informationen über Objekte darstellen. Als Konsequenz können nur abgeleitete Komponenten komponentenspezifische Ereignisse aufweisen.

In TROLL ist bisher kein Sprachvorschlag für Sichten auf Komponenten aufgenommen [JSHS91]. Der Grund dafür ist, daß Sichten auf komplexen Objektstrukturen eine schwer durchschaubare Komplexität erreichen können. Andererseits sollten aus Orthogonalitätserwägungen alle drei Signaturkomponenten gleichwertig berücksichtigt werden.

5.3 Verfeinerung und formale Implementierung

Viele Verfahren zur Erstellung komplexer Systeme basieren auf einer "top-down" Vorgehensweise, d.h., ausgehend von einer abstrakten Beschreibung der Systemfunktionalität wird die Systembeschreibung schrittweise verfeinert bis hin zu einer konkreten Realisierung des Systems. Der wesentliche Entwurfsschritt derartiger Vorgehensweisen ist damit der Schritt von "von abstrakt zu konkret".

Die Unterstützung dieser Vorgehensweise in formalen objektorientierten Entwurfsmethoden erfordert die Bereitstellung eines Mechanismus zur *formalen Implementierung von Objekten über Objekten.* Eine derartige Implementierung realisiert ein Objekt auf einer höheren Abstraktionsstufe durch ein oder mehrere konkretisierte Objekte. Im Gegensatz etwa zum Gebiet der abstrakten Datentypen [EKMP82, EGL89], sind die formale Implementierung und ihre theoretische Grundlagen für objektorientierte Systeme und Spezifikationen erst in letzter Zeit intensiver diskutiert worden [ES90, SE91, SGG+91].

In diesem Abschnitt soll vorgestellt werden, wie Implementierungen in den vorgestellten Ansatz integriert werden können und welche Spracherweiterungen sinnvoll bzw. wünschenswert sind. Fragestellungen der semantischen Grundlagen derartiger Implementierungsschritte und der Entwurfsmethodik werden nicht behandelt, da sich in diesen Gebieten erst in den nächsten Jahren eine stabile Grundlage entwickeln dürfte.

5.3.1 Verfeinerung durch Anfragen und Transaktionen

Verfeinerung von Objektspezifikationen bedeutet eine Detaillierung einer Objektbeschreibung bis hin zu einer möglichen operationalen Implementierung. Eine derartige Verfeinerung kann auf verschiedene Arten durchgeführt werden:

- Eine Verfeinerung der semantischen Strukturen selber kann durch eine Verfeinerung der atomaren Objektbestandteile vorgenommen werden. Ein atomares Ereignis wird dabei etwa durch eine Berechnungsfolge anderer Ereignisse realisiert, während ein Attributwert durch eine Anfrage an andere Attribute (und Objekte) bestimmt wird. In diesem Fall sprechen wir davon, daß ein Ereignis (bzw. ein Attribut) durch einen Ereignisprozeß (bzw. durch eine Anfrage) *implementiert* wird.

  Eine derartige Implementierung kann neben Attributen und Ereignissen natürlich auch die dritte Signaturkomponente, die Komponenten, betreffen. Eine natürliche Erweiterung und Verallgemeinerung der Implementierung von einzelnen Signaturbestandteilen ist die Implementierung ganzer Objekte über Basisobjekten.

- Die Spezifikation eines Objektes kann verfeinert werden, ohne daß die Signatur geändert wird. Ein Verfeinerungsschritt kann etwa eine weitere Einschränkung um zusätzliche Bedingungen bedeuten, oder auch eine "operationalere" Beschreibung bewirken, d.h. eine Beschreibung, die näher an einer ausführbaren Spezifikation ist. Typische Beispiele dafür sind die Integration von Integritätsbedingungen in Ereignisspezifikationen (vergleiche [Lip89, Lip90]) oder die Umformung von Lebendigkeitsforderungen in einen expliziten Prozeßausdruck.

Derartige Verfeinerungen werden an dieser Stelle nicht behandelt, da es sich hierbei primär um Transformationen von Objekt*beschreibungen* und nicht um Verfeinerungen von Objekten selber handelt.

In diesem Abschnitt beschäftigen wir uns mit dem ersten Aspekt einer Verfeinerung, der Verfeinerung durch Implementierung. Im folgenden werden Sprachmittel zur Implementierung von Attributen, Ereignissen und Komponenten informell diskutiert.

Implementierung von Attributen durch Anfragen

Die Definition eines abgeleiteten Attributs in einer formalen Implementierung erfordert die Berechnung eines Datenwertes abhängig vom aktuellen Zustand der Implementierungsbasis. Prinzipiell kann dies durch einen Ereignisprozeß basierend auf Leseereignissen oder in einem Anfragemechanismus basierend auf einem zum verwendeten Objektkonzept passenden Datenmodell geschehen.

Aus methodischen Gründen ist eine saubere Trennung des Lesezugriffs auf Attribute durch Anfragen vom Konzept des in der Regel für Zustandsänderungen eingesetzten Ereignisaufrufs in vielen Fällen sinnvoll. Bei der Implementierung auf Standardplattformen wie Datenbanksystemen werden Lesezugriffe in Datenbankanfragen umgesetzt, die vom Datenverwaltungssystem optimiert werden können — eine frühzeitige Operationalisierung würde derartige Optimierungen unterwandern und eine verfrühte Festlegung der Anfrageauswertungsstrategie bedeuten. Im folgenden wird darum der Einsatz eines separaten Anfrageformalismus diskutiert. Dieser Anfrageformalismus ist eine Erweiterung der Termbildung, wie sie zur Definition abgeleiteter Attribute eingesetzt wird.

Anfragen zur Definition von abgeleiteten Attributen müssen *Werte* als Ergebnis liefern, nicht etwa Objekte. Aus diesem Grund bietet es sich an, Anfragesprachen von *wertebasierten* Datenmodellen als Grundlage einer Implementierung von Attributen zu wählen. Wie kann aber ein wertebasierter Anfragemechanismus in ein dynamisches Objektmodell integriert werden, wie es den vorgestellten Spezifikationssprachen zugrundeliegt ? Moderne wertebasierte Datenmodelle basieren in der Regel auf dem Konstrukt der (nichtnormalisierten) Relation, modelliert als Menge, Multimenge oder Liste von Tupeln. Der Strukturanteil einer Objektgesellschaft — nur der spielt bei der Auswertung von Anfragen an System*zustände* eine Rolle — kann äquivalent durch diese Konstrukte ausgedrückt werden. Die Strukturausprägung einer Klasse von Objekten etwa entspricht der Ausprägung einer Relation (= Multimenge) eventuell komplex strukturierter Tupel [SJS91] und kann in einer Anfrage als solche angesprochen werden.

Da also für den Strukturanteil des verwendeten Objektmodells etablierte Anfragesprachen verwendet werden können, kann einer dieser Anfrageformalismen als erweiterte Möglichkeit der Definition von berechneten Attributen zu einer objektorientierten Spezifikationssprache wie TROLL hinzugenommen werden [CGH92]. Anforderungen an einen zu integrierenden Anfrageformalismus sind insbesondere die Typisierung von Anfragen und die Erweiterung der Anfragesprache um benutzerdefinierbare abstrakte Datentypen. Beispiele für Sprachvorschläge, die diesen Anforderungen genügen, sind etwa die an SQL angelehnte Sprache HDBL [PA86, PT86, SLPW89], der EER-Kalkül [GH91, Hoh93] oder die Anfragealgebren in [Güt88, GZC89].

In [JSS91b, SJ90, SJS91] wurde als beispielhafter Anfragemechanismus, der den obigen Anforderungen genügt, die Anfragealgebra *QUAL* (für QUery ALgebra) vorgestellt. An dieser Stelle wird auf eine ausführliche Definition von QUAL verzichtet; der interessierte Leser sei auf die angegebene Literatur verwiesen. QUAL benutzt als Teilsprache die Termbildung für Werte abstrakter Datentypen, die im Abschnitt 3.4.1 definiert wurde.

Um beliebige Anfragen komfortabel formulieren zu können, bieten moderne Anfragesprachen von Datenmodellen in der Regel generische Operationen auf Kollektionen gleichartiger Werte an, etwa eine allgemeine Selektion auf Mengen oder Verbundoperatoren. QUAL ist eine Anfragealgebra, die als Erweiterung der bekannten relationalen Algebra [Cod70] folgende generische Operatoren auf Mengen, Listen und Multimengen anbietet:

- Die generischen Operatoren und Prädikate

$$\begin{array}{rcl}
\textbf{empty} & : & \rightarrow \textbf{set}(Z) \\
\textbf{insert} & : & Z \times \textbf{set}(Z) \rightarrow \textbf{set}(Z) \\
\textbf{delete} & : & Z \times \textbf{set}(Z) \rightarrow \textbf{set}(Z) \\
\textbf{union} & : & \textbf{set}(Z) \times \textbf{set}(Z) \rightarrow \textbf{set}(Z) \\
\textbf{difference} & : & \textbf{set}(Z) \times \textbf{set}(Z) \rightarrow \textbf{set}(Z) \\
\textbf{in} & : & Z \times \textbf{set}(Z) \rightarrow \textbf{boolean} \\
\textbf{is_empty} & : & \textbf{set}(Z) \rightarrow \textbf{boolean} \\
\textbf{card} & : & \textbf{set}(Z) \rightarrow \textbf{nat}
\end{array}$$

  sind definiert auf Mengen über einem Datentyp Z. Dies gilt auch für die korrespondierenden Operationen und Prädikate auf den Datentypkonstruktoren **list** für Listen und **bag** für Multimengen.

- Der **select**-Operator hat als Parameter eine Kollektion beliebiger Werte und einen **bool**schen Term, das Selektionsprädikat. Die folgende Beispielanfrage selektiert Tupel aus einer Relation [PERSON] (in QUAL wird die zu einer Objektklasse Klasse korrespondierende Relation als [Klasse] notiert).

$$\textbf{select}_{\texttt{SELF.Name='Schmidt'}}(\texttt{[PERSON]})$$

Die Variable SELF steht für das aktuell betrachte Element der Kollektion. Ist die Zuordnung eindeutig — etwa bei Attributnamen wie in diesem Beispiel — kann SELF in der Notation weggelassen werden.

- Der **project**-Operator projiziert Komponenten eines Tupels, etwa die beiden Attribute Name und PersNr von PERSONen im folgenden Beispiel.

  $$\textbf{project}_{\texttt{Name,PersNr}}(\texttt{[PERSON]})$$

- Der **construct**-Operator verallgemeinert den **project**-Operator insofern, daß bei der Konstruktion der Ergebnistupel nicht nur Tupelkomponenten der Eingabetupel, sondern beliebige Terme benutzt werden dürfen. Dieser Operator entspricht dem Operator **image** aus [SZ89a, SZ89b].

  Im folgenden Beispiel wird für Abteilungen ABT im Ergebnis jeweils der Anteil am Haushalt pro Mitarbeiter (HpM) berechnet.

  $$\textbf{construct}_{\texttt{Name:AbtName,HpM:(Haushalt/card(Angestellte))}}(\texttt{[ABT]})$$

  Angestellte kann hier ein beliebiges nichtnormalisiertes Attribut sein, etwa eine Menge von Objektidentifikatoren oder eine Untertabelle resultierend aus einer Komponentenkonstruktion.

- Der **join**-Operator realisiert einen Verbund zweier Relationen, basiert also auf einem kartesischen Produkt verbunden mit einem Verschmelzen von Tupeln. Ohne Prädikat umfaßt er das gesamte kartesische Produkt:

  $$\texttt{[PERSON]}\ \textbf{join}\ \texttt{[Abt]}$$

  In der Regel ist dem **join**-Operator ein Verbundprädikat als Parameter beigefügt, das Zeilen des kompletten Produkts selektiert, so in folgender Anfrage:

  $$\texttt{[MANAGER]}\ \textbf{join}_{\texttt{LEFT.ArbeitsOrt=RIGHT.BüroAdresse}}\ \texttt{[ABT]}$$

  Die Variablen LEFT und RIGHT bezeichnen im Verbundprädikat jeweils die aktuellen Instanzen der rechten und linken Eingaberelation.

- Mit dem **apply**-Operator kann eine Funktion auf alle Elemente einer Kollektion angewendet werden:

  $$\textbf{apply}_{\texttt{SELF.Haushalt/card(SELF.Angestellte)}}(\texttt{[ABT]})$$

- Als Verallgemeinerung des Verbundoperators kann der **merge**-Operator definiert werden, der neben einem Verbundprädikat eine allgemeine Funktion als Parameter erhält, die die Elemente der Ergebniskollektion berechnet [SZ89a, SZ89b].

  $$\texttt{[MANAGER]}\ \textbf{merge}_{p,f}\ \texttt{[ABT]}$$

$$\text{wobei gilt} \quad p \equiv (\texttt{LEFT.ArbeitsOrt} = \texttt{RIGHT.Lokation})$$

$$\text{und} \quad f \equiv \textbf{concat}(\texttt{LEFT.Name,RIGHT.AbtName})$$

Der Operator **concat** konkateniert in diesem Beispiel zwei Zeichenketten.

- Oft ist es notwendig, von Objektidentifikatoren auf die zugehörigen Attribut- und Komponentenausprägungen zuzugreifen. Diese Operation kann natürlich direkt mit einem Verbund realisiert werden, aber als abkürzende Schreibweise wurde in QUAL der explizite **materialize**-Operator eingeführt:

  $$\textbf{materialize}_{\texttt{PERSON}}(\textbf{apply}_{\texttt{SELF.Chef}}(\textbf{select}_{\texttt{SELF.Name='F\&E'}}([\texttt{ABT}])))$$

  Wenn `Chef` ein Attribut vom Typ |`PERSON`| ist, so liefert die obige Anfrage als Ergebnis die `PERSON`-Tupel von Abteilungsleitern, die eine Abteilung 'Forschung & Entwicklung' (`F&E`) leiten.

  Der vorgestellte **materialize**-Operator basiert auf der Idee des von E. F. Codd für Datenmodelle mit Objektidentifikatoren vorgeschlagenen `PROPERTY`-Operators [Cod79].

Die obige Operatorenliste präsentiert nur eine unvollständige Liste von Anfrageoperatoren, die zur Attributimplementierung in Objektspezifikationen sinnvoll sein können. Insbesondere fehlen noch Operatoren zur Manipulation von Listen und Multimengen, Aggregierungsfunktionen wie etwa **sum** zur Aufsummierung, und Sortieroperationen wie sie in Anfragesprachen wie SQL integriert sind (etwa folgend den Vorschlägen in [Güt88, GZC89, SLPW89]).

Auch dürfte an Stelle einer Algebra eine deklarative, kalkülbasierte Anfragesprache sinnvoll sein, etwa eine Erweiterung von SQL in der Tradition der Anfragesprache HDBL [PA86, PT86, SLPW89] oder des Vorschlags in [HE90]. Kalkülbasierte Sprachen bieten mehr Freiraum zur Optimierung als Anfragen in Anfragealgebren, die bereits einen Ausführungsplan vorgeben. SQL-basierte Sprachen setzen sich aufgrund der Standardisierung von SQL auch für nichtrelationale Systeme durch, so daß mit einer derartigen Sprache eine höhere Akzeptanz erreicht werden könnte.

Für eine konkrete Sprachfestlegung müssen hier noch zukünftige Sprachvorschläge für Objektspezifikationssprachen und kalkülbasierte Anfragesprachen für objektorientierte Datenmodelle abgewartet werden.

Implementierung von Ereignissen durch Transaktionen

In dem vorgestelltem Objektmodell sind Ereignisse die atomaren Einheiten der Verarbeitung. Ereignisse sind unteilbar, lassen die Objektzustände in einem integren Zustand zurück, werden nicht durch gleichzeitige unabhängige andere Ereignisse beeinflußt, und ihr Effekt ist dauerhaft — mit anderen Worten, sie folgen dem klassischen Transaktionsprinzip, dem ACID-Prinzip [Reu87]:

- **A**tomicity (Ununterbrechbarkeit)
- **C**onsistency (Konsistenzerhaltung)
- **I**solation (isolierter Ablauf)
- **D**urability (Dauerhaftigkeit der Ergebnisse)

Eine Sprache zur Verfeinerung von Ereignissen muß also eine *Sprache zur Definition von Transaktionen auf einer verfeinerten Ebene* sein. Da der Verfeinerungsschritt in der Regel ein Schritt in Richtung einer konkreten Implementierung ist, kann etwa eine imperative Sprache gewählt werden, die Transaktionen mittels imperativer Sprachkonstrukte wie Sequenz, Schleife, Auswahl etc. aus Basisereignissen zusammensetzt.

In der Sprache TROLL gibt es eine Prozeßteilsprache, die die Komposition von Transaktionen aus Basisereignissen erlaubt. Jeder Ausdruck `P` der Prozeßsprache, der einen endlichen Prozeß beschreibt, kann durch die Einklammerung in Transaktionsklammern `<P>` als Transaktion erklärt werden. In TROLL stehen folgende Operatoren zur Konstruktion von Prozessen aus Ereignissen zur Verfügung [JSHS91, Abschnitt 2.4]:

- Eine Sequenz von Ereignissen bzw. Prozessen kann durch den als `->` notierten Operator der sequentiellen Komposition definiert werden, etwa in

  ```
  BezahleWare(n) -> NehmeWareEntgegen;
  ```

- Der Start eines Prozesses kann durch einen 'Wächter' (engl. *guard*) in Form einer Vorbedingung verhindert werden. Syntax und Semantik entspricht den Vorbedingungen aus Definition 3.5.11.

  ```
  { n > 0.3 * Preis } BezahleWareAn(n) -> NehmeWareEntgegen;
  ```

  Dieses Sprachmittel wird insbesondere im Zusammenhang mit dem Auswahl-Konstrukt verwendet.

- Mit dem Operator '**for each**' kann ein Prozeß für jedes Element eines mengenwertigen Terms ausgeführt werden.

  ```
  for each w in BestellteWaren
     do Bezahle(w) od;
  ```

  Die Reihenfolge der Abarbeitung für die einzelnen Elemente ist nicht festgelegt.

- Die (externe) Wahl wird syntaktisch mit dem **case**-Operator notiert:

  ```
  case BezahleWare; BringeWareZurück esac;
  ```

  In der Regel werden einzelne Alternativen durch Vorbedingungen gesichert:

```
case
   { Preis ≤ Guthaben } BezahleWare;
   { Preis > Guthaben } BringeWareZurück
esac;
```

Die Semantik des Wahloperators ist durch externe Wahl definiert: ohne Einfluß des Objekts wird eine der Alternativen gewählt, deren Vorbedingungen erfüllt ist. Eine externe Wahl wird beim Spezifizieren von Gesamtsystemen in der Regel durch die Kommunikationsbeziehungen determiniert. Optional kann nach dem Schlüsselwort **else** ein Prozeß aufgeführt werden, der nur starten kann, falls keine andere Alternative aktuell eine gültige Vorbedingung hat.

So wie der Auswahloperator bisher vorgestellt wurde, behandelt er die externe Wahl zwischen explizit deklarierten Prozessen. Als Erweiterung ermöglicht das Konstrukt **case on** auch die externe Wahl eines Parameterwertes, etwa eines Elementes aus einem mengenwertigen Term.

```
case on w in BenötigteWaren
   { Vorrätig(w) } KaufeWare(w);
esac;
```

In diesem Beispiel wird aus dem mengenwertigen Attribut `BenötigteWaren` ein Wert `w` ausgewählt, für den die Vorbedingung `Vorrätig(w)` erfüllt ist.

- Die letzte Art einen Prozeß zu konstruieren ist die (rekursive) Prozeßdeklaration zwischen den Schlüsselworten **process** und **end process**. Hierbei werden explizite Prozeßnamen vergeben, denen mittels einer Gleichung ein Prozeß zugeordnet wird (vergleiche CSP [Hoa85]). Die volle Mächtigkeit erhält dieser Mechanismus, wenn in den Prozeßgleichungen rekursive Aufrufbeziehungen erlaubt sind. Ein Beispiel für die Deklaration eines (nichtterminierenden) Prozesses ist die folgende Definition einer Uhr als Prozeß.

  ```
  process UHR = Tick -> Tack -> UHR end process;
  ```

  Ein derart deklarierter Prozeß kann nun durch seinen Namen aufgerufen werden. Prozesse können auch als parametrisiert deklariert werden, etwa um parametrisierte Ereignisse zu verfeinern.

  Bei der Definition einer *Transaktion* muß gewährleistet werden, daß ein endlicher Prozeß vorliegt — rekursive Prozeßdeklarationen sind hierbei somit besonders sorgfältig zu handhaben, da diese Eigenschaft allgemein nicht entscheidbar ist.

In der Sprache TROLL wird die Definition von Prozessen primär zur operationalen Deklaration von Objektlebensläufen eingesetzt. Analog zu Sicherheitsbedingungen und Lebendigkeitsforderungen, können dort hinter dem Schlüsselwort **patterns** Prozeßdefinitionen angegeben werden, die die Menge der erlaubten Lebensläufe einschränken.

Konzeptionell werden Ereignisse durch Transaktionen über Basisereignissen modelliert, sind also Abstraktionen spezieller endlicher Prozesse. Da Objekte in dem vorgestellten Ansatz semantischen Prozessen entsprechen, können Ereignisse äquivalent auch als Abstraktionen transienter Objekte aufgefaßt werden — das Objektparadigma "alles was kein statischer Wert ist, ist ein Objekt" ist somit durchaus verträglich mit der Integration eines allgemeinen Transaktionskonzept in Objektspezifikationen.

Implementierung von Komponenten durch Sichten

Während für die Implementierung von Attributen und Ereignissen neue bzw. erweiterte Konzepte entwickelt werden mußten, kann für die Definition von abgeleiteten Komponenten das bereits eingeführte Konzept der Objektsichten eingesetzt werden. Dies ist nicht verwunderlich — können Sichten doch als Spezialfall einer formalen Implementierung eines Objekts über einem anderen Objekt aufgefaßt werden.

Eine abgeleitete Komponente entspricht also einer lokalen Sichtdefinition in der Rolle eines Komponentenobjekts, wie sie bereits in dem Abschnitt über Sichtdefinitionen für komplexe Objekte diskutiert wurde. Da dieses Konzept somit keine neuen Konstrukte und Sprachmittel erfordert, wird an dieser Stelle auf erläuternde Beispiele verzichtet. Auch in den Beispielen der folgenden Unterabschnitte spielen Implementierungen von Komponentenstrukturen keine Rolle.

5.3.2 Beispiele und Sprachmittel

Wir beginnen die Diskussion der benötigten Sprachmittel anhand eines 'Klassikers' unter den Beispielen für formale Implementierung, nämlich mit der Implementierung eines Kellerspeichers (engl. *stack*) basierend auf einem Array und einer Zeigervariable. Das Beispiel wurde aus der Diplomarbeit von T. Hartmann [Har90] modifiziert übernommen.

Beispiel 5.3.1 Ein Kellerspeicher `Stack` für ganze Zahlen kann durch die folgende Objektsignatur und Axiome partiell beschrieben werden.

```
object Stack
   attributes
      Top: int;
      Empty: bool;
   events
      birth New;
      death Release;
      Push(int);
      Pop;
   valuation
      variables n:int;
      [New]Top=nil,
           Empty=true;
      [Push(n)]Top=n,
```

```
            Empty=false;
    permissions
        {not Empty} Pop;
        {Empty} Release;
end object Stack.
```

Aufgrund der Bekanntheit des Beispiels wurde auf eine Eindeutschung der Signatur verzichtet. Wir haben darum die üblichen englischen Bezeichnungen für Attribute und Ereignisse des *Stack*-Objekts benutzt. □

Zu beachten ist bei der Spezifikation des *Stack*-Objekts, daß die Semantik des Kellerspeichers, nämlich das Speichern von Werten nach dem Kellerprinzip, nicht vollständig beschrieben ist (und auch ohne zusätzliche Zustandsvariablen in den vorgestellten Sprachen nicht spezifiziert werden kann !)[2].

Beispiel 5.3.2 Die beiden Basisobjekte der Implementierung, der Zeiger **Zeiger** und dem Array **Speicher**, können wie folgt deklariert werden.

Das Objekt **Zeiger** realisiert eine einfache änderbare Variable vom Typ **int** beobachtbar durch das Attribut **Position**. Das Objekt **Zeiger** kann erzeugt und gelöscht werden, und das Attribut **Position** kann um 1 herauf und herunter gezählt werden (Ereignisse **ErzeugeZeiger**, **ZerstöreZeiger**, **ZähleHoch** und **ZähleRunter**).

```
object Zeiger
    attributes
        Position:int;
    events
        birth ErzeugeZeiger;
        death ZerstöreZeiger;
        ZähleHoch;
        ZähleRunter;
    valuation
        attributes n:int;
        [ErzeugeZeiger] Position=0;
        [ZähleHoch] Position=Position+1;
        [ZähleRunter] Position=Position−1;
    permissions
        {Position > 0} ZähleRunter;
end object Zeiger.
```

Das zweite Objekt **Speicher** realisiert ein änderbares Array von **integer**-Einträgen. Der Inhalt von **Speicher** ist durch den Attributgenerator **SpeicherZelle** beobachtbar. Neben dem Erzeugen und Löschen eines **Speichers** kann eine Speicherzelle mit dem Ereignis **Setze** auf einen neuen Wert gesetzt werden.

[2] Der Grund dafür ist, daß die Spezifikationsformeln der vorgestellten Sprachen auf temporaler Logik basieren, die wiederum reguläre Sprachen als Modelle beschreibt. Die Lebensläufe eines Kellerspeichers hingegen korrespondieren zu kontextfreien Sprachen. Als mögliche Erweiterung der Spezifikationssprachen um mächtigere Konstrukte werden darum in [SFSE88] Gleichungen auf Lebensläufen (engl. *trace equations*) vorgeschlagen.

```
object Speicher
  attributes
    SpeicherZelle(int):int;
  events
    birth ErzeugeSpeicher;
    death ZerstöreSpeicher;
    Setze(int,int);
  valuation
    variables p,n:int;
    [Setze(p,n)] SpeicherZelle(p)=n;
  permissions
    variables p,n:int;
    {p ≥ 0} Setze(p,n);
end object Speicher.
```

Die Speicherzellen nehmen nach der Erzeugung des Speichers alle den Wert undefiniert an. □

Beispiel 5.3.3 Die Implementierung eines Kellers `Stack` über den Basisobjekten `Zeiger` und `Speicher` kann nun wie folgt durchgeführt werden.

```
object StackImplementierung
  including Zeiger, Speicher;
  attributes
    derived Top:int;
    derived Empty:bool;
  events
    derived birth New;
    derived death Release;
    derived Push(int);
    derived Pop;
  derivation
    variables n:int;
    events
      New is < ErzeugeZeiger -> ErzeugeSpeicher >;
      Release is < ZerstöreZeiger -> ZerstöreSpeicher >;
      Push(n) is < Setze(Position,n) -> ZähleHoch >;
      Pop is < ZähleRunter >;
    attributes
      Top is SpeicherZelle(Position);
      Empty is (Position=0);
end object StackImplementierung.
```

Als letzter Schritt müssen in einer Sichtdefinition die Implementierungsdetails eingekapselt werden.

```
interface Stack
  encapsulating StackImplementierung;
  events
    New;
```

```
        Release;
        Push(int);
        Pop;
    attributes
        Top: int;
        Empty: bool;
end interface Stack.
```

Diese Sicht hat dieselbe Signatur wie die ursprüngliche abstrakte Beschreibung von Stack; die ursprünglichen Axiome können aber nicht unmittelbar in der Sichtdefinition abgeleitet werden, sondern müßten für die gegebene Implementierung explizit verifiziert werden. □

Das vorgestellte Beispiel zeigt eine Implementierungsbeziehung zwischen expliziten Einzelobjekten. Die Erweiterung auf Implementierungsbeziehungen zwischen Objekten aus mehreren Klassen geschieht auf naheliegende Art und Weise.

5.3.3 Implementierung auf Standardplattformen

Bisher haben wir die formale Implementierung von abstrakten Objekte durch andere abstrakte Objekte betrachtet. Wie sieht es aber nun mit dem praxisrelevanten Fall aus, daß abstrakte Objekte auf einer *existierenden Softwareschnittstelle*, etwa einem relationalen Datenbanksystem, ganz anderer Struktur implementiert werden sollen ?

Das Problem besteht darin, ein bereits existierenden System in eine Objektgesellschaft zu integrieren — auch wenn das System (und somit die Organisation seiner Schnittstelle) nicht dem objektorientierten Paradigma folgt. Als Resümee der Aufarbeitung von Ansätzen der konzeptionellen Modellierung von Datenbankanwendungen hatten wir gefolgert, daß Datenbanken (und auch andere Systeme) semantisch als Objekte aufgefaßt werden können — wenn auch in der Regel als sehr komplexe Objekte. Es liegt somit nahe, derartige Systeme mit einer *objektorientierten Schnittstelle einzukapseln* [HPS93].

Eine derartige Einkapselung erfordert

- die Definition einer Signatur des einzukapselnden Systems, und
- die Angabe von Axiomen zur Beschreibung (eines Teiles) der Semantik dieses Systems — soweit dies möglich ist.

Basierend auf der durch diese Signatur festgelegten Schnittstelle können dann durch formale Implementierung Objekte definiert werden, die in das zu entwerfende Objektsystem integriert werden. Dieses ist in der Regel notwendig, da die Schnittstellen von Fremdsystemen oft so komplex sind, daß eine direkte Benutzung im Entwurfsprozeß nicht empfehlenswert wäre.

Als konkretes Beispiel betrachten wir die Einbettung eines relationalen Datenbanksystems in eine Objektspezifikation. Relationale Datenbanksysteme weisen eine *generische* Schnittstelle (etwa SQL) auf, die in der Spezifikation einer konkreten Anwendung durch anwendungsspezifische Ereignisse eingekapselt werden sollte.

Soll eine relationale Datenbank durch eine objektorientierte Schnittstelle eingekapselt werden, so sind mehrere Realisierungsvarianten denkbar :

- Jedes einzelne Tupel wird als Objekt modelliert, eine Relation wird dann als Klasse realisiert. Diese Realisierung ist konzeptionell naheliegend, da Tupel von Werten oft die Liste der Zustandsattribute eines konzeptionellen Objektes repräsentieren.
- Alternativ können Relationen als Objekte modelliert werden. Typisches Ereignis eines derartigen Objekts wäre das Einfügen eines Tupels (SQL INSERT).
- Als Extremfall kann aber auch die ganze Datenbank als ein einzelnes (monolithisches) Objekt realisiert werden.

Neben diesen drei Realisierungsvarianten sind beliebige weitere Spezialfälle denkbar, etwa um einen Relationenverbund mehrerer Relationen direkt als Objekt(e) darzustellen oder Teiltupel als Objekte zu modellieren.

Die drei vorgestellten Ansätze zeigen jeweils sowohl Vor- als auch Nachteile bezüglich Modellierungs- und Implementierungseigenschaften.

- Werden Tupel als Objekte und Relationen als Klassen modelliert, erreicht man eine Modellierung von sehr feiner Strukturierung, die konzeptionelle Objekte auch an der Schnittstelle als Objekte präsentiert. Die mengenbasierte Schnittstelle der Datenbank wird allerdings praktisch auf eine Ein-Tupel-Schnittstelle beschränkt.
- Werden Relationen als Objekte dargestellt, so können mengenwertige Zugriffe auf Relationen als Ereignisse dieses Objekts modelliert werden. Dieser Ansatz unterstützt somit direkt die mengenbasierte Schnittstelle einer relationalen Datenbank.

  Alternativ dazu kann der erste Ansatz (Tupel als Objekte, Relationen als Klassen) um Klassenobjekte mit Klassenereignissen erweitert werden, um den mengenbasierten relationalen Zugriff explizit zu unterstützen.
- Wird Datenbank als ein einzelnes (monolithisches) Objekt modelliert, kann die Optimierung des Zugrifffs weiterhin vollständig durch das relationale DBMS durchgeführt werden. Als Preis dieses Vorteils ergibt sich allerdings eine unnatürlich komplexe Schnittstelle dieses Objekts.

Als Resümee läßt sich zusammenfassen, daß von der Entwurfssicht her eine möglichst feine Granularität der Schnittstelle sinnvoll erscheint, von der Systemsicht (Optimierung von mengenwertigen Zugriffen) oft ein grobe Objekteinteilung bzw.

die Deklaration von speziellen Objekten zur Unterstützung mengenorientierter Verarbeitung Vorteile verspricht.

Nach diesen allgemeinen Vorbemerkungen soll nun die Einkapselung einer relationalen Datenbank und anschließende Implementierung einer Anwendung auf dieser Datenbank anhand eines konkreten Beispiels durchgeführt werden.

Beispiel 5.3.4 Als Beispiel betrachten wir eine etwas komplexer aufgebaute Implementierung, in der eine ganze Klasse von Objekten auf der Basis eines einzelnen Basisobjekts realisiert wird. Dies korrespondiert zur zweiten Abbildungsvariante, bei der Relationen als Einzelobjekte modelliert werden.

Ziel ist die Realisierung einer Klasse `ANGEST` von Angestellten auf der Basis eines einzelnen Objekts `AngestellteRelation`, das die Daten der Klasse `ANGEST` wertebasiert in einem mengenwertigen Attribut `Angestellte` speichert. Wir beginnen mit der Definition dieses Objekts.

```
object AngestellteRelation
template
   datatypes string, date, integer;
   attributes
      Angestellte:
         set(tuple(name:string, geburtstag:date, gehalt:integer));
   events
      birth ErzeugeAngestellteRelation;
      GehaltsÄnderung(string, date, integer);
      EinfügeAngest(string, date, integer);
      LöscheAngest(string, date);
      death LöscheRelation;
   valuation
      variables n:string, b:date,s:integer;
      [ErzeugeAngestellteRelation] Angestellte = {};
      [EinfügeAngest(n,b,s)]
         Angestellte = insert(Angestellte,tuple(n,b,s));
      {in(Angestellte,tuple(n,b,s))} ==>
         [LöscheAngest(n,b)]
            Angestellte = delete(Angestellte,tuple(n,b,s));
   permissions
      variables n:string, b:date, s:integer;
      {exists(s1:integer) in(Angestellte,tuple(n,b,s1))}
         GehaltsÄnderung(n,b,s);
      { Angestellte = {} } LöscheRelation;
   interaction
      variables n:string,b:date, s:integer;
      GehaltsÄnderung(n,b,s) >>
         ⟨ LöscheAngest(n,b); EinfügeAngest(n,b,s) ⟩;
end object AngestellteRelation;
```

Das Objekt `AngestellteRelation` hat ein einziges Attribut `Angestellte` vom komplexen Typ

```
set(tuple(name:string, geburtstag:date, gehalt:integer)),
```

dessen Werte Ausprägungen einer Relation des relationalen Datenmodells entsprechen, also Mengen von flachen Tupeln einer bestimmten Kardinalität. Als (anwendungsspezifisch benannte) Basisoperationen des relationalen Models werden das Einfügen (`EinfügeAngest`), das Löschen (`LöscheAngest`) und das Ändern eines Attributs (`GehaltsÄnderung`) als Ereignisse angeboten.

Das Ereignis `ErzeugeAngestellteRelation` initialisiert die Relation mit der leeren Menge. Derartige Basisereignisse können aus einem Relationenschema mit Schlüsselangaben automatisch generiert werden, so daß ein relationales Basissystem auf diese Weise einfach in eine Objektgesellschaft integriert werden kann. □

Beispiel 5.3.5 Die Objektklasse `ANGEST_IMPL` realisiert die Implementierung einzelner Objekte auf der Basis des wertebasierten relationalen Speichers `AngestellteRelation`.

```
object class ANGEST_IMPL
identification
      data types date, string;
      AngestName : string;
      AngestGebDatum : date;
template
   including AngestelltenRelation as Angestellte;
   attributes
      derived Gehalt : integer;
   events
      birth EinstellenAngest;
      derived ErhöheGehalt(integer);
      death FeuernAngest;
   derivation
      attributes
         Gehalt is
            sum(project[gehalt]
               (select[name = AngestName and geburtstag = AngestGebDatum]
                  (Angestellte.Angestellte)))
   events
      variables n:integer;
      EinstellenAngest is
         Angestellte.EinfügeAngest(AngestName, AngestGebDatum, 0);
      FeuernAngest is
         Angestellte.LöscheAngest(self.AngestName, self.AngestGebDatum);
      ErhöheGehalt(n) is
         Angestellte.GehaltsÄnderung(AngestName, AngestGebDatum,
            self.Gehalt + n);
end object class ANGEST_IMPL;
```

Die anwendungsspezifischen Ereignisse der Klassenobjekte (die Anstellung einer Angestellten / eines Angestellten `EinstellenAngest`, Entlassung `FeuernAngest` und

Gehaltserhöhung `ErhöheGehalt`) werden durch Ereignis- bzw. Transaktionsaufruf über den relationalen Basisänderungen realisiert. Die Werte der Attribute (hier nur das Gehalt `Gehalt`) werden durch Anfragen über dem relationenwertigen Attribut `Angestellte` berechnet. □

Die Berechnung der abgeleiteten Attribute kann im Prinzip in einem beliebigen wertebasierten Anfrageformalismus erfolgen, der auf der Implementierungsbasis zur Verfügung steht und der in eine Sprache zur Objektspezifikation integriert werden kann. Hier wurde ein Ausdruck der Anfragealgebra QUAL aus [SJS91] benutzt.

Der letzte Schritt der Implementierung besteht auch hier aus einer expliziten Einkapselung durch eine Sichtdefinition auf die Implementierungsobjekte.

Beispiel 5.3.6 Das Objekt `ANGEST_IMPL` wird durch die Sichtdefinition `ANGEST` eingekapselt.

```
interface class ANGEST
encapsulating ANGEST_IMPL
        attributes
            AngestName: string;
            AngestGebDatum: date;
            Gehalt: integer;
        events
            ErhöheGehalt(integer);
            EinstellenAngest;
            FeuernAngest;
end interface class ANGEST;
```

□

Mit diesem Beispiel beschließen wir die Diskussion von Sprachmitteln zur formalen Implementierung von Objektsystemen auf Basisobjekten und Standardplattformen.

5.4 Schemaarchitektur und Modularisierung

Im Bereich der Datenbankanwendungen wurde eine standardisierte Schemaarchitektur mit Erfolg eingeführt, die eine konzeptionelle Gesamtbeschreibung einer Datenbank einerseits von Implementierungsdetails und andererseits von speziellen Anwendungssichten sauber separiert. Die Übertragung dieses Ansatzes auf Objektgesellschaften wird im folgenden Abschnitt 5.4.1 diskutiert.

Ein Objektsystem beschrieben nach der eingeführten Schemaarchitektur kann als ein Teilsystem oder Modul eines größeren Systems aufgefaßt werden, wobei die Schnittstellen durch externe Sichten definiert werden. Dieser Ansatz wird im darauf folgenden Abschnitt 5.4.2 diskutiert.

5.4.1 Schemaarchitektur für Objektgesellschaften

Ein wesentlicher Aspekt bei der Architektur von Datenbankanwendungen ist die Unterstützung der *Datenunabhängigkeit.* Datenbanken und Anwendungssysteme haben oft eine lange Lebenszeit, während derer sowohl die physische Realisierung / Speicherung als auch externe Schnittstellen aus verschiedensten Gründen modifiziert oder erweitert werden können. Das Konzept der Datenunabhängigkeit hat das Ziel, eine (oft langlebige) Datenbank von diesen notwendigen Änderungen abzukoppeln.

Die Datenunabhängigkeit kann in zwei Aspekte aufgeteilt werden:

- Die *Implementierungsunabhängigkeit* einer Datenbank bedeutet, daß die konzeptionelle Sicht auf einen Datenbestand unabhängig von der konkreten Speicherung der Daten besteht.

- *Anwendungsunabhängigkeit* hingegegen koppelt die Datenbank von Änderungen und Erweiterungen der Anwendungsschnittstellen ab.

In dem folgenden Abschnitt wird die Unterstützung der Datenunabhängigkeit im Datenbankbereich durch die 3-Ebenen-Schemaarchitektur rekapituliert und die Übertragung dieser Konzepte auf Objektsysteme diskutiert.

Schemaarchitektur für Datenbankanwendungen

Zur Unterstützung der Datenunabhängigkeit in Datenbanksystemen wurde von der 'ANSI/X3/SPARC Study Group on Database Management Systems' eine 3-Ebenen-Schemaarchitektur als Ergebnis einer mehrjährigen Studie vorgeschlagen [DAF86, TK78, LD87]. Hinter der Abkürzung ANSI verbirgt sich die amerikanische Standardisierungsbehörde 'American National Standards Institute'. Die Abbildung 5.1 zeigt die prinzipielle Schemaarchitektur nach dem ANSI-Vorschlag.

Die Schemaarchitektur teilt ein Datenbankschema in drei aufeinander aufbauende Ebenen auf. Das *interne Schema* beschreibt die systemspezifische Realisierung der Datenbank, etwa die eingerichteten Zugriffspfade. Die Beschreibung des internen Schemas ist abhängig vom verwendeten Basissystem und der von diesem angebotenen Sprachschnittstelle.

Das *konzeptionelle Schema* beinhaltet eine implementierungsunabhängige Modellierung der gesamten Datenbank in einem systemunabhängigen Datenmodell, etwa dem ER-Model oder dem relationalem Modell. Das konzeptionelle Schema beschreibt die Struktur der Datenbank vollständig.

Basierend auf dem konzeptionellem Schema können mehrere externe Schemata definiert werden, die anwendungsspezifische (Teil-) Sichten auf die gesamte Datenbank festlegen. Oft beschreiben externe Sichten einen anwendungsspezifischen Ausschnitt des konzeptionellen Schemas unter Benutzung desselben Datenmodells.

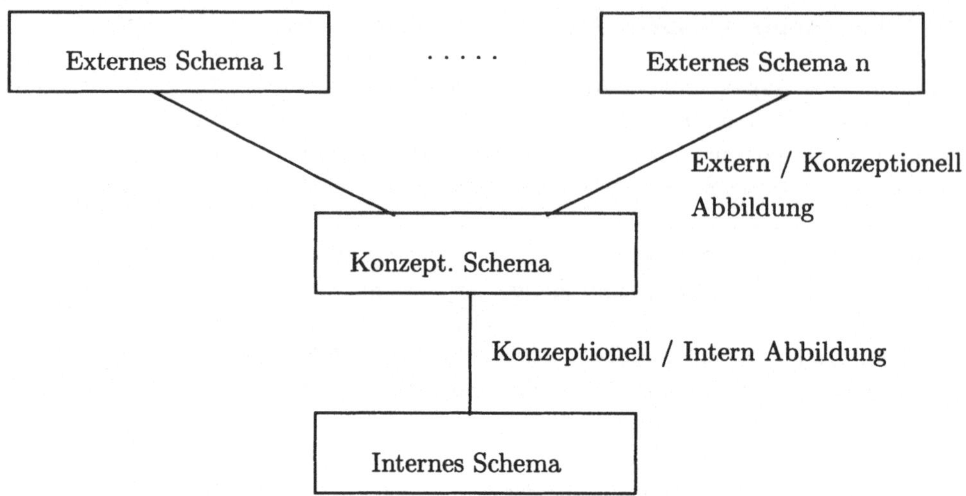

Abbildung 5.1: Schichtenarchitektur für Datenbankanwendungen

Zwischen den verschiedenen Schemaebenen werden Abbildungen festgelegt, die die Transformation von Datenbankzuständen, Anfragen und Änderungstransaktionen zwischen den Schemadarstellungen ermöglichen. Da diese Transformationen vom DBMS durchgeführt werden, müssen diese Abbildungen in einer formalen Beschreibungssprache mit festgelegter Semantik notiert werden.

3-Schichten-Architektur für Objektgesellschaften

Die im vorigen Abschnitt kurz skizzierte Idee der Schichtenarchitektur für klassische Datenbankanwendungen ist motiviert durch die Forderung nach abstrakten Schnittstellen zwischen Anwendung und persistenten Daten, die gegenüber Änderungen in beiden Richtungen stabil bleibt. Diese Motivation gilt auch für die Einbindung insbesondere persistenter, d.h. langlebiger, Objektsysteme in Anwendungssysteme. Die Fragestellung der Anforderungen an eine derartige Architektur im Zusammenhang mit Objektspezifikationen wurde in [SJE92, SJ92b] aufgeworfen.

Zur Übertragung des Schichtenmodells von Datenbankanwendungen auf Objektgesellschaften müssen Beschreibungsformalismen und -sprachen für die einzelnen Ebenen festgelegt werden und Abbildungen zwischen den Ebenen spezifiziert werden können. Dieses kann in Anlehnung an den Vorschlag von G. Saake und R. Jungclaus in [SJ92b] wie folgt erfolgen :

- Das konzeptionelle Schema beinhalt eine ***abstrakte, vollständige und formale Beschreibung*** des Gesamtsystems, und zwar sowohl der strukturellen als auch der dynamischen Aspekte — genau für diesen Zweck wurde die objektorientierte Spezifikation, etwa in der Sprache TROLL, entwickelt.

Objektorientierte Spezifikation kann somit als abstrakter Beschreibungsformalismus für die konzeptionelle Ebene eingesetzt werden.

- Basierend auf dem konzeptionellen Schema, definieren externe Sichten einen *eingeschränkten, teilweise eingekapselten Zugriff* auf das Gesamtsystem (eventuell mit Umbenennungen etc.). Wünschenswert ist hierbei ein ebenso hoher Abstraktionsgrad wie beim konzeptionellen Schema.

  Folgend den bisher vorgestellten Sprachvorschlägen, bietet es sich an, ein externes Schema als eine Ansammlung von *Objektsichten* zu definieren. Die Sichtendefinitionen legen die formalen Abbildungen zwischen externem und konzeptionellem Schema fest.

- Das interne Schema erfordert eine *implementierungsnahe Beschreibung* des realisierten Systems. Um eine formale Abbildung festlegen zu können, muß ein formaler Bezug zwischen der konzeptionellen Darstellung durch abstrakte Objekte und der Implementierung hergestellt werden.

  Eine Lösung dieses Problems ist die objektorientierte Nachspezifikation der Schnittstellen von Standardsoftwareplattformen, wie sie in Abschnitt 5.3.3 vorgestellt wurde [SJH93]. Die formale Abbildung zwischen konzeptioneller und interner Ebene erfolgt dann durch formale Implementierungen.

Als Resümee läßt sich feststellen, daß die vorgestellten Sprachmittel bereits ausreichend ausdrucksfähig sind, um eine 3-Ebenen-Architektur für Objektsysteme zu unterstützen. Wir verzichten an dieser Stelle auf die Angabe konkreter Sprachmittel zur Unterstützung einer derartigen Schemaarchitektur.

5.4.2 Modularisierung von Objektsystemen

Im folgenden Abschnitt werden verschiedene Konzepte der Strukturierung von Objektsystemen und -spezifikationen in Module diskutiert. Im Anschluß daran werden konkrete Sprachvorschläge vorgestellt.

Modularisierungskonzepte

Wir benutzen den Begriff Modularisierung in dem Sinne, daß ein komplexes System bzw. die Beschreibung eines derartigen Systems in kleinere Teilsysteme (Module) aufgeteilt wird, um eine Strukturierung des Gesamtsystems zu erreichen. Module sind eingekapselt durch Schnittstellen, und das Zusammensetzen von Modulen erfolgt durch festgelegte Operationen (etwa durch das Einbetten mittels einer Import-Deklaration). Module sind benannt (haben einen eindeutigen Namen) und können mehrfach eingesetzt werden (*shared modules*). Wir wollen also nicht beliebige willkürliche Aufteilungen als Modularisierung bezeichnen, sondern nur Aufteilungen, die diesen Anforderungen genügen, insbesondere den Anforderungen *Einkapselung*,

Einbindung in Systeme ausschließlich über festgelegte *Kompositionsoperatoren* und eindeutige Benennung.

Neben diesen Grundforderungen können wir beim Systementwurf verschiedene Konzepte von Modularisierung unterscheiden [SJE92] :

- Auf der Ebene der Entwurfsdokumente können *Spezifikationsbibliotheken* als Module angesehen werden. Dieses entspricht einer *syntaktischen Wiederverwendung von Objektbeschreibungen.* Modulzusammensetzung entspricht hierbei dem Einbinden einer Spezifikationsbibliothek in ein Spezifikationsdokument.

  Bibliotheken, syntaktische Wiederverwendung und die mit ihnen verbundenen Begriffe Parametrisierung und Instanziierung werden in einem gesonderten Abschnitt behandelt (Abschnitt 5.5).

- Der klassische Fall von Modularisierung auf der Systemebene ist die Unterstützung einer *hierarchischen Systemstruktur* durch einen Modulbaum wie sie aus modernen Programmiersprachen bekannt ist. Dieses Modularisierungskonzept unterstützt einen 'top-down' Entwurfsprozeß nach dem 'Teile-und-Herrsche'-Prinzip.

  Die hervorzuhebende Eigenschaft derart aufgebauter Systeme ist oft ein streng *hierarchischer Kontrollfluß*, der modernen Architekturen von Informationssystemen zuwiderläuft.

- Der allgemeine Fall einer Aufteilung in Teilsysteme geht von der hierarchischen Struktur und dem hierarchischem Kontrollfluß ab zugunsten einer beliebigen Anordnung kommunizierender Teilsysteme. Wir bezeichnen Teilsysteme in einem derartigen Systemaufbau als *kommunizierende Objektgesellschaften.*

  Dieser allgemeinere Ansatz erlaubt die *netzwerkartige Komposition* von Teilsystemen im Gegensatz zu der hierarchischen Zusammensetzung des klassischen Ansatzes. Insbesondere unterstützt dieser Ansatz Entwurfsprinzipien wie 'bottom-up' Entwicklung, Einbindung existierender Teilsysteme und offene Systemarchitektur besser als die klassischen Modulhierarchien.

Die Ansätze der hierarchischen und horizontalen Systemkomposition können im Gegensatz zu Spezifikationsbibliotheken als *semantische (Wieder-)Verwendung* von Objektsystemen charakterisiert werden. Auf einer höheren Strukturierungsebene entsprechen sie somit der semantischen Objektvererbung durch sichere Objektinklusion — da Objektsysteme semantisch als komplexe Objekte aufgefaßt werden können, kann die Semantik von Modulkomposition in diesen Fällen ebenfalls durch sichere Objektinklusion ausgedrückt werden! Aus diesem Grunde konzentrieren wir uns im folgenden auf syntaktische Sprachkonstrukte und verzichten auf die Übertragung der semantischen Erklärung von Objekten auf Module.

Die verschiedenen Arten der Systemkomposition aus Modulen können anhand einiger typischer Beispiele aus dem Bereich der Informationssysteme erläutert werden.

- Datenbanken werden als abgeschlossene Module von mehreren (Sub-) Systemen benutzt. Unterschiedliche Systeme haben dabei in der Regel verschiedene Sichten auf die gemeinsam benutzte Datenbank.

- Mehrere Teilsysteme greifen ebenfalls gemeinsam auf eine Systemuhr bzw. auf ein zentrales Kalendermodul zu. Im Gegensatz zu den eher passiven Datenbankmodulen können wir in diesem Fall einen aktiven Triggermechanismus haben, der zeitabhängige Systemaktivitäten steuert.

- In den letzten Jahren werden Informationssysteme als verteilte Anwendungen in einer Systemumgebung vorgeschlagen, die aus mehreren autonomen Teilsystemen (etwa Datenbanken) zusammengesetzt sind [SW91]. Die autonomen Teilsysteme unterstehen nicht einer zentralen Kontrollinstanz, sondern die Anwendung basiert auf deren Bereitschaft zur Kooperation im Rahmen ihrer Möglichkeiten. Derart *interoperable* Teilsysteme sollten sich durch einen angemessenen Modularisierungsansatz als abgeschlossene Module beschreiben lassen.

Aus diesen komplexen Anwendungssituationen können wir einige Anforderungen an die Sprachunterstützung für ein Modularisierungskonzept für Objektgesellschaften extrahieren:

- Modulen ist ein eindeutiger Name zugeordnet.

- Die eigentliche Modulrealisierung erfolgt durch die Spezifikation einer Objektgesellschaft, etwa in der Sprache TROLL.

- Ein Modul hat mehrere Exportschnittstellen folgend den Überlegungen betreffens einer Schemaarchitektur für Objektgesellschaften in Abschnitt 5.4.1.

  Exportschnittstellen bestehen aus einer Menge von Sichtdefinitionen und eventuell einer Liste exportierter Datentypen. Zu beachten ist dabei, daß einige der Ereignisse der Sichtdefinitionen als **active** gekennzeichnet sind, d.h., daß sie in der Lage sind, aktiv Ereignisse anzustoßen, nachdem die Schnittstelle in ein anderes System eingebunden ist.

- Die letzte Anforderung ist ein Sprachkonstrukt zur Einbindung einer Exportschnittstelle eines Moduls in eine andere Objektgesellschaft.

In den folgenden Absätzen wird ein rudimentärer Ansatz zur Unterstützung von Modularisierung von Objektsystemen vorgestellt, der für eine zukünftig vorzunehmende Spracherweiterung von TROLL sicher noch einmal überarbeitet werden muß und mit einer dazu passenden Entwurfsmethodik angereichert werden muß.

Modulkonzept für Objektgesellschaften

Nach den bisherigen Vorbemerkungen können wir leicht eine erweiterte Syntax für Objektgesellschaften angeben, die eine Modulstruktur bei der Systemkonstruktion unterstützen kann. In Abschnitt 5.1 wurde der allgemeine Aufbau einer Deklaration einer Objektgesellschaft wie folgt angegeben:

object society `SocietyName`
  Import von Bibliotheken;
  Datentypspezifikationen;
  Template- und Klassentypspezifikationen;
  Objekt- und Klassendeklarationen;
  Beziehungsdeklarationen;
end object society `SocietyName`.

Wir betrachten eine derartige Deklaration nun als Spezifikation eines Moduls. Die einzelnen Teile der Deklaration fassen wir im folgenden als *Modulrumpf* auf und notieren den Rumpf nach dem Schlüsselwort **society body**. Zusätzlich fügen wir noch folgende Deklarationen hinzu:

- Nach dem Schlüsselwort **society interface import** wird eine Liste von Systemschnittstellen genannt.

  Eine Systemschnittstelle wird syntaktisch als `SocietyName.InterfaceName` notiert.

- Eine Systemschnittstelle, die nach außen exportiert werden soll, wird durch das Schlüsselwort **society interface** eingeleitet. Danach folgt ein eindeutiger Name gefolgt von einer Liste von Sichtdeklarationen. Nach außen sichtbar gemacht wird dabei nur die Signatur der Objekte, nicht aber die vollständige Definition der Sichten! Optional können auch Datentypen exportiert werden.

  Die Möglichkeit, mehrere Exportschnittstellen zu deklarieren, geht über die Möglichkeiten streng hierarchischer Modularisierungskonzepte in Programmiersprachen hinaus und ist notwendig, um nicht-hierarchische Zusammensetzung und unterschiedliche externe Sichten auf ein Modul zu ermöglichen.

  Wünschenswert wäre es hier natürlich, auch Teile der Semantik zu exportieren. Die Generierung von Semantikbeschreibungen für Modulschnittstellen, bei denen die Objektgesellschaft des Modulrumpfs eingekapselt bleibt, ist allerdings nur teilweise automatisierbar und deshalb hier nicht berücksichtigt.

Zusammengefaßt kann nun eine Objektgesellschaft als Teilsystem durch ein abgeschlossenes Modul wie folgt deklariert werden:

object society `SocietyName`
  society interface `SocietyName_1`
    Liste von Sichtdeklarationen;
  end society interface `SocietyName_1`

```
...
society interface SocietyName_n
    Liste von Sichtdeklarationen;
end society interface SocietyName_n;
society body
    Import von Bibliotheken;
    society interface import Liste von Schnittstellennamen;
    Datentypspezifikationen;
    Template- und Klassentypspezifikationen;
    Objekt- und Klassendeklarationen;
    Beziehungsdeklarationen;
end society body;
end object society SocietyName.
```

Um auch offene kooperierende Systeme zu unterstützen, wird bewußt darauf verzichtet, ein spezielles Modul / Teilsystem syntaktisch als das Hauptmodul auszuzeichnen — dies muß anwendungsspezifisch festgelegt werden, falls dieses erwünscht ist, bzw. aus dem Entwurfsprozeß hervorgehen.

Wir haben bisher nur Sprachmittel zur *Spezifikation auf der konzeptionellen Ebene* betrachtet. Sollen ähnliche Sprachkonzepte zur Deklaration ausführbarer Systeme verwandt werden, so kann der Modulrumpf um eine *Initialisierung* ergänzt werden. Die Initialisierung entspricht einem Geburtsereignis einer gesamten Objektgesellschaft, das an einer der Schnittstellen bereitgestellt wird. Die Initialisierungsphase erzeugt in der Regel mehrere Objekte und startet eventuell aktive Prozesse, wie etwa eine lokale Uhr. Die Initialisierung kann im Prinzip durch ein syntaktisch ausgezeichnetes aktives Objekt erfolgen, das die Initialisierung durchführt, indem es unter anderem Objekte erzeugt und mit initialen Werten belegt.

5.5 Bibliotheken und parametrisierte Spezifikationen

Thema dieses Abschnitts ist die *Wiederverwendung von Spezifikationsteilen* und deren Unterstützung durch Sprachkonstrukte. Neben der textuellen Übernahme und unkontrollierten Verwendung existierender Spezifikationen ("copy and paste" Ansatz), die allenfalls durch ein Textverarbeitungssystem unterstützt wird, gibt es in Programmier- und Spezifikationssprachen Sprachmittel zur Unterstützung wiederverwendbarer Dokumente, die Wiederverwendung mit syntaktischen und semantischen Einschränkungen verwirklichen.

Wir werden uns im folgenden auf zwei Konzepte beschränken und diese etwas detaillierter betrachten. Der erste Ansatz betrachtet die Wiederverwendung von Objektspezifikationen durch *syntaktische Vererbung und Erweiterung*. Eine Erweiterung dieses Ansatz ist die Spezifikation *parametrisierter Objektspezifikationen und deren Instanziierung*.

Wiederverwendung von *Spezifikations*teilen ist eine syntaktische Operation —

die Diskussion der Mechanismen zur Wiederverwendung basiert also immer auf der *Typ*ebene, nicht auf der Ebene der Objekte. Wiederverwendet in diesem Sinne werden also Objektbeschreibungen und Klassentypen, nicht etwa Objekte und Klassen ! Wiederverwendung entspricht somit den Vererbungsbeziehungen vieler objektorientierter Programmiersprachen und wird als *syntaktische Vererbung* im Gegensatz zu semantischer Vererbung bezeichnet.

5.5.1 Wiederverwendbarkeit von Spezifikationen

Ein einfacher Fall syntaktischer Vererbung wurde bereits in Abschnitt 3.2.2 vorgestellt — die Wiederverwendung einer Objektbeschreibung eines existierenden Objekts zur Deklaration eines weiteren Objekts derselben Struktur :

```
object book2
   template book.template
end object book2;
```

In diesem Falle wird der gesamte Spezifikationstext unverändert 'kopiert'. Ein anderes Beispiel für Wiederverwendung von Templates wurde im Abschnitt über disjunkte komplexe Objekte vorgestellt (Abschnitt 4.5.2). Allgemein können wir verschiedene Grade und Arten syntaktischer Vererbung unterscheiden :

- Vielfach wird unter (syntaktischer) Vererbung nur die Vererbung der *Schnittstelle* verstanden, und nicht die Vererbung der Spezifikationsformeln. In diesem Fall sprechen wir von *Signaturvererbung.*
- Werden hingegen neben der Signatur auch die Spezifikationsformeln vererbt, sprechen wir von *Spezifikationsvererbung.*
- In beiden Fällen machen syntaktische Umbenennungen Sinn, sofern sie nicht zu Namenskonflikten führen. In diesem Fall wird von syntaktischer Vererbung mit *Umbenennung* gesprochen.
- Neben den beiden Extremfällen 'keine Spezifikationsformeln' und 'alle Spezifikationsformeln' sind oft selektive Auswahlen von Interesse, genannt *selektive Vererbung.* Die Selektion kann entweder durch *explizite Auswahl* oder *expliziten Ausschluß* gesteuert werden. Selektive Vererbung ermöglicht das syntaktische Überschreiben von Spezifikationsteilen.
- Natürlich macht selektive Vererbung nicht nur für die Spezifikationsvererbung, sondern auch für Signaturvererbung Sinn, indem etwa nur ein Teil der Ereignisse oder Attribute wiederverwendet werden soll.

Die nichtselektiven Vererbungsvarianten (auch mit Umbenennung) lassen sich verhältnismäßig einfach formalisieren — Signaturvererbung entspricht Signaturmorphismen, und Spezifikationsvererbung entspricht der kanonischen Übertragung von

Signaturmorphismen auf Morphismen zwischen Formeln von Logikkalkülen. Die selektiven Varianten hingegen lassen sich nur als explizite Manipulation von Formelmengen erklären.

Das folgende Beispiel zeigt den Einsatz selektiver Spezifikationsvererbung mit Umbenennung anhand einer einfachen Modellierung. Wir beschränken uns auf ein Beispiel für Templates; da oft mehrere Templates für eine neue Objektbeschreibung gemischt werden (Mehrfachspezifikationsvererbung), ist dies der praktisch interessantere Fall, da Mehrfachvererbung bei Identifikationsmechanismen von Klassentypen auch konzeptionell Schwierigkeiten aufwirft.

Beispiel 5.5.1 Wir beginnen mit der Spezifikation einer Objektbeschreibung eines Zählers, die später wiederverwendet werden soll.

```
template Zähler
   data types nat;
   attributes
      Anzahl: nat;
   events
      birth Erzeuge;
      Reset;
      Zähle;
   valuation
      [Erzeuge] Anzahl = 0;
      [Reset] Anzahl = 0;
      [Zähle] Anzahl = Anzahl +1;
end template zähler;
```

In der folgenden (unvollständigen) Objektbeschreibung eines Kontos wird der `Zähler` verwendet, um Buchungen zu zählen.

```
object Konto;
template
   extending template Zähler
      forgetting Reset
      renaming
         Anzahl as BuchungsAnzahl,
         Zähle as ZähleBuchung;
   attributes
      ...
   events
      Buchung(nat); ...
   ...
   interaction
      variables n: nat;
      Buchung(n) >> ZähleBuchung;
end object Konto;
```

Der Buchungszähler als Teil des Kontos soll nicht zurückgesetzt werden können, darum wird eine selektive Vererbung vorgenommen. Alle Spezifikationsformeln der

`Zähler`-Beschreibung, die das Ereignissymbol `Reset` enthalten, werden nicht übernommen. □

In diesem Beispiel wurden die folgenden Erweiterungen der TROLL-Syntax verwendet:

- Das Schlüsselwort **extending template** leitet das syntaktische *Einbinden* einer existierenden Objektbeschreibung ein. Ein entsprechendes Sprachkonstrukt wird für die Spezifikationsvererbung von Klassentypen benötigt.
- Mittels einer **forgetting** Anweisung kann *selektive Vererbung* erreicht werden. Diesem Schlüsselwort folgt eine Liste von Signaturelementen, die unterdrückt werden sollen.

  Selektion mit **forgetting** arbeitet rein syntaktisch auf der Ebene der Spezifikationstexte, indem bestimmte Spezifikationsformeln unterdrückt werden. Dieser Mechanismus unterscheidet dieses Sprachkonstrukt vom Einkapseln von Signaturelementen bei der Sichtdefinition (mittels **encapsulating**), bei denen im gewissen Sinne zwar der Zugriff, aber nicht die Bedeutung entfernt wird. Der Unterschied ist also, daß bei der Einkapselung durch Sichtdefinition in der Regel verborgene Attribute und Ereignisse die Bedeutung der sichtbaren beeinflussen, was bei selektiver Spezifikationsvererbung prinzipiell nicht möglich ist.

  Selektive Vererbung sollte nur mit äußerster Vorsicht eingesetzt werden, da syntaktisch Formeln gestrichen werden, die Einfluß auf die übernommenen Signaturelemente haben können — Beispiel wäre ein transitiver Ereignisaufruf über ein ausgeblendetes Ereignis. Diese Warnung gilt allerdings für die meisten Wiederverwendungsverfahren, die auf der syntaktischen Ebene arbeiten.
- Analog zur Objektinklusion können mit einer **renaming** Anweisung Signaturelemente umbenannt werden.

Die bisherigen Sprachkonstrukte erlauben die syntaktische Wiederverwendung von Objektbeschreibungen, die in dem Sinne vollständig sind, daß alle Wertebereiche und Signaturelemente bereits angegeben sind. Der folgende Abschnitt behandelt den allgemeineren Fall, daß derartige Spezifikationselemente mit Platzhaltern besetzt sind, die erst später mit konkreten Elementen instanziiert werden.

5.5.2 Parametrisierung und Instanziierung

Wir sprechen von einer *parametrisierten Spezifikation* , wenn diese Spezifikation einen oder mehrere *formale Parameter* enthält, die als Platzhalter für zu konkretisierende Spezifikationselemente dienen (etwa einem Wertebereich eines Attributs). Naturgemäß gibt es in einer komplexen Modellbildung wie der in diesem Buch vorgestellten eine ganze Reihe von Konzepten, für die ein derartiger Platzhalter stehen kann, etwa Datentypen, Klassentypen, aber auch Objekte und Klassen selber. Darum sind auch

Spezifikationsparameter *typisiert* — allerdings auf einer höheren Ebene als die bisher vorgestellten Typisierungskonzepte.

Formale Parameter parametrisierter Spezifikationen können durch konkrete Spezifikationselemente passenden Typs *instanziiert* werden. Ergebnis einer Instanziierung ist eine neue, konkretere (es müssen ja nicht alle Parameter instanziiert werden) Spezifikation — nicht etwa konkrete Instanzen, wie beim Übergang vom Typ zu Ausprägungen, bei dem oft auch von Instanziierung gesprochen wird.

Bevor wir uns konkreten Parameterarten und deren Instanziierung zuwenden, sei darauf hingewiesen, daß die Instanziierung in der Regel kein einstufiger Prozeß sein muß, sondern daß verschiedene freie Parameter sukzessive instanziiert werden können. Das Ergebnis ist in diesem Fall eine Instanziierungsfolge bis hin zu einer vollständig instanziierten Spezifikation.

Im folgenden bezeichnen wir mit Typbeschreibung sowohl Objektbeschreibungen (also Templates) als auch Klassentypdefinitionen. Unter einer *parametrisierten Typbeschreibung* verstehen wir eine Spezifikation, bei der Teile der Spezifikation durch einen formalen Parameter anstatt durch ein konkretes Konstrukt festgelegt sind. In dem vorgestellten Objektmodell können derartige freie Parameter unter anderem sein:

1. Ein — auch aus der Theorie der abstrakten Datentypen vertrauter — Typ von Parametern sind *Datentypplatzhalter*. Ein typisches Beispiel ist die Spezifikation eines Speichers von 'irgend etwas', wobei unter 'irgend etwas' Werte eines vorerst unbestimmten Datentyps zu verstehen sind.

2. Im Zusammenhang mit Datentypplatzhaltern werden oft auch Platzhalter für *Konstanten, Funktionen oder Prädikate* als Parameter festgelegt. Dabei kann der Datentyp selber festgelegt sein oder ebenfalls ein Parameter sein.

   Ein typisches Beispiel ist ein Sortierobjekt oder eine Prioritätswarteschlange, die neben einem Datentyp als Parameter eine Ordnungsrelation auf den Datenwerten benötigt.

3. So wie bei Datentypen etwa auch Funktionen als Parameter definiert sein können, macht es bei Objekten und Klassen auch Sinne, etwa für *Ereignisse, Attribute oder Komponenten* Platzhalter zu verwenden.

   Ein typisches Beispiel ist ein Ereigniszähler, der für ein vorgegebenes Parameterereignis dessen Auftreten zählt. Eine andere sinnvolle Anwendung ist ein Historie-Objekt, das Lebensläufe von Objekten protokolliert.

4. Auch *Objekte bzw. Objektklassen* (zusammen mit den zugehörigen Typbeschreibungen natürlich) Parameter sein (analog zu der Rolle von Klassen bei Komponentenkonstruktoren in Abschnitt 4.5.3). Beispiele hierfür sind etwa Objekte, die Warteschlangen oder Gruppen von Objekten verwalten. Die Klasse, aus der

diese Objekte entnommen werden dürfen, wird der Objektbeschreibung als Parameter mitgegeben. Die Komponentenkonstruktoren aus Abschnitt 4.5.3 sind in diesem Sinne vordefinierte parametrisierte Objektbeschreibungen.

Weitere Beispiele hierfür sind — neben den Komponentenkonstruktionen wie Gruppe oder Team von 'irgend etwas' — spezielle Phasenkonstruktionen ('zur Zeit gesperrt', 'persistent gespeichert', 'verkauft und noch nicht bezahlt', etc.) die unabhängig von den konkreten Objekten spezifiziert werden sollen. Auch die generischen Anfrageobjekte aus [JSS91b] fallen in diese Klasse.

Es sei nochmals darauf hingewiesen, daß die Komponentenkonstruktoren aus Abschnitt 4.5.3 als spezielle Anwendung parametrisierter Objektbeschreibungen aufgefaßt werden können. Ein formaler Rahmen für parametrisierte Objektbeschreibungen beinhaltet als Spezialfall somit auch die Möglichkeit, die Semantik für beliebige Komponentenkonstruktoren festzulegen.

5.5.3 Sprachvorschlag und Beispiele

Wir verzichten an dieser Stelle auf eine komplette Angabe einer Spracherweiterung, die die erwähnten Typen von Parametrisierungen abdecken kann, da eine derartige Spracherweiterung sich zur Zeit noch in der Diskussionsphase befindet. Statt dessen werden einige typische Beispiele in einer naheliegenden Notation angegeben.

Beispiel 5.5.2 Wir beginnen mit einem Beispiel, in dem ein Datentyp als Platzhalter dient. Wir möchten eine Objektbeschreibung beschreiben, die eine Liste von Werten eines Platzhaltertyps verwaltet, und uns eine aggregierte Information über diese Liste zur Verfügung stellt.

```
template Aggregator
   parametrized by
      data sort wert,
      data function aggregiere: wert, wert -> wert,
      data function initialerWert: -> wert;
   data types list(wert);
   attributes
      Historie: list(wert);
      AggregierterWert: wert;
   events
      birth ErzeugeAggregator;
      NeuerWert(wert);
   valuation
      variables w: wert;
      [ ErzeugeAggregator ] Historie = emptylist();
      [ ErzeugeAggregator ] AggregierterWert = initialerWert();
      [ NeuerWert(w) ] Historie = append(Historie,w);
      [ NeuerWert(w) ] AggregierterWert = aggregiere(AggregierterWert,w);
end template Aggregator;
```

Dieses Beispiel zeigt drei Sorten von formalen Parametern: Datentypen, Datenfunktionen und Datenkonstanten. Datentypen als formale Parameter dürfen auch in Datentypkonstruktoren (wie **list** oder **set**) eingesetzt werden. Eine Instanziierung des obigen Templates zu einem neuen Template kann wie folgt erfolgen:

```
template AufSummierer;
   using template Aggregator
   instantiation
      wert with integer,
      aggregiere with +: integer, integer -> integer,
      initialerWert with 0: -> integer;
end template AufSummierer;
```

Die Angabe der Signatur bei den instanziierten Funktionen ist redundant, da sie bei der semantischen Analyse aus den Datentypspezifikationen abgeleitet werden kann. Wir haben sie zur Verdeutlichung explizit aufgenommen.

Das Ergebnis der Instantiierung eines parametrisierten Templates ist hier erneut ein Template. Dies ist insbesondere dann notwendig, wenn wir nur *partiell instanziieren* wie im folgenden Beispiel.

```
template IntegerAggregator;
   using template Aggregator
   instantiation
      wert with integer,
end template IntegerAggregator;
```

Dieses neue Template kann in einem weiteren Schritt nun weiter instanziiert werden:

```
object MaximumBestimmer;
   using template IntegerAggregator
   instantiation
      aggregiere with max: integer, integer -> integer,
      initialerWert with 0: -> integer;
end object MaximumBestimmer;
```

Da alle Parameter konkretisiert sind, kann direkt ein Objekt deklariert werden (mit impliziter Templatedeklaration). Dieses Objekt bestimmt aufgrund der Spezifikation nur das positive Maximum größer 0; dies könnte durch eine geeignet modifizierte Spezifikation vermieden werden, bei der statt eines initialen Wertes eine Initialisierungsfunktion angegeben wird, die beim Auftreten von `NeuerWert` bei leerer Liste angewendet wird. □

Natürlich können wir auch bei parametrisierten Spezifikationen die Operatoren Umbenennung und selektive Spezifikationsvererbung anwenden, die im vorigen Abschnitt beschrieben wurden.

Beispiel 5.5.3 Als Beispiel für eine Parametrisierung mit einer Objektklasse betrachten wir die (teilweise) Spezifikation von Vereinen. Hierzu definieren wir uns zuerst ein parametrisiertes Template.

```
template Verein
   parametrized by class MitgliederKlasse;
   components
      Vorsitzender: MitgliederKlasse;
      Schatzmeister: MitgliederKlasse;
      Mitglieder: SET(MitgliederKlasse);
   constraints
      Vorsitzender.ID in Mitglieder.ID_SET;
      Schatzmeister.ID in Mitglieder.ID_SET;
      not (Vorsitzender.ID = Schatzmeister.ID);
      Mitglieder.COUNT > 3;
   ...
end template Verein;
```

Angenommen, Mitglieder von Sportvereinen sind tatsächlich nur Sportler, können wir nun wie folgt die Klasse von Sportvereinen deklarieren:

```
object class SPORTVEREIN
   identification ...;
   using template Verein
      instantiation MitgliederKlasse with SPORTLER;
end object class SPORTVEREIN;
```

Denkbar wäre in diesem Beispiel auch eine Spracherweiterung, die *Parameterbedingungen* an erlaubte Parameterinstanziierungen deklariert, etwa in der Form

```
parameter constraints
      MitgliederKlasse subclass of PERSON;
```

Hierfür ist zur Formalisierung allerdings eine Logik zweiter Stufe (typwertige Variablen) nötig, die über den bisherigen formalen Rahmen hinausgeht. □

Nach der Diskussion von Platzhaltern für Objekte bzw. Klassen betrachten wir nun ein Beispiel, in dem Platzhalter für *Objektbestandteile* verwendet werden.

Beispiel 5.5.4 Ein Beispiel für eine parametrisierte Spezifikation, bei der ein Ereignis als formaler Parameter übergeben wird, ist die folgende Spezifikation eines Ereigniszählers. Gezählt wird dabei die Anzahl des Eintretens eines Ereignisses im bisherigen Objektlebenslauf.

```
template EreignisZähler
   parametrized by
      data sort Bereich,
      event Ereignis (Bereich);
   attributes
      Anzahl: integer;
   constraints
      initially Anzahl = 0;
   valuation
      variables b: Bereich;
      [ Ereignis(b) ] Anzahl = Anzahl + 1;
end template EreignisZähler;
```

Instanziiert werden kann das parametrisierte Template wie folgt:

```
template Konto;
   using template EreignisZähler
   instantiation
      Bereich with integer,
      Ereignis with Buchung(integer);
   ...
   events
      Buchung(integer)
      ...
end template Konto;
```

Vom Sprachentwurf her unglücklich ist hier, daß das Ereignis, das den formalen Parameter instanziiert, hier erst syntaktisch *nach* der Instanziierungsklausel deklariert wird. Hier ist ein flexibleres Sprachkonstrukt denkbar und wünschenswert.

In obiger Templatespezifikation mußte der *Typ* des Ereignisses (also die Sorten der Parameter) explizit angegeben werden. Eine mögliche Spracherweiterung wäre die Angabe **arbitrary** bei der Typangabe wie in der folgenden abgewandelten Spezifikation.

```
template EreignisZählerAllgemein
   parametrized by
      event Ereignis: arbitrary;
   attributes
      Anzahl: integer;
   constraints
      initially Anzahl = 0;
   valuation
      variables b: Ereignis.ParameterTypListe;
      [ Ereignis(b) ] Anzahl = Anzahl + 1;
end template EreignisZählerAllgemein ;
```

Eine mögliche Instanziierung könnte dann lauten:

```
template Konto;
   using template EreignisZählerAllgemein
   instantiation
      Ereignis with Buchung(integer,string);
   ...
   events
      Buchung(Betrag: integer, BuchungsArt: string)
      ...
end template Konto;
```

Zu beachten ist hierbei allerdings, daß dieses allgemeinere Sprachkonstrukt nur sehr vorsichtig eingesetzt werden sollte, da es die strenge Typisierung von TROLL aufweicht. Deutlich wird dieses in diesem Beispiel daran, daß die Variable `b` nicht für einen Wert eines Datentyps steht, sondern für eine Liste von Werten (möglicherweise gar die leere Liste), deren Struktur erst bei der Instanziierung bekannt ist — ein

Effekt, der über das bisherige Typkonzept für Variablen weit hinausgeht. □

Zusammengefaßt wurden in den bisherigen Beispielen folgende Sprachkonstrukte neu eingeführt und informell erläutert:

- Die Angabe **parametrized by** bei einer Template- oder Objekttypdefinition markiert die entsprechende Beschreibung als parametrisiert. Auf diese Schlüsselworte folgt eine der folgenden Angaben, die den Typ des formalen Parameters bestimmt:
  - Nach den Angaben **object** bzw. **class** folgen formale Platzhalter für einzelne Objekte bzw. Klassen.
  - Platzhalter für Wertebereiche (Sorten abstrakter Datentypen) werden mit **data sort** eingeleitet. Spezialfälle von Datentypen im semantische Sinne sind einzelne Funktionen bzw. Prädikate, die mit **data function** bzw. **data predicate** eingeleitet werden.
  - Deklarationen von Platzhaltern für Signaturelemente von Objekten werden mit **event**, **attribute** oder **component** eingeleitet. Das Schlüsselwort **component** ist nur aus Orthogonalitätsgründen eingeführt worden — Komponenten als Parameter entsprechen ja Objekten als Parameter.
- Die Instanziierung von parametrisierten Spezifikationen wird mit **using template** (für Objektbeschreibungen) oder mit **using class type** (für Klassentypen) eingeleitet. Die **using**-Angabe ist eine Erweiterung der **extending**-Klausel aus Abschnitt 5.5.1; alle dort beschriebenen Sprachkonstrukte für Umbenennung und selektive Spezifikationsvererbung können auch hier eingesetzt werden.
- Die Instanziierung eines formalen Parameters erfolgt durch die Angabe
  instantiation `Parametername` **with** `konkreterParameter`,
  wobei der konkrete Parameter vom passenden Typ sein muß.
- Eine bisher nur angedachte Erweiterung ist die Angabe von Parameterbedingungen nach der Angabe **parameter constraints**, bei der neben der Einschränkung, daß der konkrete Parameter vom passenden Typ sein muß, noch weitere Bedingungen angegeben werden können, etwa daß ein Objekt ein Ereignis mit bestimmten Namen haben muß oder eine Klasse Unterklasse einer bestimmten anderen Klasse sein muß.
- Insbesondere bei Platzhaltern für Objektsignaturelemente wie Ereignissen ist die strenge Typisierung der formalen Platzhalter oft unhandlich. Die Angabe **arbitrary** weicht dieses Konzept auf, um etwa beliebige Ereignisse unterschiedlicher Stelligkeit für einen Platzhalter instanziieren zu können.

  Da derartige ungetypte Platzhalter in vielen relevanten Beispielen gebraucht werden, wurden sie trotz der Aufweichung der Typisierung hier aufgeführt.

In den vorgestellten Sprachkonstrukten ist die Einheit der Parametrisierung jeweils eine Objektbeschreibung bzw. ein Klassentyp. Sinnvoll ist es auch, Spezifikationen größerer Einheiten (Module) parametrisieren zu können. Auf eine Angabe passender Sprachmittel wird hier verzichtet. Der Effekt parametrisierter Module kann mit den vorgestellten Sprachmitteln allerdings auch durch ***parametrisierte komplexe Objektbeschreibungen*** zumindest zum Teil ausgedrückt werden.

Im Vergleich zu anderen objektorientierten Ansätzen entsprechen die in dieser Arbeit verwendeten wiederverwendbaren Klassentypen teilweise dem Konzept sogenannter ***abstrakter Klassen*** , d.h. von Klassen, die nur eine Signaturbeschreibung für Unterklassen bereitstellen, aber keine eigenen Instanzen haben.

Eine formale Semantikfestlegung von parametrisierten Spezifikation ist bisher nur auf der Ebene der Logikkalküle möglich, indem Instanziierung von Parametern durch Signaturmorphismen modelliert wird. Das Problem der Übertragung der reichhaltigen Ergebnisse aus dem Gebiet der parametrisierten abstrakten Datentypen [EGL89] wird sicher ein Schwerpunkt zukünftiger Forschungsaktivitäten im Bereich der objektorientierten Spezifikation werden.

5.6 Modellierung von aktiven Systemen

Im Gegensatz zum klassischen Datenbankentwurf haben wir es beim Entwurf von allgemeinen Informationssystemen mit ***aktiven Systemen*** zu tun — Uhren und Sensoren sind typische aktive Bestandteile eines Informationssystems. Aber auch beim Entwurf von rein reaktiven Systemen spielt die angemessene Modellierung aktiver Komponenten eine große Rolle; es soll ja nicht nur die reagierende Komponente, sondern auch der Auslöser der Reaktion beim Entwurf mitmodelliert werden.

Die Integration aktiver Komponenten in die objektorientierte Spezifikation zählt noch zu den weitgehend ungeklärten Aspekten der vorgestellten Sprachen, insbesondere die Integration von Aktivität in die modelltheoretische Semantik.

Im folgenden Abschnitt werden mehrere Aspekte der Aktivitätsmodellierung diskutiert und Sprachmittel zur Integration in TROLL vorgeschlagen. Anschließend werden typische Aktivitätsmuster anhand von Beispielmodellierungen vorgestellt.

5.6.1 Aktivität versus passive Objekte

Aktivität von Objekten umfaßt ein weites Feld von Phänomenen, die sich anhand folgender Beobachtungen klassifizieren lassen. Aktivität ist inhärent mit den Begriffen von operationalen Abläufen und Kommunikationen verbunden; die folgenden Begriffsbildungen greifen darum oft auf ein im Zusammenhang mit deskriptiven Spezifikationen ungewohntes Vokabular zurück.

- Ein Objekt kann ***aktiv*** ein Ereignis ausführen, wenn dieses Ereignis auftreten kann, ohne daß dies durch einen Ereignisaufruf erzwungen wurde. Diese

Ausführung kann als Reaktion auf äußere Einwirkung oder aus eigener Initiative erfolgen.

- Ein Objekt kann *reaktiv* in einen aktiven Zustand übergehen, wenn es, angeregt durch ein (äußeres) Ereignis, eine Folge von lokalen Ereignissen aktiv ausführt.

  Reaktive Aktivität ist eng mit den Begriffen *Transaktionsaufruf* und *Trigger* verbunden.

- Kann ein Ereignis hingegen unabhängig von äußeren Bedingungen auftreten, so sprechen wir von *spontaner Aktivität.* Spontane Aktivität hängt nicht von einer Reaktion auf äußere Ereignisse ab, kann aber von äußeren Einflüssen behindert werden.

- Spontane Aktivität kann durch langfristige Ziele bzw. *Verpflichtungen* eines Objekts gesteuert sein.

Im folgenden werden diese Aktivitätsvarianten genauer betrachtet und Sprachkonstrukte zu ihrer Spezifikation diskutiert.

Aktive versus passive Ereignisse

Während wir bei der isolierten Beschreibung von Objekten oft von Kausalität und Aktivität von Ereignissen abstrahieren, spielen diese Begriffe bei der Zusammensetzung von Objekten zu Systemen eine wichtige Rolle. Bei einem Objekt als Teil einer Objektgesellschaft können Ereignisse verschiedene Grade der Aktivität aufweisen :

- Ereignisse können vollständig *passiv* sein, d.h. sie können nur auftreten, falls sie von einem anderen Ereignis aufgerufen werden.

  Typische Beispiele sind Änderungsereignisse für (passive) Datenbankobjekte.

- Ereignisse können *reaktiv aktiviert* sein, d.h. sie können aktiv eintreten während einer Phase reaktiver Aktivität. Außerhalb dieser Phase sind diese Ereignisse passiv.

  Beispiel hierfür sind Datenbankänderungsereignisse im Rahmen einer Transaktionsausführung. Eine Transaktion wird hierbei als eine aktive, nicht unterbrechbare Phase eines Objektes aufgefaßt, die als Reaktion auf einen Transaktionsaufruf gestartet wird.

- *Spontan aktive* Ereignisse können jederzeit spontan eintreten (sofern ihre Sicherheitsbedingungen erfüllt sind).

  Beispiel sind das Ticken `tick` einer Uhr, das Ausleihen eines Buches durch einen Bibliotheksbenutzer oder die Aktivierung eines autonomen Speicherbereinigungsobjekts.

- Nicht vergessen werden sollten Ereignisse, bei denen der Aktivitätsgrad während einer Entwurfsphase *noch unbekannt* ist. Dieser Fall tritt insbesondere in frühen Entwurfsphasen auf.

In der Sprache TROLL werden (spontan) aktive Ereignisse mit dem Schlüsselwort **active** in der Signaturfestlegung deklariert. Die anderen drei Fälle werden syntaktisch nicht unterschieden — reaktive Aktivität ergibt sich implizit aus der Restspezifikation, und Ereignisse die nicht mit **active** gekennzeichnet sind, werden je nach Status des Spezifikationsdokuments als passiv oder als von unbekanntem Aktivitätsgrad behandelt.

Beispiel 5.6.1 Die Aktivitätsgrade der Ereignisse eines einfachen Stoppuhrobjekts können wie folgt deklariert werden.

```
object SpontanAktiveStoppuhr
template
   attributes
      Zeit: integer;
   events
      birth Create;
      active Tick;
      Reset;
   valuation
      [Create] Zeit = 0;
      [Reset] Zeit = 0;
      [Tick] Zeit = Zeit + 1;
end object SpontanAktiveStoppuhr;
```

Während das Ticken der Uhr dem Konzept der spontanen Aktivität entspricht, kann das Zurücksetzen nur passiv, etwa durch einen Ereignisaufruf von außen, erfolgen. In diesem Beispiel ist nur spontane Aktivität modelliert — diese Uhr *darf* ticken, muß aber nicht! □

Reaktive Aktivität

Unter *reaktiver Aktivität* verstehen wir das aktive Ausführen von Ereignissen bzw. Ereignisprozessen gestartet durch ein anderes Ereignis, oft *Trigger* genannt.

Reaktive Aktivität wird oft eher der Ausführungszeit zugerechnet, da sie als Konsequenz ein prozedurales Ausführungsmodell impliziert. Oft müssen aber mehr oder weniger prozedurale Reaktionen bereits auf der Ebene des konzeptionellen Entwurfs modelliert werden. Wir unterscheiden drei Arten der reaktiven Aktivität:

- Das *synchrone Erzwingen* von Ereignissen ist adäquat durch Ereignisaufruf mittels des **interaction** Konstrukts ermöglicht (Abschnitt 4.2).
- Eine Erweiterung des Ereignisaufrufs ist der *Aufruf von Transaktionen*. Semantisch entspricht dies dem Aufruf eines Ereignisses, das formal durch eine Transaktion implementiert wird (vergl. Abschnitt 5.3).

Für den Transaktionsaufruf wird hier kein explizites Sprachmittel eingeführt, da er oft als Spezialfall des folgenden Konzepts eines Prozeßaufrufs aufgefaßt werden kann.

- Die ersten beiden Sprachmittel erzwingen eine Synchronisation des aktivierenden Ereignisses mit der Reaktion, sei es durch synchronen Ereignisaufruf oder sei es durch die Erzwingung der Transaktionseigenschaft. Das Konzept des *Prozeßaufrufs* ermöglicht den Übergang in eine reaktive Phase, in der ein Prozeß aktiv ausgeführt wird, ohne daß das Ende des aktiven Prozesses mit dem aufrufenden Ereignis synchronisiert wird. Aufgerufene Prozesse können sich mit anderen Prozessen überlagern (kein Transaktionsprinzip) und brauchen nicht zu terminieren. Es besteht eine konzeptionelle Verwandtschaft zu Aufrufketten von Triggern in aktiven Datenbanken.

  Als Sprachmittel für aufgerufene Prozesse führen wir eine explizite Deklaration nach dem Schlüsselwort **process calling** ein (siehe folgende Definition und Beispiele).

Im folgenden konzentrieren wir uns auf das Prinzip des Prozeßaufrufs als neuem Konzept in der objektorientierten Spezifikation.

Definition 5.6.2 Ein *Prozeßaufruf* wird wie folgt notiert:

```
process calling
    Variablen- und Prozeßdeklarationen;
    Ereignisterm >> Prozeßterm;
```

Auch bedingter Prozeßaufruf ist möglich:

```
process calling
    Variablen- und Prozeßdeklarationen;
    { Bedingung } ==> Ereignisterm >> Prozeßterm;
```

Alle drei Terme können freie Variablen enthalten, die wie üblich als allquantifiziert behandelt werden. Ein Prozeßterm kann ein explizit deklarierter Prozeß sein (begrenzt durch **process** und **end process**) in der in Abschnitt 5.3.1 beschriebenen Prozeßbeschreibungssprache oder ein Name eines bereits deklarierten Prozesses. □

Semantisch bedeutet ein Prozeßaufruf den Eintritt in eine aktive Phase, d.h., das Objekt versucht aktiv den deklarierten Prozeß ablaufen zu lassen. Obwohl das Konzept von aktiven Objektphasen eine intuitive operationale Semantik hat, ist es in den bisher diskutierten semantischen Modellen nicht ausdrückbar. Ein erster Ansatz in diese Richtung bilden die Prozeßmodelle für *Objekte mit Initiativen*, die in [ES90] diskutiert werden.

Beispiel 5.6.3 Wir modifizieren das Beispiel 5.6.1 derart, daß mit einem Ereignis `Aktiviere` eine aktive Phase eingeleitet wird, in der ein (potentiell unendlicher) Prozeß `LAUFE` bestehend aus `Ticks` abläuft.

```
object ReaktiveStoppuhr
template
```

```
   attributes
      Zeit: integer;
   events
      birth Create;
      Aktiviere;
      Tick;
      Reset;
   valuation
      [Create] Zeit = 0;
      [Reset] Zeit = 0;
      [Tick] Zeit = Zeit + 1;
   permissions
      { not (sometime after(Reset)
         since last after(Aktiviere) ) } Tick;
   process calling
      process LAUFE = Tick -> LAUFE end process;
      Aktiviere >> LAUFE;
end object ReaktiveStoppuhr;
```

Man beachte bei diesem Beispiel, daß hier ein unendlicher aktiver Prozeß definiert wird, obwohl nur bis zum `Reset` gezählt werden soll. Hier wird dieser Effekt durch eine Sicherheitsbedingung, die den laufenden Prozeß unterbricht, gesichert. Eleganter wäre ein expliziter Abbruch in der Prozeßdefinition mittels einer geeigneten Auswahlbedingung (**case**-Operator). □

Ein weiteres Beispiel für Objekte mit reaktiver Aktivität wird im folgenden Abschnitt 5.6.2 in der Beispielspezifikation 5.6.5 angegeben.

Objekte mit Selbstinitiative

Die bisherigen Sprachkonzepte ermöglichten die Modellierung von spontaner Aktivität, wie man sie etwa von Sensoren oder (abstrahierten) menschlichen Benutzern erwartet, und von reaktiver Aktivität, wie sie typische Systemkomponenten als Reaktion auf Ereignisaufrufe zeigen. Spontane Aktivität ist syntaktisch an die Ereignisdeklaration gekoppelt, sie ist somit alleine nicht geeignet, Objekte mit *"Eigeninitiative"* zu modellieren, die ohne Anstoß von außen zielgerichtet langfristig Prozesse ablaufen lassen oder kurzfristig versuchen, Verpflichtungen einzuhalten.

Selbstinitiative taucht weniger bei der Beschreibung von zu entwerfenden Systemkomponenten auf, sondern sie tritt eher zur Modellierungszeit bei der Beschreibung des betrachteten Weltausschnitts und seiner Schnittstelle zum geplantem System auf. Als Folge davon wird sie eher deklarativ als operational beschrieben. Ähnlich wie bei der Reaktivität beim Prozeßaufruf können etwa Sicherheitsbedingungen die Erfüllung von Zielen verhindern. Ein typisches Beispiel hierfür ist die Modellierung von Bibliotheksbenutzern, die die Initiative zur Rückgabe von ausgeliehenen Büchern haben, aber — wie die Realität zeigt — dieses Initiativziel nicht immer erfüllen.

In der Sprache TROLL ist ein Sprachkonzept vorgesehen, das es ermöglicht, bei spontan aktive Objekten *Selbstverpflichtungen* nach dem Schlüsselwort **commitments** anzugeben. Dabei wurde eine deskriptive Angabe von Selbstverpflichtungen gewählt, die syntaktisch der Angabe von Verpflichtungen nach **obligations** entspricht (Definition 3.5.13, Seite 79). Selbstverpflichtungen sind dabei deskriptiv beschriebene Ziele, die ein Objekt mittels spontan aktiver Ereignisse zu erreichen versucht (ohne den Weg zum Ziel zu kennen — eine Operationalisierung von deskriptiv beschriebenen Selbstverpflichtungen erfordert also zuerst das Erstellen eines Planes!).

Beispiel 5.6.4 Ein sehr einfaches Beispiel für eine Selbstverpflichtung ist die bereits erwähnte Selbstverpflichtung von Bibliotheksbenutzern, ausgeliehene Bücher nach einer Mahnung auch zurückzugeben. Wir geben im wesentlichen nur die eigentliche Verpflichtungsdeklaration an.

```
events
    ...
    active LeiheAus(Buch: |BOOK|);
    active GebeZurück(Buch: |BOOK|);
  ...
commitments
    variables b : |BOOK|
    { after(EmpfangeMahnung(b)) } ==> GebeZurück(b);
```

Analog zu Verpflichtungen können wir verschiedene Typen von Selbstverpflichtungen unterscheiden. Hier haben wir es mit einer *bedingten* Selbstverpflichtung zu tun in Analogie zu einer bedingten Verpflichtung. □

Ein weiteres Beispiel für Verpflichtungen zur Eigeninitiative kann in der Beispielspezifikation 5.6.7 im folgenden Unterabschnitt gefunden werden.

Denkbar sind auch operationale Sprachmittel zur Deklaration von Selbstinitiative, etwa angelehnt an den Sprachvorschlag für Prozeßaufrufe. Objekte mit operationaler Selbstinitiative können auch mittels reaktiver Aktivität spezifiziert werden, indem etwa das Geburtsereignis oder ein spontan aktives Ereignis einen (unendlichen) aktiven Prozeß aufruft, der über Sicherheitsbedingungen gesteuert wird. Im gewissen Sinne sind Objekte mit Selbstinitiative dann reaktive Objekte, die sich selbst aktivieren.

5.6.2 Skripte und Benutzerschnittstellen als Objekte

Sogenannte *Skripte*, also langfristige Berechnungs- und Abarbeitungsvorgänge, und *Benutzerschnittstellen*[3] sind typische Beispiele für Systemkomponenten, bei deren Modellierung Aktivität, kausale Abfolgen und Reaktionen auf spontane Ereignisse eine wichtige Rolle spielen. Im folgenden werden die Konzepte dieser Modellierungen

[3]Wir sprechen der Kürze halber von Benutzern, Benutzerschnittstellen und abstrakten Benutzern, auch wenn natürlich immer z.B. Schnittstellen für Benutzer *und Benutzerinnen* gemeint sind.

und deren Integration in die objektorientierte Spezifikation anhand von einfachen Beispielen diskutiert.

Skripte als Objekte

In Abschnitt 2.3.5 wurde anhand des Beispiels einer Flugbuchung in Abbildung 2.4 (Seite 36) motiviert, daß ein wichtiger Bestandteil des Entwurfs von Informationssystemen die Modellierung von komplexen interaktiven *Abläufen* ist. Derartige Abläufe betreffen in der Regel mehrere Teilsysteme und werden interaktiv gesteuert. Wir bezeichnen derartige Abläufe im folgenden als Ablaufskripte oder kurz als *Skripte*.

Skripte zeichnen sich in der Regel durch *reaktive Aktivität* als Reaktion auf steuernde Eingaben von spontan aktiven Benutzern aus.

Wir betrachten auch in diesem Abschnitt das (vereinfachte) Beispiel einer Flugbuchung im ConTract-Modell angelehnt an Abbildung 2.4. Um das folgende Beispiel ohne Zurückblättern verständlich erläutern zu können, bilden wir die graphische Darstellung des Skripts hier erneut ab (Abbildung 5.2).

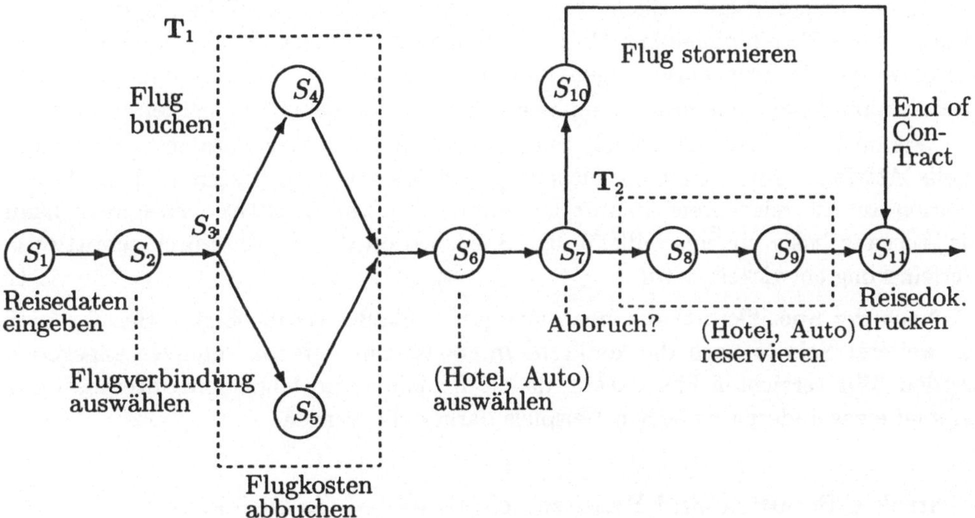

Abbildung 5.2: Ablaufspezifikation im ConTract-Modell (wie Abbildung 2.4).

Beispiel 5.6.5 Das Ablaufskript der Flugbuchung kann wie folgt in TROLL spezifiziert werden. Wir gehen davon aus, daß die einzelnen Aktionen (S_1 bis S_{11}) unter einem selbsterklärenden Namen als Ereignisse spezifiziert wurden. In einer realistischen Modellierung würden diese Ereignisse dann durch Transaktionen verfeinert.

```
object Flugbuchung
template
    events
```

```
      birth StarteBuchung;
      FlugBuchungUndAbbuchung;
      .../* Aktionen S1 bis S11 */
   calling
      FlugBuchungUndAbbuchung >> FlugBuchen;
      FlugBuchungUndAbbuchung >> FlugKostenAbbuchen;
   process calling
      StarteBuchung >>
         process
            EingabeReisedaten(...) -> WahlFlugverbindung ->
            FlugBuchungUndAbbuchung -> HotelAutoAusWählen ->
            case
               Abbruch(true) -> FlugStornieren;
               Abbruch(false) -> < HotelReservieren -> AutoReservieren >
            esac
         end process -> ReiseDokumenteDrucken
end object Flugbuchung;
```

Da die Prozeßteilsprache von TROLL keinen expliziten Parallelitätsoperator kennt, wurde der entsprechende Effekt hier mit einem neuen zusätzlichen Synchronisierungsereignis `FlugBuchungUndAbbuchung` und zwei Ereignisaufrufen modelliert. Dieses erzwingt die Transaktionseigenschaft der Transaktion $\mathbf{T}_1$, während die zweite Transaktion $\mathbf{T}_2$ explizit (mit < und >) als Transaktion deklariert werden muß.

Wie auch im Originalbeispiel, wurden hier die konkreten Parameter und eventuelle Attribute zur Zwischenspeicherung von Werten weggelassen und die Spezifikation auf die relevanten Abläufe beschränkt. Dieses Spezifikationsfragment kann als Ausgangsbasis für eine vollständige Spezifikation dienen, die durch schrittweise Verfeinerung entwickelt wird. □

Nach der Spezifikation der beabsichtigten Abläufe wie in obigem Beispiel muß als weiterer Schritt noch die konkrete *Interaktion* mit einem Benutzer angegeben werden. Wir verzichten hier darauf, da die Prinzipien im folgenden Unterabschnitt anhand eines anderen einfachen Beispiels dargestellt werden.

Abstrakte Benutzer und Benutzerschnittstellen als Objekte

Die Modellierung von Benutzerschnittstellen ist an der Schnittstelle zwischen implementiertem System und der Außenwelt angesiedelt — diese Schnittstelle wird ja durch die Benutzerschnittstellendefinition formalisiert. Die objektorientierte Spezifikation hat den Anspruch, beide Aspekte dieser Schnittstelle formal zu definieren,

- die *Schnittstelle* selber als Systemkomponente,
- und den Benutzer aus der Außenwelt, d.h. natürlich nur eine *Abstraktion eines echten Benutzers.*

Sowohl die Eingabeschnittstellen als auch der abstrakte Benutzer können sowohl spontane als auch reaktive Aktivität zeigen — in den meisten Anwendungen wird die spontane Aktivität jedoch wohl beim Benutzer und die reaktive Aktivität bei der Systemschnittstelle zu finden sein.

Beginnen wir mit der Modellierung von Schnittstellen als Systemkomponenten. Übliche Modellierungen von derartigen Schnittstellen setzen etwa Zustandsgraphen als Modellierungsprinzip ein [Den91]. Ein Beispiel von Benutzerschnittstellen als Zustandsgraph (dort Interaktionsdiagramm genannt) kann in Abbildung 5.3 gefunden werden (angelehnt an das Beispiel in [Den91, Seite 130]).

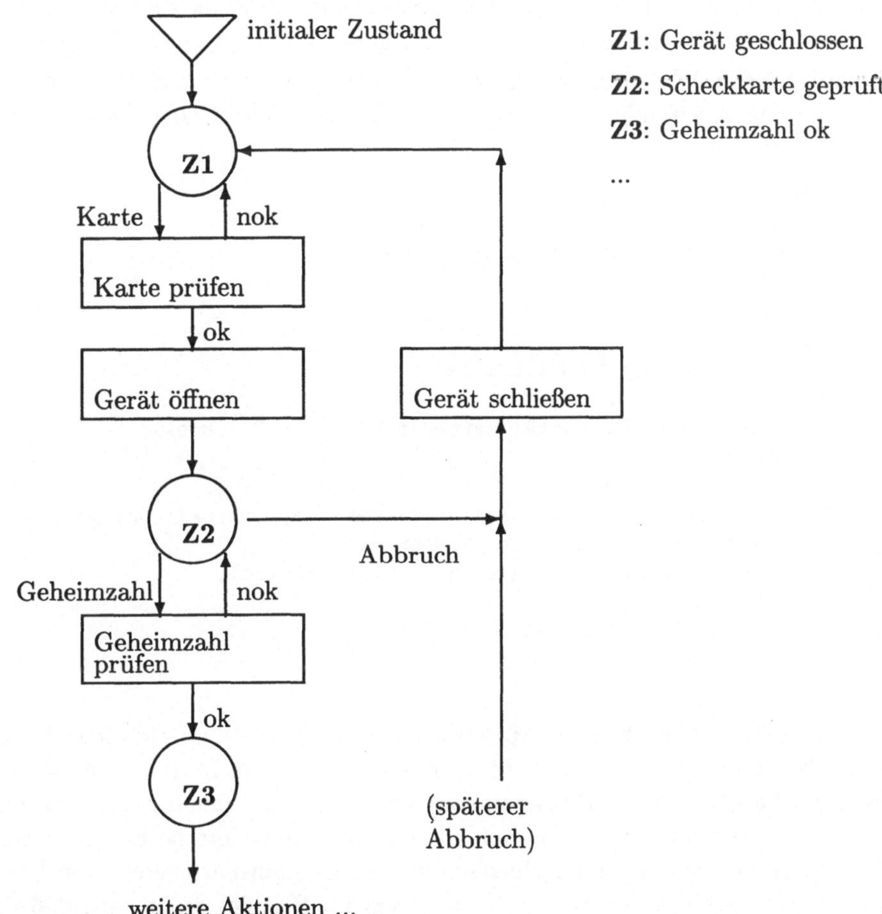

Abbildung 5.3: Zustandsgraph einer Benutzerschnittstelle (nach [Den91]).

Der Beispielgraph modelliert Teile des Eingabeverhaltens eines Geldausgabeautomaten. Das Dreieck bezeichnet dabei den initialen Zustand. Kreise entsprechen

Zuständen des Zustandsgraphen (hier mit **Z1** bis **Z3** bezeichnet). Pfeile entsprechen Zustandsübergängen eventuell gesteuert durch Eingaben (genannt virtuelle Tasten, hier etwa der Eingabe einer 'Geheimzahl'), während Rechtecke (aufgerufenen) Aktionen entsprechen. Die Aktivitäten nach der Prüfung der Geheimzahl (Geldauszahlung, Drucken des Kontostandes, etc.) wurden der Einfachheit halber weggelassen.

Zustandsgraphen korrespondieren zu deterministischen Prozessen; somit liegt es nahe, derartige Zustandsgraphen direkt als Objekte zu kodieren. In den folgenden Beispielen wird erst eine Benutzerschnittstelle eines Geldautomatens mit einer aktiven Phase, nämlich einer Automatenbedienung entsprechend einer Bildschirmsitzung, modelliert und anschließend in den folgenden Beispielspezifikationen ein abstrakter Benutzer und seine Kommunikation mit dieser Schnittstelle beschrieben.

Beispiel 5.6.6 Wir beginnen mit der Spezifikation der Benutzerschnittstelle angelehnt an das in Abbildung 5.3 dargestellte Beispiel. Zuerst geben wir nur einen Teil der Signatur an.

```
object GASchnittstelle
template
   data types KartenInfo, ZiffernFolge;
   attributes
      Zustand: { Z1, Z2, Z3, ...};
   events
      birth ErzeugeSchnittstelle;
      AktiviereSchnittstelle;
      KartePrüfen(in Karte: karteninfo, out ok? : bool);
      GerätÖffnen;
      GerätSchließen;
      GeheimzahlPrüfen(in Zahl: ZiffernFolge, out ok?: bool);
      KarteAnnehmen(in Karte: karteninfo);
      GeheimzahlEingegeben(in Zahl: ZiffernFolge);
      Abbruch;
      AbbruchTasteGedrückt;
      AbbruchAkzeptiert;
      ...
```

Wir unterbrechen hier die Spezifikation des Objekts, um auf einen Unterschied zum Übergangsautomaten in Abbildung 5.3 hinzuweisen: In der Objektspezifikation werden Übergänge durch Eingaben von außen, also vom Benutzer, als passive Ereignisse modelliert und damit von den Übergängen durch interne Entscheidungen (im Beispiel ok versus nok) unterschieden, die hier Ergebnisparametern von Ereignissen oder Attributwerten entsprechen. Wir gehen im Beispiel davon aus, daß die Werte des `ok?` Parameters durch eine Anfrage (per Ereignisaufruf) bei einem anderen Objekt gesetzt werden, die hier nicht weiter ausspezifiziert wird.

```
   valuation
      variables z: ZiffernFolge;
      [AktiviereSchnittstelle] Zustand = Z1;
```

```
        [GerätÖffnen] Zustand = Z2;
        [GerätSchließen] Zustand = Z1;
        [GeheimzahlPrüfen(z,true)] Zustand = Z3;
        ...
    behavior
        permissions
            { Zustand = Z1 } KartePrüfen(k,b);
            ...
```

Bisher haben wir die Verwaltung der Zustandsinformation und ihren direkten Einfluß auf erlaubte Objektlebensläufe spezifiziert. Die eigentliche, fest vorgegebene Abarbeitung wird durch Ereignisaufruf in der `GASchnittstelle` gesteuert. Zusätzlich sollte auch eine aktive Phase eingeleitet werden, um ein garantiertes Ende der Sitzung (etwa nach einer bestimmten Zeitspanne ohne Benutzerinteraktion) zu erzwingen. Darauf wurde hier verzichtet, da dieses in dem Originalbeispiel in Abbildung 5.3 nicht modelliert war (und auch im dort verwendeten Formalismus nur auf einer Metaebene formulierbar wäre). Die reaktive Aktivität wird durch Ereignis- und Prozeßaufruf modelliert.

```
        interaction
            KartePrüfen(k,true) >> GerätÖffnen;
            ...
        process calling
            Abbruch >>
                process GerätSchließen -> AbbruchAkzeptiert end process;
        ...
end object GASchnittstelle;
```

Natürlich hätten wir in einer realistischen Anwendung eine Klasse von Geldautomatschnittstellen spezifiziert anstatt wie hier ein einzelnes Objekt. □

Dieses Beispiel zeigt, daß Objektspezifikationen von Schnittstellen sich (halb-) automatisch aus Zustandsgraphen generieren lassen. Die erhaltenen Spezifikationen sehen allerdings nicht besonders gut lesbar aus; man sollte aber bedenken, daß auch Objektspezifikationen graphisch (und damit besser übersehbar) dargestellt werden können, und daß die Stärke der Objektspezifikation bei deskriptiven Beschreibungen und nicht bei der Umsetzung von operationalen Vorgaben liegt.

Beispiel 5.6.7 (Fortsetzung von Beispiel 5.6.6) Nach der Spezifikation der Schnittstelle des Geldautomatens deklarieren wir jetzt eine spezielle Rolle von Personen, nämlich Personen in der Rolle eines `GeldAutomatBenutzers`.

```
object class GeldAutomatBenutzer
role of PERSON;
template
    data types KartenInfo, ZiffernFolge, TastenSymbole;
    attributes
        Karte: KartenInfo;
        GeheimZahl: ZiffernFolge;
```

```
events
   birth active StarteGeldAbheben;
   active SchiebeKarteInSchlitz(out KartenInfo);
   active GebeZiffernfolgeEin(out ZiffernFolge);
   active DrückeTaste(Tastensymbole);
   ...
   EmpfangeAbbruchBestätigung;
   EmpfangeGeld;
   death active BeendeSitzung;
permissions
   { sometime(after(EmpfangeAbbruchBestätigung)
         or after(EmpfangeGeld) } BeendeSitzung;
commitments
   BeendeSitzung;
process calling
   StarteGeldAbheben >>
      process
         SchiebeKarteInSchlitz(Karte) ->
         case
            GebeZiffernfolgeEin(GeheimZahl);
            DrückeTaste(Abbruch)
         esac;
      end process
end object class GeldAutomatBenutzer;
```

Die Tastenfolge `Abbruch` bezeichnet hier ein Konstantensymbol des Datentyps `TastenSymbole`, der die Tastenbeschriftungen der einzelnen Tasten des Geldautomaten als Werte enthält. Die vom Benutzer erwarteten Tätigkeiten werden als aktiver Prozeß modelliert, der vom Benutzer selbst initiiert wird. Die Prozeßdefinition erfolgt in der in Abschnitt 5.3 vorgestellten Prozeßdefinitionssprache.

Ein Benutzer hat die Verpflichtung (sich selbst gegenüber), die Bedienung des Geldautomaten zu beenden — er muß dazu aber eine Reaktion des Automaten abwarten, entweder die Herausgabe des Geldes oder die Meldung, daß der Automat einen Abbruch akzeptiert (wer würde auch einen Geldautomaten verlassen, solange noch Geld zu erwarten ist...).

Spezifikationsteile, die zum Verständnis der Modellierung des Benutzerverhaltens nicht unbedingt notwendig sind, wurden hier weggelassen — so etwa die Manipulation der Attributwerte etc. □

Bereits bei diesem einfachen Beispiel zeigt sich ein Vorteil der Benutzung von Objektspezifikationen gegenüber einfachen Zustandsdiagrammen. Objektspezifikationen können auch auf die Sprachmittel allgemeiner Beschreibungsformalismen zurückgreifen; so könnte etwa mittels eines Attributs die Anzahl der Fehlversuche bei der Eingabe der Geheimzahl bestimmt werden und gegebenenfalls eine Reaktion (etwa Abbruch) bei zu hoher Anzahl (etwa > 3) ausgelöst werden. Bei Zustandsdiagrammen müßte der entsprechende Teilgraph mit dem Zustand **Z2** hierbei dreimal kopiert werden, um das Hochzählen zu realisieren [Den91].

Die Interaktion zwischen dem Geldautomaten und der Benutzerrolle wird in Form einer Beziehung etabliert, um den Kommunikationsvorgang konzeptionell von den betroffenen Objekten zu trennen [JHS93]. Eine derartige Trennung erhöht unter anderem den Grad der Wiederverwendbarkeit der beteiligten Objekte und die Implementierungsunabhängigkeit der Modellierung.

Beispiel 5.6.8 (Fortsetzung von Beispiel 5.6.6 und 5.6.7) Als letzter (unvollständiger) Teil der Spezifikation der Interaktion zwischen Geldautomaten und Kunden wird eine Beziehung definiert, die den Ereignisaufruf zwischen beiden steuert.

```
relationship GeldAutomatBenutzung
   between GeldAutomatBenutzer G, GASchnittstelle GAS;
   variables gz: ZiffernFolge, ki: KartenInfo;
   calling
      G.SchiebeKarteInSchlitz(ki) >> GAS.KarteAnnehmen(ki);
      G.GebeZiffernfolgeEin(gz) >> GAS.GeheimzahlEingegeben(gz);
      G.DrückeTaste(Abbruch) >> GAS.AbbruchTasteGedrückt;
      GAS.AbbruchAkzeptiert >> G.EmpfangeAbbruchBestätigung;
      ...
relationship GeldAutomatBenutzung;
```

In diesem Beispiel besteht die Interaktion aus unbedingten Ereignisaufrufen. Allgemein können hier natürlich auch komplexere Interaktionsmuster und Integritätsbedingungen auftreten. □

Ziel des Schnittstellenbeispiels war es, zu zeigen, daß auch interaktive Bestandteile eines Informationssystems mittels der ursprünglich für den Entwurf persistenter dynamischer Objekte und deren zeitlichen Verhaltens entworfenen Spezifikationssprache TROLL modelliert werden können. In diesem Teilgebiet fehlen allerdings noch eine Entwurfsmethodik für den Schnittstellenentwurf und deren Validierung anhand realistischer Anwendungen. Auch der Bezug zu anderen Verfahren der Schnittstellenmodellierung, die nicht auf Übergangsautomaten basieren, muß sicher noch eingehender untersucht werden. Eine ausführlichere Diskussion der Modellierung von Benutzerschnittstellen in TROLL und eine alternative Realisierung des obigen Beispiels kann in [SHJ93] gefunden werden.

Literaturhinweise

Der Begriff der Sichten im in dieser Arbeit benutzten Sinne stammt aus dem Bereich der Strukturierung von Datenbankschemata und den dafür eingesetzten Datenbanksichten (*views*) [Dat90, Ull88, Vos91]. Der strukturelle Anteil der hier vorgestellten Sichtkonzepte entspricht den Vorschlägen für Sichten in objektorientierten Datenmodellen [Day89, SLT91], bei denen allerdings der dynamische Anteil (etwa abgeleitete Ereignisse) nicht berücksichtigt wird.

Konzepte der Verfeinerung und schrittweisen Implementierung sind gut untersuchte Prinzipien im formalen Softwareentwurf. Im Bereich der abstrakten Datentypen können entsprechende Formalismen in [EKMP82, EGL89, EM85, EM90] gefunden werden. [TM87] diskutiert die zugrundeliegenden Ideen für allgemeine logikbasierte Spezifikationstechniken. H.-D. Ehrich und A. Sernadas [ES90, SE91] motivieren die Integration dieser Prinzipien in die objektorientierte Spezifikation.

Das Konzept einer standardisierten Schemaarchitektur für Datenbankanwendungen ist im deutschsprachigen Beitrag von P.C. Lockemann und K. Dittrich im Datenbankhandbuch beschrieben worden [LD87]. Originalliteratur zu diesem Thema bieten die Artikel [DAF86, TK78]. Die Übertragung auf Objektspezifikationen wird in [SJE92, SJ92b] diskutiert.

Auch Modulkonzepte für die Software-Entwicklung sind ein wichtiges Konzept des Software Engineering, und darum ausführlich in verschiedenen Lehrbüchern behandelt [TM87, GJM91]. Der wohl wichtigste frühe Grundlagenartikel zu diesem Thema, in dem der Begriff der Modularisierung von Software geprägt wurde, stammt von D. L. Parnas [Par72]. Formale Modulkonzepte, insbesondere in der abstrakten Datentypspezifikation, werden in dem Buch von H. Ehrig und B. Mahr [EM90] ausführlich behandelt.

Softwarebibliotheken und wiederverwendbare Softwarebausteine sind notwendige Schritte auf dem Weg zum Software Engineering als etablierter Ingenieurdisziplin. Klassenbibliotheken sind wichtige Bestandteile der Programmierumgebungen von objektorientierten Programmiersprachen. Parametrisierung und Instanziierung sind im Bereich der abstrakten Datentypen wohluntersuchte Konzepte [EGL89]. Die objektorientierte Spezifikationssprache FOOPS [GM87] unterstützt parametrisierte Objektspezifikationen angelehnt an Sprachmittel für die parametrisierte Spezifikation abstrakter Datentypen.

Die Beschreibung von Aktivität in Informationssystemen ist ein Thema, das mit der Diskussion aktiver Datenbanken an neuer Aktualität gewonnen hat. Ein bekanntes Berechnungsmodell für Objekte mit reaktiver Aktivität ist das Actors-Modell [Agh86]. Andere Ansätze sind u.a. in [Nie87] beschrieben. Im Bereich der Datenbanksysteme werden *aktive Datenbanken* diskutiert, die reaktive Aktivität in Form von Triggern ermöglichen [Day88, BM91].

Die Spezifikation von Benutzerschnittstellen ist in Lehrbüchern für Software Engineering behandelt [Den91]. Der Bedarf an abstrakten Beschreibungsverfahren für Anwendungsskripte wird u.a. in [WR90] motiviert. Die Beschreibung von Skripten während der konzeptionellen Modellierung von Informationssystemen ist in der Sprache Taxis [MBW80] verwirklicht.

Kapitel 6

Vergleich mit anderen Ansätzen

Nachdem die Konzepte der objektorientierten Spezifikation anhand der Spezifikationssprache TROLL vorgestellt und diskutiert wurden, werden abschließend ausgewählte verwandte Sprachvorschläge anhand von Beispielen vorgestellt und deren Unterschiede und Gemeinsamkeiten zum in dieser Arbeit vorgestellten Ansatz diskutiert. Dieser Vergleich beschränkt sich primär auf Sprachvorschläge, die

- den implementierungsunabhängigen *Entwurf* von Softwaresystemen (insbesondere von Informationssystemen) als Ziel haben,
- sich *objektorientierter* Konzepte bedienen,
- und den Anspruch einer zugrundeliegenden *formalen Semantik* erfüllen.

Insbesondere wird eine Einordnung bezüglich objektorientierter Programmiersprachen und bezüglich Datenmodellen objektorientierter Datenbanksysteme nur kurz in Abschnitt 6.1 andiskutiert. Dieses Kapitel schließt mit der Diskussion der Ausdrucksfähigkeit der objektorientierten Spezifikation anhand einiger Beispielmodellierungen aus Gebieten der theoretischen Informatik.

6.1 Andere objektorientierte Ansätze

Das objektorientierte Paradigma wurde zuerst in Programmiersprachen mit Erfolg als neuartiges Strukturierungsprinzip von Berechnungsverläufen eingeführt. Sprachen wie Simula [DMN70, ND81], Smalltalk [GR83], Eiffel [Mey88], C++ [Str86b] oder CLOS [Kee89, Moo89] sind bekannte Beispiele für die Integration von objektorientierten Konzepten mit denen von Programmiersprachen. In letzter Zeit werden Konzepte objektorientierter Programmiersprachen auch in klassische *Spezifikationssprachen* integriert, oft ohne den konzeptionellen Schritt vom klassischen Programmparadigma hin zur objektorientierten Sicht eines System zu machen.

Ein weiteres Gebiet, auf dem Objektorientierung aktuell zu einer großen Anzahl von Forschungsprojekten und ersten Systemen geführt hat, ist das Gebiet der *objektorientierten Datenbanksysteme.* Aus der Synthese objektorientierter Datenmodelle mit Techniken deduktiver Datenbanken hat sich das Gebiet der sogenannten *Objektlogiken* entwickelt [CG92]. Eher informelle Ansätze haben sich im Gebiet des *objektorientierten Entwurfs* und der objektorientierten Analyse von Softwaresystemen entwickelt.

In diesem Abschnitt soll keine vollständige Aufarbeitung dieser Gebiete erfolgen — dies würde den Rahmen dieses Buches sicher sprengen. Stattdessen wird eine eher informelle Abgrenzung des vorgestellten Ansatzes von diesen Gebieten vorgenommen und auf weiterführende Literatur verwiesen.

6.1.1 Objektorientierte Programmierung

Das Gebiet der Programmiersprachen war das erste Gebiet der praktischen Informatik, in dem sich das objektorientierte Paradigma einer stetig steigenden Popularität erfreute. Die klassische Sicht der Programmentwicklung sieht ein Programm als die Beschreibung einer Berechnung nach folgender Formel:

Programm = Algorithmus + Datenstruktur

Diese Sichtweise spiegelt die bekannte von-Neumann-Architektur zentral organisierter Computer wider, und führt in Programmiersprachen oft zu Diskrepanzen zwischen den Kontrollstrukturen und der Handhabung insbesondere von persistenten Daten. Auch der klassische Programmentwurf folgt oft dieser Trennung — Algorithmen werden nach dem Top-Down-Prinzip entworfen und Datenstrukturen unabhängig davon etwa in einem (globalen) ER-Diagramm. Eine kritische Diskussion dieser Vorgehensweise in der Gegenüberstellung zu objektorientierten Techniken kann in [BB92] gefunden werden.

Nach diesen Vorbemerkungen verwundert es nicht, daß die "Ahnen" der objektorientierten Programmiersprachen ursprünglich für Aufgaben entworfen wurden, die dieser Sichtweise frontal gegenüberstanden: Simula-67 [DMN70, ND81] als Sprache für Simulationsanwendungen und Smalltalk [GR83] als Teil eines interaktiven Entwurfssystems mit graphischer Oberfläche. In den achziger Jahren begannen objektorientierte Konzepte sich auch in den klassischen Programmieraufgabenbereichen zu etablieren (vergleiche den Abschnitt über die Historie von Objektorientierung in Programmiersprachen in [KA90]).

Bereits Simula-67 unterstützte die meisten der heute unter Objektorientierung zusammengefaßten Konzepte, so etwa Objekte und Klassen, Einkapselung, Kommunikation über Methoden, Typhierarchie mit Vererbung. Heute gibt es eine ganze Reihe (mehr oder weniger) objektorientierter Programmiersprachen (kurz OOPS), die an dieser Stelle nicht erschöpfend behandelt werden können und nur kurz erwähnt werden sollen:

- *Simula-67* [DN66, DMN70, ND81], der Urahn der modernen OOPS, würde nach moderner Terminologie als OOPS mit strenger Typisierung bezeichnet werden.

- Populär wurden OOPS mit der Sprache *Smalltalk* [GR83], bei der zugunsten einer interpretativen Ausführung und größerer Flexibilität auf ein Typkonzept weitgehend verzichtet wurde.

- Die Sprachen *C++* [Str86b, Str86a] und *ObjectiveC* [Cox86] sind objektorientierte Erweiterungen der Sprache C und erfreuen sich aufgrund dieser Verwandschaft im Zusammenhang mit der Verbreitung von C steigender Beliebtheit. Geerbt haben sie von dieser Sprache die bekannten Schwächen von C wie die Umgehung von Typdeklarationen etc.

- Eine streng getypte Neuentwicklung stellt die Sprache *Eiffel* von B. Meyer dar [Mey88]. Eine vergleichbare Entwicklung ist *Trellis/Owl* [SCB+86].

- Verschiedene Erweiterungen von Lisp um objektorientierte Konzepte sind *Loops* [SB86], *Flavours* [Moo86] und *CLOS* (Common Lisp Object System) [Kee89, Moo89].

- Aufgrund der steigenden Popularität objektorientierter Konzepte werden zur Zeit verstärkt Anstrengungen unternommen, objektorientierte Versionen der etablierten Programmiersprachen zu entwerfen. Neben existierenden Erweiterungen von Pascal sind hier sogar Fortran und Cobol im Gespräch.

  Auch die Sprache *Ada* [DoD80] wird von einigen Autoren mit Objektorientierung in Verbindung gebracht, obwohl deren Konzepte primär auf der Integration von abstrakten Datentypen und Algol-basierten Programmiersprachen basieren und ihr trotz der Unterstützung auch in OOPS wichtiger Konzepte wie Einkapselung etc. zum Beispiel das Konzept der Klassenhierarchie völlig fehlt.

- Neuere Entwicklungen zielen darauf ab, die inhärente Parallelität und logische Verteilung des objektorientierten Paradigmas zur Entwicklung von Programmiersprachen für verteilte Systeme einzusetzen [YT87, Agh90]. Prominente Vertreter dieser Richtung sind etwa *Actors* [Hew77, Agh86], *ConcurrentSmalltalk* [YT86, YT87], *POOL-T* von P. America [Ame87] und *ABCL/1* [SY87, YSTH87].

  Verteilte objektbasierte Programmiersysteme werden in [CC91] diskutiert.

Eine kommentierte Einführung in die Literatur zum Thema objektorientierte Programmierung gibt [Lea91]. In diesem weiten Spektrum von Sprachen und Systemen finden sich viele der bisher für die objektorientierte Spezifikation diskutierten Konzepte in der einen oder anderen Form wieder. Eine Abgrenzung der OOPS von der objektorientierte Spezifikation folgt aus den unterschiedlichen Anwendungsprofilen:

- Objektorientierte Programmiersprachen (OOPS) haben primär die Implementierung von Systemen zum Ziel und unterstützen daher eher operationale statt deskriptive Sprachmittel. Die objektorientierten Konzepte, etwa Vererbung, werden eher auf der Ebene der Beschreibungstexte als auf der Ebene der Systemkonzepte unterstützt.

- Kommunikation in OOPS erfolgt zumeist über Methodenaufruf im Sinne eines Prozeduraufrufs, bei der die Kontrolle an das aufgerufene Objekt übergeben wird. In jedem Fall unterstützt eine OOPS jeweils ein konkretes operationales Ausführungsmodell, während in der objektorientierten Spezifikation von konkreten Ausführungsmodellen abstrahiert wird.
- Objektorientierte Spezifikation von Informationssystemen (OOSIS) integriert Konzepte von semantischen Datenmodellen (komplexe Objekte, ungerichtete Beziehungen, etc), die in OOPS bisher nicht in diesem Grade unterstützt werden.
- In OOSIS spielt das Konzept *persistenter* Objekte mit einer über einen Programmlauf hinausgehender Historie eine große Rolle. In OOPS wurde diese Sichtweise erst mit dem Aufkommen von objektorientierten Datenbanken relevant.

Eine in Einzelheiten gehende Abgrenzung von den verschiedenen Sprachen und deren Dialekten würde sicher den Rahmen dieses Abschnitts sprengen.

6.1.2 Objektorientierte Konzepte in Spezifikationssprachen

Nach dem Einzug des objektorientierten Paradigmas in die Gebiete der Programmiersprachen, Datenbanken und des (informellen) Software-Entwurfs ist die Integration objektorientierter Techniken mit formalen Spezifikationssprachen eine logische Folge. Der in diesem Buch vorgestellte Ansatz verfolgt auch diese Richtung, indem mit TROLL eine neue Sprache zur objektorientierten Spezifikation von Informationssystemen entwickelt wurde. Derartige Neuentwicklungen werden in einem eigenen Abschnitt ausführlicher behandelt.

Wie auch im Bereich der Programmiersprachen, werden in letzter Zeit verstärkt *objektorientierte Erweiterungen* etablierter Spezifikationsformalismen untersucht. Wir geben einen knappen Überblick über aktuelle Erweiterungen, und betrachten dann den wohl bekanntesten Vertreter dieser Klasse, die Sprache FOOPS [GM87], etwas genauer.

Erweiterungen bekannter Spezifikationssprachen

Als charakterisierend für die Erweiterungen etablierter Spezifikationssprachen um Objektorientierung fällt auf, daß die Objektorientierung auf der Sprachebene Einzug gehalten hat (etwa Vererbung zwischen Spezifikationstexten), daß aber das, was beschrieben wird, in der Regel ein klassisches Programm und nicht etwa ein System kommunizierender Objekte ist. Objektorientierung wird somit zwar als Strukturierungskonzept für Spezifikationsdokumente, aber nicht als Berechnungsparadigma der zu spezifierenden Systeme eingesetzt. Bekannte Vertreter dieser Richtung sind die folgenden Spezifikationssprachen:

- Für die Spezifikationssprache *Z* [Spi89] sind verschiedene objektorientierte Erweiterungen vorgeschlagen worden, so die Sprachen *Object-Z* [CDD+89] und die Vorschläge in [AG91, Cus91].

  Eine Z-Spezifikation beschreibt explizit Zustände und Funktionen, die Zustände transformieren. Die objektorientierten Erweiterungen von Z gruppieren Funktionen um einen Zustand als eingekapseltes Objekt und vergeben explizite Objektnamen an derartige Spezifikationstexte. Vererbung basiert auf Spezifikationserweiterungen (neue Signaturelemente) und syntaktischer Vererbung mit Überschreiben.

- Objektorientierte Erweiterungen der Sprache LOTOS [ISO89, Hog89] im Sinne der Erweiterungen von Z werden in [CRS89, CL91] beschrieben.

- *ABEL* [Dah87] ist eine Spezifikationssprache, die an Konzepten der Sprache Larch [Gut85] orientiert ist. Klassen stehen für Datentypen mit internem Zustand; Vererbung zwischen Klassen*spezifikationen* im Sinne der Definition von spezialisierten Untertypen ist möglich.

Neben diesen klassischen Spezifikationssprachen werden zur Zeit in mehreren Forschungsgruppen Erweiterungen der algebraischen Spezifikation abstrakter Datentypen entwickelt, die auf versteckten Sorten zur Modellierung von Objektzuständen basieren. Einen Einstieg in dieses Gebiet gibt der Überblick von H.-D. Ehrich, M. Gogolla und A. Sernadas [EGS92].

Der Einsatz von Konzepten klassischer Spezifikationsmethoden für die Spezifikation von Datenbankanwendungen wird u.a. in [SWS92] diskutiert.

FOOPS von J. Goguen und J. Meseguer

Die Sprache *FOOPS* (Functional and Object-Oriented Programming System) [GM87] von J. Goguen und J. Meseguer geht über die erwähnte einfache Erweiterung um objektorientierte Sprachkonstrukte in dem Sinne heraus, daß das Ziel der Spezifikation ein System von *Objekten* im Sinne der in dieser Arbeit vorgestellten semantischen Modellbildung ist — FOOPS-Objekte haben einen internen Zustand, der durch Ereignisse verändert wird. Nach diesen Maßstäben gehört die Sprache FOOPS somit eher in den Abschnitt 6.2. Wir haben FOOPS hier eingeordnet, da FOOPS klar in der Tradition algebraischer Spezifikationssprachen steht und wichtige Konzepte der Objektspezifikation wie Interaktion oder Beschreibung von Objektlebensläufen zwar integrierbar scheinen, aber eine derartige Erweiterung bisher nicht vorgeschlagen wurde (vergleiche hierzu die Diskussion in [EGS92]).

Die Spezifikationssprache FOOPS baut auf der algebraischen Spezifikationssprache OBJ [FGJM85] auf und erweitert OBJ um die Konzepte von Objekten mit internem Zustand (abstrakte Maschinen anstatt abstrakter Daten). Die Sprache OBJ wird als Teilsprache von FOOPS zur Spezifikation von abstrakten Datentypen benutzt; FOOPS unterscheidet also, wie auch TROLL, zwischen Werten und Objekten als formal unterschiedlichen Konzepten.

FOOPS ersetzt die Sprachkonstrukte von OBJ durch der objektorientierten Terminologie entlehnte Notationen; so entsprechen den Sorten von OBJ Klassen in FOOPS, den Funktionen entsprechen Methoden, etc. Einen Eindruck von Spezifikationen in FOOPS gibt das folgende Beispiel.

Beispiel 6.1.1 (aus [GM87, Seite 441]) Das folgende Fragment einer Spezifikation in FOOPS beschreibt eine Klasse von Bankkonten.

```
omod ACCT is
   extending JOURNAL protecting NOW
   class Acct
   attrs bal : Acct -> Money
      hist : Acct -> Hist
   error overdraw : Money -> Money
   methods credit, debit : Acct PMoney -> Acct
```

Objektklassen (und die damit verbundenen Klassentypen) werden in einem Objektmodul (darum **omod**) deklariert. `JOURNAL` ist eine Spezifikation eines abstrakten Datentyps, in dem unter anderem die Sorte `Hist` als Liste von (Datum, Geldbetrag) - Paaren deklariert ist.

Attribute werden als Funktionen von Kontoobjekten in Werte, Methoden als Funktionen von Objekten (und weiteren Parametern) in Objekte notiert. Die Idee ist dabei, daß eine Methode das *selbe* Objekt in einem neuen Zustand als Ergebnis liefert. Semantisch kann dies algebraisch durch verborgene Zustandssorten modelliert werden. Die Methoden `new` und `remove` sind implizit deklariert. Die Sprache FOOPS ermöglicht eine explizite Fehlerbehandlung durch Fehlerwerte, auf die hier nicht weiter eingegangen werden soll.

Nach der Festlegung des Imports und der Objektsignatur folgt die Spezifikation der Methoden und Attribute durch bedingte Gleichungen.

```
ok-axioms
   bal(new(A)) = 0 .
   hist(new(A)) = nil .
   bal(credit(A,M)) = bal(A) + M .
   hist(credit(A,M)) = app(hist(A), << today ; M >>) .
   bal(debit(A,M)) = bal(A) - M if bal(A) ≥ M .
   hist(debit(A,M)) = app(hist(A), << today ; -M >>) if bal(A) ≥ M .
err-axioms
   bal(debit(A,M)) = overdraw(M) if bal(A) < M .
   hist(debit(A,M)) = app(hist(A), << today ; overdraw(M) >>)
      if bal(A) < M .
```

endo ACCT

Die Effekte der Methoden auf Attribute können in FOOPS als Axiome in Form von Gleichungen spezifiziert werden, da sowohl Attribute als auch Methoden das aktuelle Objekt als Parameter übergeben bekommen. Die Mächtigkeit der Axiome in FOOPS entspricht den bedingten Auswertungsregeln von TROLL. □

Derartige elementare Klassenbeschreibungen können nun in andere Objektmodule importiert werden, um Spezialisierungshierarchien mit Vererbung (analog zu Datentypen mit dem **extending**-Konstrukt) und komplexe Objekte aufzubauen. Als weitere Konzepte unterstützt FOOPS u.a. die folgenden, zum Teil über die Möglichkeiten von TROLL hinausgehenden, Sprachkonstrukte:

- Analog zu TROLL unterstützt FOOPS die Deklaration von Schlüsselattributen zur Objektidentifikation.
- Objektwertige Attribute in FOOPS entsprechen der Komponentenkonstruktion in TROLL. Mengenwertige objektwertige Attribute können auch zur indirekten Spezifikation von Klassenmethoden, etwa zur Berechnung von aggregierten Werten, eingesetzt werden.
- Wie bereits im Beispiel erwähnt, unterstützt FOOPS die explizite Modellierung von Fehlersituationen und Fehlerbehandlung. In TROLL müßte dieses explizit durch bedingte Auswertungsregeln modelliert werden.
- FOOPS ermöglicht — in Anlehnung an parametrisierte Datentypen in OBJ — parametrisierte Objektspezifikationen.

Die Semantikfestlegung von FOOPS kann über abstrakte Datentypen mit verborgenen Sorten erfolgen, deren Werte interne Zustände repräsentieren. FOOPS ist sehr eng an die algebraische Spezifikation angelehnt, um die Sprachkonstrukte für Subtypendeklaration (mit dem **extending**-Konstrukt), Parametrisierungen und Gleichungsspezifikation von OBJ übernehmen zu können.

6.1.3 Objektorientierte Datenbanken

Die Gebiete der objektorientierten Datenbanken (im folgenden kurz OODB) und der objektorientierten Spezifikation von Informationssystemen (kurz OOSIS) haben viele Gemeinsamkeiten — bei beiden spielt Persistenz eine große Rolle, die Objektstrukturierung ist angelehnt an semantische Datenmodelle, und Anfragen an den Objektzustand über Attributwerte sind im Gegensatz etwa zu Programmiersprachen erwünscht.

In anderen Punkten bestehen jedoch prinzipielle Gegensätze, die im folgenden kurz skizziert werden:

- OODB unterstützen die ***anwendungsunabhängige*** Speicherung von Objekten. OOSIS hingegen beinhaltet gerade die Modellierung konkreter Anwendungen. Als Folge unterstützen OODB primär generische Operationen auf Objekten, während OOSIS von anwendungsspezifischen Operationen ausgeht und generische Operationen als Spezialfall ansieht.

- OODB zielen auf ***optimierbaren Zugriff*** [Kem92], während OOSIS von konkretem Zugriff abstrahiert. Ein wichtiges Kriterium für Sprachen von OODB ist die Optimierbarkeit, die eine Beschränkung der Berechnungsfähigkeit erfordert, während OOSIS allgemeine Anwendungen und somit Berechnungsuniversalität als Ziel hat.

- Das Ziel von OODB sind ***ausführbare*** Beschreibungen, während OOSIS als primäres Ziel ***analysierbare*** Beschreibungen hat.

- In OODB wird in der Regel davon ausgegangen, daß die Kontrolle des langfristigen Verhaltens durch die Anwendungssoftware realisiert wird, während OOSIS diese mit der Objektstruktur integriert modelliert.

Ein weiterer (allerdings hoffentlich nur temporärer) Unterschied von OODB und OOSIS ist die Konzentration der Ansätze zur formalen Semantik der verwendeten Sprachen auf den *statischen Strukturanteil* [Bee90] — zustandsändernde Methoden und Updates werden zwar als wichtig betrachtet, doch oft außerhalb der formalen Modellbildung angesiedelt.

Als vertiefende Literatur zu OODB ist das Buch von A. Heuer [Heu92] zu empfehlen. Weitere Lehrbücher sind [Kim91] und [Hug91]. Ein im Gegensatz zu vielen anderen Ansätzen streng getyptes Objektmodell ist das GOM-Modell von A. Kemper [Kem92]. Während die meisten Vorschläge für objektorientierte Datenmodelle auf Klassen als erweitertes Konzept einer Relation basieren, basiert das *PADKOM* Datenmodell [Kut91] allein auf einem Vererbungsverband zwischen Objekten (nicht Klassen). Sowohl das PADKOM- als auch das GOM-Modell sind sehr nahe an den Konzepten der TROLL-Sprache, konzentrieren sich allerdings eher auf Implementierungs- als auf Modellierungsaspekte.

Sammlungen von Originalliteratur wurden unter anderem von S. Zdonik und D. Maier [ZM89], von W. Kim und F. H. Lochovsky [KL89] und von K. Dittrich, U. Dayal und A. Buchmann [DDB91] zusammengestellt. Als Übersichtsartikel zum Thema OODB und objektorientierte Datenmodelle seien die Artikel von W. Kim [Kim90], C. Beeri [Bee90] und das “Manifesto” [ABD+89] empfohlen.

An dieser Stelle kann nur auf die Konzepte von OODB eingegangen werden; ein großer Teil der aktuellen Forschung in diesem Gebiet konzentriert sich in diesem Gebiet auf die Entwicklung von Datenbanksystemen. Als wichtige Systementwicklungen seien hier die Systeme Gemstone [BMO+89], Orion [Kim91], Iris [FBC+87] und O_2 [LRV88, Deu90] genannt (diese Liste erhebt keinen Anspruch auf Ausgewogenheit oder Vollständigkeit — der interessierte Leser sei auf die erwähnten Lehrbücher und die ausführliche Literaturaufarbeitung von G. Vossen [Vos92] verwiesen).

6.1.4 Objektlogiken

Eine kommentierte Literaturübersicht zu dem Themengebiet Objektlogiken kann in den Arbeiten von S. Conrad und M. Gogolla gefunden werden [Con91, CG92].

In dem Bereich der Objektlogiken besteht im Moment eine rege wissenschaftliche Aktivität, und eine Stabilisierung aller Konzepte kann sicher erst in einigen Jahren erwartet werden. Wir betrachten hier nur Entwicklungen, die einen expliziten Objektbegriff unterstützen, und behandeln nicht Erweiterungen klassischer deduktiver Datenbanksprachen um Mengenkonstruktoren, komplexe Datentypen, Datenfunktionen etc. Einige Vertreter dieser Sprachentwicklungen sind im folgenden kurz aufgelistet:

- Als Objektlogiken im engeren Sinne werden oft Maiers *O-Logic* [Mai86] und die auf ihr aufbauenden Nachfolger *C-Logic* [CW89], *O-Logic (revisited)* [KW89] und *F-Logic* [KL89, KLW90] bezeichnet. Alle diese Objektlogiken unterstützen Spezialisierungshierarchien, Vererbung und Objektidentitäten.
- Die Sprache *LOCO* [LVVS90, LSV90, STV91] ist ein interessanter Ansatz, bei denen Objekte Theorien einer (dreiwertigen) Logik entsprechen. Objektidentitäten werden durch explizite Benennung und Objektkonstruktoren festgelegt. Vererbung zwischen Objekten wird durch Erweiterung um neue Signaturbestandteile und (syntaktisches) *Überschreiben von Axiomen* realisiert.

  Ein vergleichbarer Ansatz wurde von S. Braß und U. Lipeck in [BL91] vorgestellt. Hier wird das Überschreiben bei Vererbung auf der Ebene der semantischen Eigenschaften durch einen Default-Logik-Ansatz [BRL91] gelöst.
- Weitere Sprachen, die objektorientierte Konzepte mit deduktiven Anfragesprachen integrieren, sind u.a. IQL [AK89], LILA (LIVING IN A LATTICE) [HS90a, HS91a], LOGRES [CCCR+90, CCT90] und OIL [Zan90].

Sowohl Objektlogiken als auch Objektspezifikationen basieren auf Prädikatenlogiken bzw. Erweiterungen derselben. Der Einsatzbereich der formalen Logik ist aber unterschiedlich: in Objektspezifikationen ist man an einer möglichst eindeutigen formalen Beschreibungen von Objekten interessiert, während Objektlogiken ihr Hauptaugenmerk auf die Deduktion von Eigenschaften basierend auf termbasierten Objektbeschreibungen legen.

Im Vergleich der Objektlogiken zur vorgestellten objektorientierten Spezifikation lassen sich folgende Unterschiede erkennen:

- Die Hauptstärke der Objektlogiken liegt in der Definition *abgeleiteter Information* (virtuelle Objekte, berechnete Attributwerte, Anfragen) durch rekursive

Regeln. Diese Konzepte gehen weit über die in dieser Arbeit diskutierten entsprechenden Sprachmittel der objektorientierten Spezifikation hinaus.

- *Identifikation* in Objektlogiken ist oft termbasiert (etwa in der F-Logic) im Vergleich zur wertebasierten Identifikation etwa in TROLL. Objektlogiken sind dadurch näher an OOSIS als etwa viele objektorientierte Programmiersprachen, die nur die operationale Vergabe von Objektidentifikatoren unterstützen.

  Da nur Zustände betrachtet werden, fehlt der Identifikation in Objektlogiken der temporale Aspekt der Modellbildung. Ein Ausnahme bilden hierbei die Versionsidentifikatoren in [KLS92, LS93], die die temporale Objektidentität während der Bearbeitung von Änderungsoperationen sicherstellen.

- Eines der aktuellen Probleme der Forschung im Bereich der Objektlogiken ist die Integration von *Änderungsoperationen* (Updates) in die Sprachen [Abi88]. Hier wird oft auf wertebasierte Konzepte basierend auf einer erweiterten relationalen Theorie zurückgegriffen, die zwar einfache Strukturänderungen auf den Ausprägungen wie Einfügen in eine Menge umfassen, aber nicht hinreichend ausdrucksstark für die Semantikfestlegung beliebiger ändernder Methoden sind. Fundierte Vorschläge in dieser Richtung wurden erst in letzter Zeit entwickelt [Abi90, LVVS90, KLS92].

- Ähnlich wie bei objektorientierten Datenbanken wird auf eine *Einkapselung* im Sinne der objektorientierten Methodik zugunsten eines globalen, beliebig abfragbaren Zustands verzichtet.

- Als Hauptunterschied fällt das völlige Fehlen der Modellierung von *langfristigem Verhalten und Kommunikation* bei Objektlogiken auf. Objektlogiken konzentrieren sich in der Regel auf das *logische Folgern über einem globalen Zustand*, ohne das dynamische Verhalten zu integrieren.

Trotz der diskutierten Unterschiede stimmen Objektlogiken mit OOSISen in dem Bestreben nach logikbasierten Objektbeschreibungen überein, auch wenn die Schwerpunkte unterschiedlich gesetzt werden. Eine Integration der Vorteile beider Forschungsrichtungen erscheint als vielversprechender Weg hin zum Ziel einer mächtigen Logiksprache sowohl zum Beschreiben von (dynamischen) Objekten als auch zum Schlußfolgern über Objekte.

6.1.5 Objektorientierter Entwurf

Methoden des objektorientierten Entwurfs und Erweiterungen semantischer Datenmodelle verfolgen dieselben Ziele wie die objektorientierte Spezifikation von Informationssystemen. Beide Ansätze basieren in der Regel auf eher informellen Objektkonzepten.

Objektorientierte Analyse und objektorientierter Entwurf

In den letzen Jahren sind Ansätze zum objektorientierten Entwurf und zur objektorientierten Analyse populär geworden. Bekannte Ansätze können in den Büchern von G. Booch [Boo91] und J. Rumbaugh et al. [RBP+90] gefunden werden. Einen Überblick geben die Artikel [WBJ90, Ver91]. Weitere Bücher zum Themengebiet objektorientierte Analyse und objektorientierter Entwurf sind [CY90, CY91, WBWW90].

Den meisten dieser Ansätzen ist gemeinsam, daß sie zwar einen objektorientierten Ansatz bei der strukturellen Modellierung verfolgen, aber bei der Modellierung der Systemdynamik auf etablierte (globale) Beschreibungsverfahren wie Datenflußdiagramme zurückgreifen. Exemplarisch wird im folgenden die Entwurfsmethode *OMT* (Object Modeling Technique) von J. Rumbaugh et al. [RBP+90] betrachtet.

Ein Systementwurf in der OMT-Methode wird graphisch durch mehrere Diagramme dargestellt:

- Das *Objektmodell* basiert auf erweiterten ER-Modellen erweitert um objektorientierte Konzepte. Unterstützte Modellierungskonzepte sind Klassen, Beziehungen, Generalisierung, Aggregierung, statische Integritätsbedingungen und abgeleitete Information. Im Gegensatz zum ER-Modell werden neben Attributen auch Methoden (hier Operationen genannt) bei den Klassen notiert.

  Objektinstanzen können explizit notiert werden. Abstrakte Methoden entsprechen Signaturangaben bei Oberklassen, deren Implementierung in spezialisierten Unterklassen vorgenommen wird. Mehrfachvererbung und Klassenereignisse/ -attribute werden unterstützt.

- Das *Dynamikmodell* basiert auf einem Übergangsautomaten zur Beschreibung des dynamischen Verhaltens eines Objektes, bei dem die Übergänge Systemereignissen entsprechen. Die Zustände des Automaten sind explizit benannt. Zustandsübergänge können mit einem Wächter analog zu den Sicherheitsbedingungen von TROLL versehen werden. Ereignisse können lokale Aktionen (konkrete Operationen) und andere Ereignisse bei anderen Objekten aufrufen.

  Zustände des Dynamikmodells können durch Übergangsautomaten verfeinert werden. Graphische Notationen für unabhängige und synchronisierte Dynamikmodelle werden angeboten. Notationen und Konzepte des Dynamikmodells folgen der Beschreibungsmethode der *Statecharts* von D. Harel [Har87]. Ein vergleichbarer Ansatz wird in [SM90] beschrieben, in dem jeder Objektklasse ein endlicher Automat zugeordnet wird. Eine Erweiterung von Statecharts um objektorientierte Konzepte wird in [CHB92] vorgestellt.

- Das *Funktionenmodell* besteht aus mehreren Datenflußdiagrammen, die die globalen Berechnungsabläufe darstellen. Die elementaren Konzepte sind Datentransformationen, agierende Objekte und Datenspeicher. Zwischen diesen

Konzepten wird Daten- und Kontrollfluß notiert, und Datenspeicher können gelesen und geändert werden.

Im Vergleich zur objektorientierten Spezifikation liegt der Modellierungsschwerpunkt primär auf der Struktur der Objektgesellschaft. Das Dynamikmodell ermöglicht die Beschreibung der Dynamik einzelner Objekte analog zu den Prozeßbeschreibungen in TROLL, aber bei einer (noch durchzuführenden) Formalisierung von OMT treten insbesondere folgende Probleme auf:

- Die Begriffe Ereignis, Aktion und Zustand sind in OMT nicht sauber getrennt und definiert — Zustände werden durch Prozesse verfeinert, und atomaren Ereignissen, die keine Zeitdauer haben, sind konkrete Aktionen zugeordnet. Allgemein zielen Dynamikmodelle auf ausführbare Beschreibungen von Objektdynamik ab und vermischen darum konzeptionelle Beschreibungen mit Implementierungsdetails.
- Dynamikmodelle sind Objekten zugeordnet, die in eine Spezialisierungshierarchie mit Vererbung eingeordnet sind. Ein Vererbungsbegriff für Dynamikmodelle wird jedoch nicht gegeben.

Das Funktionenmodell von OMT beschreibt objektübergreifende Berechnungsvorgänge, die in der objektorientierten Spezifikation in TROLL durch Kommunikationsbeziehungen oder eigenständige Objekte realisiert werden. Während die Beschreibung in TROLL also weiter streng dem objektorientierten Ansatz folgt, folgt das Funktionenmodell der klassischen globalen Systemsicht — dies wird allein an der Verwendung des Begriffs "Datenspeicher" anstatt der Verwendung einer Klasse persistenter Objekte deutlich.

Als Resümee läßt sich zusammenfassen, daß viele objektorientierte Entwurfsmethoden die Basiskonzepte des objektorientierten Entwurfs für die Systemstruktur unterstützen, aber bei der Beschreibung der Systemdynamik auf etablierte Beschreibungsverfahren zurückgreifen.

Wissensrepräsentation und Erweiterungen semantischer Datenmodelle

Sowohl im Bereich der Wissensrepräsentation als auch bei semantischen Datenmodellen gab es bereits früh Vorschläge, die zu modellierenden Objekte des Weltausschnitts auf einer hohen Abstraktionsstufe zu modellieren und auch deren dynamisches Verhalten zum Teil zu erfassen.

Im Bereich der Wissensrepräsentation sind hier sicher semantische Netze und Frame-basierte Ansätze zu nennen. Die Modellierung des dynamischen Verhaltens von Objekten der realen Welt geschieht in diesen Ansätzen eher implizit im Vergleich zur zentralen Rolle der Objektdynamik in der objektorientierten Spezifikation. Den meisten Wissensrepräsentationsansätzen mangelt es aber immer noch an einer durchgängigen Formalisierung, so daß sie hier nicht weiter betrachtet werden.

Der *Taxis*-Ansatz hingegen [MBW80] und der aus diesem weiter entwickelte Vorschlag für die Sprache *Telos* [MBJK92] integrieren Ereignisse und zeitliche Abhängigkeiten in eine objektbasierte konzeptionelle Modellierungssprache. Skripte erlauben die Beschreibung des dynamischen Verhaltens. Die Modellierungsmächtigkeit entspricht in etwa der der objektorientierten Spezifikation. Beiden Sprachen fehlt das strikte Konzept der Einkapselung von Struktur und Verhalten in Objekte; Objektverhalten etwa wird in separat stehenden Klassen modelliert.

6.2 Spezifikationssprachen für Objekte

In diesem Abschnitt werden kurz einige Sprachvorschläge diskutiert, die nahe an den in dieser Arbeit vorgestellten Konzepten liegen. Der erste Teilabschnitt ist den Sprachen der Oblog-Sprachfamilie gewidmet, zu der auch die Sprache TROLL gehört. Es folgen Diskussionen der temporalen Objektspezifikation nach C. Arapis, der Sprache CMSL von R. Wieringa und den Object / Behaviour Diagrams nach G. Kappel und M. Schrefl.

Eine weitere Spezifikationssprache, die auf einem dem vorgestellten Sprachansatz verwandtem Objektkonzept basiert, ist die Sprache *Mondel* [BBE+90]. Mondel wurde primär zur Spezifikation von verteilten Anwendungen in offenen Systemen entwickelt. Wir gehen hier aber nicht näher auf die konkreten Konzepte der Sprache Mondel ein. Weitere auf einem vergleichbarem Objektkonzept aufbauende Sprachvorschläge auf dem Gebiet der formalen Anforderungsanalyse sind *Glider* [DDRW91, DDR92] und *Albert* [DDP93].

6.2.1 Die Oblog-Sprachfamilie

Wie bereits erwähnt, stammt die in dieser Arbeit zur Erläuterung der Sprachkonzepte für die objektorientierte Spezifikation herangezogene Sprache TROLL von der Sprache OBLOG ab, die in [SSE87] erstmals vorgestellt wurde. Im Rahmen der ESPRIT BRA Working Group IS-CORE wurde unabhängig in Lissabon (hier insbesondere von A. und C. Sernadas, F. Costa) und in Braunschweig (T. Hartmann, R. Jungclaus, G. Saake und anderen) an weiterentwickelten Versionen dieser Sprache gearbeitet. Auch außerhalb dieser Zusammenarbeit wurden von anderen Gruppen Sprachen vorgestellt, die stark an den OBLOG Vorschlag angelehnt sind.

Ziel des folgenden Abschnitts ist es, die verschiedenen Sprachvorschläge kurz zu diskutieren und in Bezug zu der aktuellen Sprachversion von TROLL zu setzen. Im Anschluß an die Sprachbetrachtungen werden einige Hinweise auf Arbeiten gegeben, die sich mit den Fragestellungen der semantische Modelle, Spezifikationslogiken und Entwurf¡smethoden für OBLOG-artige Sprachen beschäftigen.

OBLOG

Die Sprache OBLOG wurde in [SSE87] beispielbasiert vorgeführt und seitdem beständig weiterentwickelt. Wir beginnen mit einem Beispiel aus der Originalveröffentlichung, um einen Eindruck vom Sprachvorschlag zu vermitteln.

Beispiel 6.2.1 (aus [SSE87, Seite 116]) Die folgende Objektklasse STOCK beschreibt eine Lagerhaltung von Produkten in Lagerplätzen.

```
object type STOCK
  key
    map stk(string,string)
    attributes
      prdid : string;
      depid : string
    constraints
      population
        prdid(stk(S1,S2)) = S1;
        depid(stk(S1,S2)) = S2;
        stk(prdid(K),depid(K)) = K
```

In diesem Teil der Spezifikation wird der Namensraum explizit aus den Schlüsselattributen konstruiert (inklusive Umkehrfunktionen).

```
  state
    attributes
      qoh : integer
    constraints
      local
        ( zero ≤ qoh) = true
```

Die Attributdeklaration wird zusammen mit lokalen und auch globalen Integritätsbedingungen vorgenommen. Das Attribut qoh speichert den aktuellen Lagerbstand (quote on hand).

```
  behavior
    events
      creation
        open
      destruction
        close
      modification
        delivery(ORDER,integer);
        failure(ORDER,integer);
        update(integer)
    traces
      domain
        [ T >> update(R) ] only if
          (minus(R) ≤ (qoh at T)) = true;
        [ T >> delivery(O,R) ] only if
          (R ≤ (qoh at T)) = true;
```

```
            [ T >> failure(O,R) ] only if
               ((qoh at T) < R) = true;
         equations
            equivalence
               [T >> delivery(O,R) ] = [T >> update(-R) ];
               [T >> failure(O,R) ] = T;
               [T >> update(R1) >> update(R2) ] = [T >> update(R1 + R2) ]
            valuation
               (qoh at <open>) = zero;
               (qoh at <open, update(R)>) = R;
      interaction equations
         O.satisfaction(K,R) = K.delivery(O,R);
         O.rejection(K,R) = K.failure(O,R);
end
```

Die Variable T steht hierbei für ein Anfangsstück (trace) eines konkreten Lebenslaufes; auf den Wert eines Attributes im letzten Zustand eines Anfangsstückes wird mit dem Operator **at** zugegriffen. Traces werden mit dem >>-Operator um ein Ereignis verlängert. Hinter dem Schlüsselwort **interaction equations** werden gemeinsame Ereignisse zur Kommunikation mit anderen Objekten deklariert. □

Es fällt auf, daß die wesentlichen Konzepte einfacher Objektbeschreibungen in TROLL bereits in OBLOG auftauchen, auch wenn die syntaktischen Realisierungen unterschiedlich sind. Als Unterschiede zu der später entwickelten Sprache TROLL können folgende Punkte genannt werden :

- Es gibt keine syntaktische Unterscheidung von Klassen und Klassentypen in der Sprache. Beides wird unter dem Begriff Objekttyp als Einheit beschrieben.
- Objekttypen und die zugehörigen Namensräume werden syntaktisch, etwa in Ereignissignaturen, nicht unterschieden.
- Der Namensraum einer Klasse in OBLOG wird wie in TROLL von Schlüsselattributen abgeleitet; die Spezifikation des resultierenden Datentyps erfolgt allerdings hier explizit.
- In OBLOG werden Lebensläufe bzw. deren Anfangsstücke explizit angesprochen und äquivalente Anfangsstücke mittels **trace equations** bestimmt. Auswertungsregeln werden nicht für aktuell eintretende Ereignisse, sondern für Äquivalenzklassen von derartigen Anfangsstücken notiert.
- OBLOG benutzt zur Kommunikation nur gemeinsame Ereignisse, keinen Ereignisaufruf.
- Auch globale Eigenschaften (Integritätsbedingungen, Kommunikation) werden in OBLOG lokal notiert.

OBL89

Bis 1989 wurde eine textuelle Version der Sprache OBLOG in der Lissaboner Gruppe weiterentwickelt. Die letzte Version wurde OBL89 genannt und in einer ausführlichen Sprachbeschreibung [CSS89] beschrieben. Danach wurde die weiter unten beschriebene graphische Sprachvariante weiterentwickelt. Viele Sprachmittel von OBL89 gleichen bereits denen von TROLL, etwa die Notation der Auswertungsregeln, Sicherheitsbedingungen und Lebendigkeitsforderungen. Im Vergleich zu OBLOG sind insbesondere semantische Abstraktionsmechanismen (etwa Spezialisierungen) und explizit deklarierte Objektmorphismen zur Sprache hinzugenommen worden. Auch für die Sprache OBL89 geben wir ein Spezifikationsfragment als Beispiel an.

Beispiel 6.2.2 (aus [CSS89, Seite 71]) Wir betrachten eine Variation der Beispielmodellierung aus Beispiel 6.2.1 (hier die Spezifikation von Aufträgen) und konzentrieren uns dabei auf die Notation expliziter Objektmorphismen als **link** zwischen Aufträgen und Kunden bzw. Lager.

```
homogeneous object type ORDER
   linked to CLIENT {
      surrogate map
         client
      template map
         events
            send to issue(self.number)
   }
   linked to STOCK {
      surrogate map
         target
      template map
         events
            send to arrival(self)
            fulfill to deliver(self)
   }
surrogate
   construct(client: |CLIENT|, number: nat)
   constant
      target: |STOCK|;
      request: nat
template
   ...
```

Die ORDER-Objekte werden sowohl in CLIENT als auch in STOCK Objekte über einen Objektmorphismus eingebunden. Die Selektion der einzubindenden Exemplare erfolgt über statische Attribute (inklusive Schlüsselattribute der Surrogatfestlegung). Gemeinsame Ereignisse werden bei der Definition des Objektmorphismus mitdeklariert (in der **template map**). □

Im einzelnen lassen sich die folgenden wesentlichen Unterschiede und Gemeinsamkeiten von OBL89 zu TROLL feststellen:

- In OBL89 werden Objektmorphismen explizit notiert, während sie in TROLL als implizite semantische Konstruktionen zur Semantikbeschreibung verschiedener Sprachkonstrukte benutzt werden. Objektmorphismen beinhalten sowohl den Aspekt der Konstruktion komplexer Objekte als auch den der Kommunikation.
- Kommunikation erfolgt ausschließlich über die Deklaration gemeinsamer Ereignisse bei Objektmorphismen.
- Die Einbettungsmorphismen werden beim einzubettenden Objekt deklariert, nicht beim einbettenden Objekt wie in TROLL.
- Sowohl OBL89 als auch TROLL unterscheiden Namensräume syntaktisch von Klassennamen.

Die Sprache OBL89 bildete den Ausgangspunkt für die Entwicklung von **Oblog**$^+$ und TROLL. In der Deklaration der Objektbeschreibungen (**templates**-Abschnitt) ähneln sich alle drei Sprachen sehr, so daß hier auf ein Beispiel verzichtet wurde.

Oblog$^+$, TROLL und TROLL *light*

Die Sprachen **Oblog**$^+$ [JSS91b, SJ91, JSS91a] und TROLL [SJ92a, JHSS91, JSHS91, HJS92, JHS93, SJ92b] wurden als textuelle Nachfolger der Sprachen OBLOG und OBL89 entwickelt. Die Entwicklung der Sprache TROLL war Teil der Arbeiten eines an der TU Braunschweig durchgeführten DFG-Projekts "Implementierung von Informationssystemen" [HJSE92, HJS93a, HJS93b]. Der Name **Oblog**$^+$ wurde bei der endgültigen Sprachdefinition zugunsten des Namens TROLL aufgegeben, da die gleichzeitig in Lissabon entwickelte graphische Sprache den Namen Oblog erhielt und somit Verwechslungen zu befürchten waren.

Neben kleineren Unterschieden in der Notation gibt es die folgenden zum Teil bereits erwähnten konzeptionellen Unterschiede der Sprache TROLL zu den Vorgängern OBLOG und OBL89:

- In TROLL muß jeder benutzter Name, sei es ein Datentyp oder eine Variable, explizit deklariert werden.
- In OBL89 werden Objektmorphismen explizit in der Spezifikation deklariert, während sie in TROLL implizit zur Semantikfestlegung dienen.
- Die Deklaration von Spezialisierungen und Rollen in TROLL ist an die Sprachkonzepte semantischer Datenmodelle angelehnt. Die Namensräume werden bei diesen Konstruktionen implizit festgelegt.
- Das Konzept der Komponenten zur Definition komplexer Objekte wurde ebenfalls aus dem Bereich der Datenmodelle neu übernommen. Dasselbe gilt für Sichtendefinitionen.

Basierend auf TROLL wurde die Sprache TROLL *light* entwickelt, die in [CGH92, GCH93] vorgestellt wurde. In TROLL *light* wurde bewußt auf einige Sprachkonzepte von TROLL verzichtet, um Fragestellungen der Korrektheit und Verifikation von Objektspezifikationen an einem Sprachkern untersuchen zu können. So wurde auf Sprachmittel der temporalen Logik, der Klassendeklaration und verschiedener Objektbeziehungen verzichtet. Der Identifikationsmechanismus von TROLL *light* basiert auf Pfaden in hierarchischen komplexen Objekten. Die Prozeßbeschreibung für einzelne Objekte basiert auf Zustandsübergangsautomaten. TROLL *light* beinhaltet zusätzlich einen deskriptiven SQL–ähnlichen Kalkül, der u.a. zur Formulierung von Integritätsbedingungen verwendet wird.

GraphicalOblog

In [SGCS91, SRGS91, SGG+91] wird eine graphische Sprache *Oblog* vorgestellt, die auf den Konzepten der textuellen OBLOG-Sprache aufbaut. Zur besseren Unterscheidung bezeichnen wir diese Sprache im folgenden als *GraphicalOblog.*

Der Sprachumfang von GraphicalOblog entspricht in etwa den Konzepten, die auch OBL89 und TROLL anbieten. Alle Sprachkonstrukte können graphisch dargestellt werden, was für den ungeübten Betrachter zu einer Fülle von graphischen Symbolen und unterschiedlichen Diagrammen führt. So gibt es Diagramme, die die Bindung von Variablen an Sorten deklarieren, und spezielle Diagramme für Ereignisaufrufe. Die Namensräume aller Klassen, auch von Spezialisierungen und Rollen, werden in einem gesonderten Surrogatdiagramm unter Benutzung von Datentypkonstruktoren explizit definiert. Eine Teilmenge der Sprache GraphicalOblog wird von der integrierten Software-Entwicklungsumgebung OBLOG-CASE [Esp93] unterstützt. Die Werkzeuge der OBLOG-CASE ermöglichen das Erstellen von graphischen Spezifikationsdokumenten in einer kontext-sensitiven Art und Weise und die automatische Generierung des vollständigen Applikationscodes aus einer Systemspezifikation. Es gibt Vorschläge zur Integration von formaler Implementierung [SGG+91] und von Bibliotheken parametrisierter Spezifikationen in die Notation von GraphicalOblog.

Von OBLOG beeinflußte Sprachentwicklungen

Die Sprache *COISA* wurde von P. Baumann in [Bau91] vorgestellt. Bisher ist keine ausführlichere Beschreibung von COISA veröffentlicht worden. Soweit aus der kurzen Beschreibung in [Bau91] erkennbar, entspricht das Objektkonzept und die Signaturfestlegung ungefähr dem OBLOG Vorschlag. Im Unterschied zu den anderen Sprachvarianten von OBLOG werden in COISA Objektprozesse in der Sprache LOTOS [ISO89, Hog89] beschrieben. LOTOS ist eine standardisierte Prozeßbeschreibungssprache, für die bereits erste Ausführungswerkzeuge existieren.

Ein Vorschlag, der sehr nahe an den Konzepten und Notationen der Sprache OBL89 liegt, ist die Sprache *SOM*, die in [VC92] beschrieben wird.

Arbeiten zur Semantik, Logik und Methodik

Parallel zu den Arbeiten an den Sprachvarianten der OBLOG Sprachfamilie wurden Forschungsarbeiten zu den Problemkreisen semantischer Modelle, logischer Grundlagen und methodischer Fragen basierend auf diesem Ansatz durchgeführt. Dieses Themengebiet ist inzwischen sehr umfangreich bearbeitet worden, so daß wir hier nur Einstiegspunkte in die Literatur angeben können.

Zu Fragen der semantischen Modellbildung gibt es eine ganze Reihe von Veröffentlichungen, unter ihnen die Arbeiten von H.-D. Ehrich, Sernadas u. a. [ESS88, ESS89, EGS90, ESS90, SEC90, ES91, SE91, ESS92, SJE92, CSSE92]. Weitere Arbeiten über semantische Modelle für Objektsysteme, die auf einem verwandten Objektbegriff basieren, sind [Gog75, CSS91, SGCS91, Gog92]. Fragen der logischen Grundlagen von Objektspezifikationen wurden insbesondere von J. Fiadeiro und T. Maibaum vorangetrieben. Veröffentlichungen über diese Arbeiten sind [FS88, SFSE88, FSMS91, FM90, FM91]. Erste Ergebnisse zur Entwurfsmethodik wurden in [SFSE89, SF91] beschrieben.

6.2.2 Temporale Objektspezifikation nach C. Arapis

In [Ara91a, Ara91b] wurde von C. Arapis eine Spezifikationssprache für dynamische Objektgesellschaften vorgeschlagen, die direkt auf temporaler Logik basiert.

Die Instanzen einer Objektklasse werden direkt durch eine logische Signatur (nur Methoden, genannt `messages`) und temporallogische Formeln spezifiziert, wie das folgende aus [Ara91b] entnommene Beispiel zeigt. Die folgenden Beispiele entstammen der Modellierung einer Flughafenanwendung.

Beispiel 6.2.3 (aus [Ara91b]) Das folgende Fragment spezifiziert einen Kontrollturm mit zugehörigen Ereignissen.

```
class CONTROL_TOWER{
     messages
          request_take_off(x, self, y);
          request_land(x, self, y);
          taken_off(x, self, y);
          landed(x, self, y);
          permission_take_off(self, x);
          permission_land(self, x);
     constraints;
          (∀x) □ ((∃y) request_take_off(y, self, x)
                    ⇒ ∘◊ permission_take_off(self, x));
          (∀x) □ (permission_take_off(self, x)
                    ⇒ •♦ (∃y) request_take_off(y, self, x));
          (∀x) □ (permission_take_off(self, x)
                    ⇒ ∘◊ (∃y) taken_off(y, self, x));
          (∀x) □ ((∃y) request_land(y, self, x)
                    ⇒ ∘◊ (∃y) permission_land(self, x));
```

```
        (∀x) □ (permission_land(self, x)
                ⇒ •♦ (∃y) request_land(y, self, x));
        (∀x) □ (permission_land(self, x)
                ⇒ ○◊ (∃y) landed(y, self, y)):
}
```

Die Variable `self` bezeichnet auch in diesem Ansatz die aktuell betrachtete Instanz. □

Die gesamte Objektdynamik wird durch Formeln der allgemeinen temporalen Logik beschrieben. C. Arapis benutzt die auf modale Logiken und die Arbeit von [MP81] zurückgehenden Notationen für temporale Quantoren: ○ für **next**, ◊ für **sometime** und □ für **always** als zukunftsgerichtete Operatoren, die schwarz gefüllten Versionen für die analogen vergangenheitsgerichteten Operatoren. Die Namen der Ereignisse werden als Prädikate aufgefaßt, die genau im Zustand nach dem Eintreten des Ereignisses wahr sind.

Objektidentifikatoren werden nicht explizit spezifiziert, sondern wie bei objektorientierten Programmiersprachen beim Erzeugen eines Objekts kreiert. Auch in der Spezifikationssprache von C. Arapis können Objekte dynamisch in verschiedenen Rollen auftreten.

Beispiel 6.2.4 (aus [Ara91a]) Das folgende Spezifikationsfragment zeigt die verschiedenen Rollen, in denen Flugzeuge der Klasse `PLANE` auftreten können.

```
context PLANE_Life{
     role PLANE{
          public   id_number, color, type, owner;
          private  ...
     }
     role ON_EARTH{
          public   unlock_doors, lock_doors, pos_take_off, take_off;
          constraints
            □ ( take_off ⇒  • pos_take_off );
            □ ( pos_take_off ⇒
                     ( ¬ unlock_doors U lock_doors )∧ ◇ lock_doors );
          private  ...
     }
     role FLYING{
          public   altitude, direction, ..., emergency;
          private  ...
     }
     ...
constraints
          ...
}
```
□

Sogenannte *Aktivitäten* im Ansatz von C. Arapis entsprechen in etwa den Kommunikationsbeziehungen der TROLL-Sprache, in denen die Kommunikation zwischen zwei oder mehr Objekten (hier als **agents** bezeichnet) beschrieben wird. Im folgenden Beispiel wird die Kommunikation zwischen Flugzeugen und Kontrollturm bei der Startfreigabe beschrieben.

Beispiel 6.2.5 (aus [Ara91b])

```
activity TAKE_OFF{
     agents
          ct : CONTROL_TOWER;
          pl : AIRPLANE;
     messages
     -- related to agent ct
          request_take_off(self, ct, y);
          taken_off(self, ct, y);
          permission_take_off(ct, self);
     -- related to agent pl
          com_take_off(self, pl);
          com_pos_take_off(self, pl);
          set_pilot(self, pl, y):
     constraints
          □ (com_take_off(self, pl) ⇒ •♦ permission_take_off(ct, self))
          □ (taken_off(self, ct, y) ⇒ •♦ (com_take_off(self, pl))
          □ (com_pos_take_off(self, pl) ⇒ ○ taken_off(self, ct, y))
}
```
□

Ein gesamtes System (also eine Objektgesellschaft im bisherigen Sprachgebrauch, hier als **environment** bezeichnet) wird durch die in dem System stattfindenden Kommunikationsbeziehungen (**activities**) und globale Integritätsbedingungen festgelegt.

Beispiel 6.2.6 (aus [Ara91b]) Zusätzlich zu den beschriebenen Aktivitäten wird die temporale Integritätsbedingung angegeben, daß auf die Startphase die Reisephase folgen muß.

```
environment AIR_TRAFFIC_CONTROL{
  activities
     ...
     activity TAKE_OFF{
          agents
               ct : CONTROL_TOWER;
               pl : AIRPLANE;
          messages ...
          constraints ...
     }
     activity LANDING{
          ...
     }
     ...
  constraints
          (∀x) □ ((∃a) in_TAKE_OFF_as_pl(a, x)
```

```
        ⇒ ◇ (∃a) in_TRIP_as_pl(a, x))
    ...
}
```
□

Als Resümee der Diskussion des Ansatzes von C. Arapis läßt sich feststellen, daß der Einsatz temporaler Logiken zusammen mit einer objektorientierten Strukturierung der Systemspezifikation viele Parallelen mit dem TROLL-Ansatz aufweist. Im Gegensatz zu dieser direkten Anwendung von temporaler Logik wird in TROLL allerdings die Spezifikation des Verhaltens in temporaler Logik syntaktisch eingeschränkt und auf wenige auch intuitiv erklärbare Konzepte beschränkt. Dieses kommt sicherlich der Lesbarkeit und auch der Analysierbarkeit von Spezifikationen zu Gute.

In dem Ansatz von C. Arapis spielen die semantischen Modellierungskonzepte, die in TROLL den strukturierten Entwurf eines komplexen Systems unterstützen sollen, zugunsten des allgemeinen Einsatzes temporaler Logik eine eher untergeordnete Rolle. Eine Integration mächtigerer Konzepte für semantische Objektbeziehungen mit der Spezifikationslogik von C. Arapis ist aber sicher möglich.

6.2.3 CMSL von R. Wieringa

Die Sprache *CMSL* (Conceptual Model Specification Language) ist eine Sprache zur konzeptionellen Modellierung von Informationssystemen, die von R. Wieringa im Rahmen seiner Dissertation [Wie90] entwickelt wurde. Verschiedene Aspekte der Entwurfssprache CMSL wurden in [Wie91c, Wie91a, Wie91b] veröffentlicht.

Beispiel 6.2.7 Die Konzepte von CMSL werden an einem Beispiel aus [Wie90, Seite 418] erläutert. In der Beispielspezifikation wird eine Klasse von Automobilherstellern `Manufacturers` modelliert.

```
object spec Manufacturers
   forward
      Cars begin
         sorts
            CAR
      end Cars
   import
      PrimitiveParticulars, Owners, Names, Booleans, ACPtau
   identifier sorts
      MANF specializing OWNER
   functions
      m0 : MANF
   attributes
      name : MANF -> NAME [1-1]
      permission : MANF -> BOOL
   events
      permit : MANF -> MANF
      send-reg : MANF x CAR -> MANF global message
      withdraw-permit : MANF -> MANF final event
```

Der bisherige Spezifikationsteil legt die Signatur einer Objektklasse fest. Die Benutzung textuell weiter hinten stehender Spezifikationsteile muß mit einer **forward** Anweisung deklariert werden. Wie in TROLL müssen alle benutzten Spezifikationsteile explizit importiert werden; in CMSL gehören dazu auch der Datentyp `PrimitiveParticulars`, der Operationen zur Erzeugung von Objektidentifikatoren beschreibt, und der Datentyp `ACPtau`[1], der unter anderem die Signatur und Spezifikation einer Prozeßalgebra festlegt.

```
    variables
        m: MANF
        c : CAR
        n : NAME
    equations
[E1]  m eq m = true
    local event constraints
[LEC1]    permission(permit(m)) = true
[LEC2]    owns(send-reg(m,c)) = owns(m) + { c }
[LEC3]    permission(no-permit(m)) = false
    local event preconditions
[LEP1]    withdraw-permit(m)
              when owns(m) eq empty
    process
[P1]  MANF = permit . LIFE
[P1]  LIFE = (send-reg + sell) . LIFE + withdraw-permit
end spec Manufacturers
```

Einige der in der Spezifikation benutzten Namen werden aus anderen Spezifikationen importiert, so etwa das Attribut `owns`, das die Menge der Autos im Besitz des Herstellers modelliert. Im Abschnitt **local event constraints** werden Auswertungsregeln angegeben, hinter dem Schlüsselwort **local event preconditions** Sicherheitsbedingungen in Analogie zu den Sprachkonstrukten in TROLL. Mit **process** wird eine explizite Prozeßbeschreibung analog den **patterns** von TROLL eingeleitet. □

Im Vergleich zu den Konzepten, die in dieser Arbeit anhand der Sprache TROLL diskutiert wurden, muß in CMSL vieles explizit algebraisch spezifiziert werden, was in TROLL implizit durch die Sprachkonzepte vorgegeben wird. Dieser Effekt wird aber durch eine intensive Wiederverwendung parametrisierter Spezifikationsteile ausgeglichen. Konzeptionelle Unterschiede liegen vor allem in den folgenden Bereichen:

- CMSL basiert vollständig auf algebraischer Spezifikation. Objektbeschreibungen entsprechen Datentypen und können wie Datentypen importiert werden. Namensräume werden explizit als Datentyp spezifiziert. TROLL verwendet die gleiche semantische Konstruktion, definiert die Semantik aber implizit.

[1] `ACPtau` für die Prozeßalgebra ACP_τ mit verborgenen Ereignissen (algebra of communicating processes with invisible events τ).

- Ereignisse entsprechen (wie in der Sprache FOOPS) Funktionen mit Objektidentifikatoren als Eingabe- und Ausgabeparametern. Deshalb können Gleichungsspezifikationen zur Beschreibung der Auswertungsregeln eingesetzt werden.
- Das dynamische Verhalten wird durch Werte eines Datentyps Prozeß modelliert, der algebraisch aus Ereignistermen zusammengesetzt wird.
- CMSL arbeitet allein auf der Spezifikationsebene; die Unterscheidung etwa zwischen syntaktischer und semantischer Inklusion und Vererbung trifft deshalb hier nicht in dem Maße zu wie in TROLL.

Als Gemeinsamkeit zwischen CMSL und TROLL fällt insbesondere die konzeptionelle Rolle der Vererbungsbeziehungen zwischen dynamischen Rollen und Spezialisierungen auf, die in klassischen algebraischen Ansätzen in der Regel nur auf der statischen Ebene der Untertypen betrachtet wird. Hier zeigt sich eine große konzeptionelle Nähe der beiden Ansätze.

6.2.4 Object / Behaviour Diagrams nach G. Kappel und M. Schrefl

Object / Behaviour Diagrams (kurz OBD) wurden von G. Kappel und M. Schrefl in [KS91a, KS91b] beschrieben. Die OBD Notation basiert in ihrem strukturellen Teil auf einem erweiterten ER-Model und in ihrer Verhaltensbeschreibung auf Petri-Netzen.

Eine OBD-Spezifikation besteht aus einer Reihe von Diagrammen, die verschiedene Aspekte eines Informationssystems beschreiben:

- *Object diagrams* beschreiben die strukturelle Sicht auf eine Objektgesellschaft in Form eines hierarchisch dargestellten ER-Diagrams. Die Modellierungskonzepte umfassen die in Abschnitt 2.3.2 beschriebenen Konzepte erweiterter ER-Modelle.
- *Life cycle diagrams* beschreiben Objektlebensläufe von Objekten einer Klasse in Form von Petri-Netzen. Den Stellen eines Netzes sind hierbei explizit benannte Objektzustände zugeordnet. Die Transitionen entsprechen Ereignissen des Objekts. In den Petri-Netzen der Life cycle diagrams entsprechen die Transitionen den Ereignissen der Objekte; die Beschreibung lokaler Objektlebensläufe wird also durch eine operationale Prozeßbeschreibung festgelegt. Synchronisation erfolgt durch Angabe von Trigger-Beziehungen, passive und aktive Ereignisse werden graphisch unterschieden.
- *Domain restrictions* entsprechen globalen Integritätsbedingungen zwischen Objektklassen, die von Ereignissen eingehalten werden müssen.
- *Activity specification diagrams* geben die Signatur von Ereignissen (sogenannten "Aktivitäten") und eine deskriptive Spezifikation dieser Ereignisse in Form von Vor- und Nachbedingungen an.

- In den *Activity realization diagrams* wird die operationale Realisierung von Aktivitäten lokal im Objekt angegeben. Der Kontrollfluß wird durch Sequenz, Alternative und Iteration in Form von Nassi-Shneiderman Diagrammen beschrieben. Lokale Eigenschaften des Objekts können explizit manipuliert werden.
- Kommunikation durch Ereignsisaufruf wird über *Activity invocation diagrams* gesteuert.

Konzeptionell sind die Object / Behaviour Diagrams nach G. Kappel und M. Schrefl sehr nahe an den in dieser Arbeit vorgestellten Konzepten der Sprache TROLL — beide Sprachen unterstützen dasselbe intuitive Objektkonzept und basieren die Systemstrukturierung auf Konzepten semantischer Datenmodelle. Als Unterschied fällt vor allem auf, daß die Objektdynamik in den Object / Behaviour Diagrams durch bereits etablierte operationale Konzepte beschrieben wird, was einer Implementierung des Modells zu Gute kommen dürfte. Der TROLL-Ansatz hingegen ist bewußt implementierungsunabhängig auf der Basis deskriptiver Beschreibungslogiken aufgebaut.

6.3 Ausdrucksfähigkeit der Objektspezifikation

Die vorgestellten Spezifikationssprachenkonzepte für objektorientierte Systeme wurden bisher anhand typischer Informationssystemmodellierungen eingeführt und diskutiert. Im folgenden Abschnitt soll nun die Ausdrucksfähigkeit der Sprache TROLL durch Modellierung anderer Systeme und Konzepte aus dem Bereich der Informatikgrundlagen gezeigt werden.

6.3.1 Turing-Maschine als Objekt

Eine wichtige Diskussion im Bereich der Datenbankforschung bezieht sich auf die Fragestellung, welche Teilsprachen zur Beschreibung von Datenbankwendungen berechnungsuniversell sein sollten und welche nicht. Allgemeiner Konsens ist, daß nicht berechnungsuniverselle Sprachen als Grundlage von Anfragesprachen und Sprachen für elementare Transaktionen sinnvoll sind, um z.B. dem Datenbankmanagementsystem Optimierungen zu ermöglichen. Theoretische Konzepte wie Anfragealgebren und auch realisierte Anfragesprachen wie SQL folgen diesem Ansatz.

Unbestritten ist aber auch, daß beliebige komplexe Transaktionen (insbesondere auch Transaktionen im Entwurfsdatenbankbereich) und langfristige Anwendungsprozesse nicht derart eingeschränkt werden können, um beliebige Anwendungen beschreiben zu können — nicht umsonst werden Datenbankanwendungen in der Regel in berechnungsuniversellen Programmiersprachen geschrieben [NBL91, Neu92].

Beispiel 6.3.1 Auch wenn die Mächtigkeit der vorgestellten Sprachen für die objektorientierte Spezifikation bereits an den bisherigen Beispielen deutlich geworden sein sollte, kann dieser Eindruck dadurch bestätigt werden, daß eine einfache Turingmaschine in TROLL als Objekt spezifiziert wird.

```
object Turingmaschine
  template
    data types
      Symbol, Zustand, Move = { -1, 0, +1 }, bool, integer;
    attributes
      Band (integer) : Symbol;
      constant Programm(Zustand,Symbol,Move,Zustand,Symbol): bool;
      Position: integer;
      State: Zustand;
    events
      birth Create;
      active Schritt;
    constraints
      initially Position = 0 and State = Z_0 and defined(Band(0));
    valuations
      variables z:Move, a:Zustand, b:Symbol;
      {Programm(State,Band(Position),0,a,b)} ==>
        [Schritt] Band(Position) = b, State = a;
      {Programm(State,Band(Position),z,a,b) and not (z=0)} ==>
        [Schritt] Position = Position + z, State = a;
    permissions
      { not (State = Z_e) } Schritt;
end object Turingmaschine.
```

In diesem Beispiel wird die abkürzende Schreibweise von TROLL für Auswertungsregeln mit gleicher Bedingung und Ereignisterm benutzt, bei der mehrere Attributänderungen in einer Regel durch Komma getrennt aufgeführt werden können.

Die Werte für das Programm und das Eingabewort müssen noch geeignet als Parameter dem Geburtsereignis mitgegeben werden (hier nicht vollständig spezifiziert). Alternativ könnte das 'Programm' und / oder die Eingabe auf dem Band auch als initiale Integritätsbedingung fest kodiert werden.

Die Kodierung des Anfangs- und Endzustandes in dem Datentyp `Zustand` kann vermieden werden, wenn als Datentyp etwa `string` genommen wird und Anfangs- und Endzustand als weitere konstante Attribute aufgenommen werden (analog für Bandsymbole). Die Benutzung von `undefined` als 'Platzhaltersymbol' kann durch eine geeignete Initialisierung des (unendlichen) Bands in Form einer Integritätsbedingung umgangen werden.

Eine weitere Integritätsbedingung

```
initially sometime ( State = Z_e );
```

könnte nun ausdrücken, daß die Berechnung der Maschine tatsächlich terminieren soll, wir also keine unendlichen Berechnungen als Modell der Spezifikation zulassen wollen. Diese Terminierungsbedingung kann äquivalent als Lebendigkeitsforderung **obligation** für ein zusätzliches `Success`-Ereignis formuliert werden (mit der Sicherheitsbedingung '`State = Z_e`' für das Ereignis `Success`). □

Je nach dem, was explizit in der Spezifikation angegeben wurde (Eingabe auf dem Band, Programmtext, ...) lassen sich verschiedene Konsistenzbedingungen formulieren, deren Erfüllbarkeitsverifikation jeweils auf das Halteproblem zurückgeführt werden kann. Ein Beispiel ist die Vorgabe eines festen Programms als explizite Integritätsbedingung. Die Spezifikation ist genau dann konsistent, wenn eine Eingabe existiert, die ein nicht leeres Modell (hier einen Lebenslauf) hat — also wenn das gegebene Programm für mindestens eine Eingabe terminiert. Der Erfüllbarkeitsbeweis für die Integritätsbedingung (und damit für die gesamte Spezifikation) entspricht dann dem Beweis der Terminierung.

Dieses Beispiel zeigt nicht nur die Mächtigkeit der Spezifikationssprache auf, sondern auch die Probleme, die mit dieser Mächtigkeit automatisch daherkommen. Die Konsistenzprüfung für diese Spezifikation, d.h. der Beweis, ob die Integritätsbedingung für gegebenes Eingabeprogramm erfüllbar ist, ist unentscheidbar da rückführbar auf das Halteproblem. Allgemein zeigt uns dieses kurze Beispiel, daß einfache temporale Integritätsbedingungen wie auch Lebendigkeitsforderungen ausreichen, um den Nachweis der Konsistenz gegebener Spezifikationen zu einem unentscheidbaren Problem zu machen.

6.3.2 Zellularautomat als Objektgesellschaft

Zellularautomaten sind eine Abstraktion verteilt arbeitender synchronisierter Maschinen, die nach einem einfachen Schema angeordnet sind und nur lokal miteinander kommunizieren können [Vol79]. Wir werden ein sehr einfaches Beispiel dieser Berechnungsarchitektur modellieren, um die Ausdrucksfähigkeit von TROLL zur Beschreibung derartiger Modelle zu demonstrieren.

Zu diesem Zweck werden wir diesmal nicht allgemeine Zellularautomaten oder ein verwandtes Berechnungsmodell spezifizieren, sondern ein einfaches und allgemein bekanntes Beispiel eines derartigen Automaten[2] nehmen, nämlich das bekannte "Game of Life" ("Spiel des Lebens") von J. Conway [Gar70, Gar71, Vol79].

Das Spiel des Lebens spielt auf einem (unendlichen) Gitter bzw. quadratischen Raster. Felder des Rasters sind potentielle Plätze für Zellen. Leere Plätze sind mit 0 markiert, mit Zellen belegte Plätze mit 1. In jeder Generation wird die Zellpopulation neu berechnet: Zellen mit zu wenigen (< 3) oder zu vielen (> 4) Nachbarn sterben ab, und auf freien Plätzen mit der passenden Anzahl von 3 Nachbarzellen werden neue Zellen geboren. Der Generationswechsel ist global synchronisiert.

Wie kann nun ein derartiges Spiel in TROLL spezifiziert werden? Es liegt nahe, die Plätze des Gitters als Objekte zu modellieren und ein globales Synchronisationsobjekt für den Generationswechsel einzuführen.

[2] Der Terminologie von [Vol79] handelt es sich beim Spiel des Lebens streng genommen nicht um einen Zellular*automaten*, sondern um einen Zellularraum, da das 'Spielfeld' unbegrenzt und somit unendlich ist.

Beispiel 6.3.2 *(nach [Vol79, Seiten 23–25])* Die Klasse der Gitterplätze STELLEN kann wie folgt spezifiziert werden.

```
object class STELLEN
  data types integer;
  identification x, y : integer;
  template
    including s in STELLEN
        where 0 < (s.x − x)² + (s.y − y)² < 3 as Nachbarn;
    attributes
      Zustand: { 0, 1 };
    events
      birth ErzeugeStelle;
      ErzeugeZelle;
      Neue Generation;
    valuation
      [ErzeugeStelle] Zustand = 0;
      [ErzeugeZelle] Zustand = 1;
      { count(select[Zustand=1](Nachbarn)) = 3 }
        ==> [NeueGeneration] Zustand = 1;
      { count(select[Zustand=1](Nachbarn)) < 3 }
        ==> [NeueGeneration] Zustand = 0;
      { count(select[Zustand=1](Nachbarn)) > 4 }
        ==> [NeueGeneration] Zustand = 0;
end object class STELLEN;
```

Die Bedingung der Objektinklusion für die **Nachbarn** wurde in der kompakteren mathematischen Notation geschrieben, die leicht in eine entsprechende TROLL-Formel umgeformt werden kann. Falls genau vier Nachbarn lebendig sind (Zustand = 1), bleibt der Zustand unverändert — dies erfolgt implizit durch die Rahmenregel. Man beachte, daß die beiden letzten Auswertungsregeln äquivalent zu einer einzigen Regel mit der Disjunktion der jeweiligen Bedingungen wären. Die Bedingungen der Auswertungsregeln sind in der Anfragealgebra QUAL formuliert.

Die einzelnen Stellen wurden derart spezifiziert, daß jederzeit eine Zelle 'spontan' durch das Ereignis ErzeugeZelle entstehen kann. Will man diese 'Urzeugung' auf die Initialisierungsphase begrenzen, kann dies durch eine einfache Sicherheitsbedingung erfolgen.

Zur Vervollständigung der Spezifikation muß noch eine globale Uhr spezifiziert werden, die alle Generationen synchronisiert.

```
object MasterControll
  including s in STELLEN as Stellen;
  events
    birth UrKnall;
    Generation;
  interaction
    Generation >> s.NeueGeneration;
```

```
end object MasterControll;
```

Die Initialisierungsphase ist hier nicht mitspezifiziert worden — die Erzeugung der Gitterstellen kann durch den `UrKnall` erfolgen (über Ereignisaufruf), die Erzeugung der initialen Zellen müßte von außen erfolgen. □

Diese erste Spezifikation arbeitet mit unendlich vielen Objekten, von denen zu jedem Spielzustand (nach einer endlichen Anfangsbelegung !) nur endlich viele aktiv sein können. Eine verbesserte Variante dieser Spezifikation würde — ausgehend vom initialisierten Anfangszustand - neu aktiv werdende Objekte (Plätze) erst bei Bedarf kreieren. Als Resümee dieser kurzen Beispielspezifikation läßt sich festhalten, daß verteilte synchrone Berechnungsmodelle wie Zellularautomaten sich erstaunlich einfach und elegant in TROLL modellieren lassen.

6.3.3 Asynchrone Berechnungsmodelle in TROLL

Im vorigen Abschnitt mußte ein Objekt zusätzlich eingeführt werden, um eine synchrone verteilte Berechnung explizit zu synchronisieren. Vom Konzept her ist die Sprache TROLL direkt auf die Modellierung asynchroner Berechnungen abgestimmt, wie das folgende bekannte Beispiel der "speisenden Philosophen" zeigt [Hoa85, Abschnitt 2.5]. Die konkrete Beispielspezifikation in der Vorläufersprache **Oblog$^+$** wurde der Diplomarbeit von M. Thulke [Thu91] entnommen.

Beispiel 6.3.3 *(aus [Thu91, Seite 82])* Die folgende Objektgesellschaft modelliert eine Ansammlungen von jeweils `N` Philosophen und Gabeln, wobei der Philosoph `i` Zugriff auf die Gabeln `i` und `i+1` hat (modulo N gerechnet). Die Philosophen sitzen um einen runden Tisch, mit jeweils einer Gabel links und rechts, die sie sich mit den Nachbarn teilen müssen. Zum Essen benötigen sie beide Gabeln.

```
object society DiningPhilosophers;
  object class PHIL
    identification pnum: [1..N];
    template
      including F in FORK where
        (F.fnum = (self.pnum mod N)+1) or          (* linke Gabel *)
        (F.fnum = self.pnum)                       (* rechte Gabel *)
          as MY_FORKS;
      events
        birth birth;
        active take_forks;
        active drop_forks;
      interaction
        variables F: |MY_FORKS|;
        calling
          take_forks >> MY_FORKS(F).taken;
          drop_forks >> MY_FORKS(F).dropped;
  end object class PHIL;
```

```
    object class FORK
       identification fnum: [1..N];
       template
          attributes
             in_use: bool;
          events
             birth birth;
             taken;
             dropped;
          valuation
             [birth] in_use = false;
             [taken] in_use = true;
             [dropped] in_use = false;
          safety
             { in_use } dropped;
             { not (in_use) } taken;
    end object class FORK;
end object society DiningPhilosophers.
```

Auch in dieser Spezifikation müßte ein zusätzliches Objekt eingeführt werden, um die Objektgesellschaft zu initialisieren (siehe [Thu91]).

Zu bemerken bleibt, daß obige Spezifikation nur die Grundsituation der Problemstellung der speisenden Philosophen spezifiziert — auf eine *Lösung* der Problematik (keine Verklemmungen etc.) wurde an dieser Stelle verzichtet. □

Bereits dieses kurze Beispiel zeigt, daß viele Fragestellungen verteilter Systeme durch Spezifikationen in TROLL modelliert werden können — und daß somit auch die Analyse von TROLL-Spezifikationen die Komplexität der Analyse verschiedener Modelle verteilter Verarbeitungsabläufe erreicht.

Literaturhinweise

In den vergleichenden Abschnitten über andere Sprachansätze wurden an Ort und Stelle ausführliche Literaturhinweise für Originalliteratur und Übersichtswerke gegeben. Automatenkonzepte (wie etwa die Turingmaschine) sind ausführlich in den bekannten Lehrbüchern der theoretischen Informatik und der Automatentheorie behandelt, so etwa in dem Buch von A. Salomaa [Sal78].

Das Beispiel des "Spiel des Lebens" als Zellularautomat wurde aus dem Buch von R. Vollmar entnommen [Vol79]. In diesem Buch werden verschiedene Berechnungsmodelle für verteilte synchronisierte Berechnungen diskutiert. Das Spiel des Lebens wurde ursprünglich in einer Kolumne des Scientific American vorgestellt [Gar70, Gar71].

Das Beispiel der speisenden Philosophen wurde dem Buch von T. Hoare [Hoa85, Abschnitt 2.5] entnommen. Dieses Buch enthält eine gründliche Aufarbeitung der Konzepte allgemeiner verteilter Berechnungsvorgänge auf der Basis kommunizierender Prozesse.

Kapitel 7

Resümee und Ausblick

Am Abschluß des vorliegenden Buchs steht ein kurzer Überblick über die vorgestellten Konzepte sowie ein Ausblick auf zukünftige, sich bereits abzeichnende Entwicklungen.

Resümee

Auch im Bereich des Entwurfs von Informationssystemen spielt die *formale Beschreibung* auf der konzeptionellen Ebene eine wichtige Rolle im Entwurfsprozeß. Etablierte formale Beschreibungsmethoden sind oft nicht geeignet, die inhärente Komplexität interaktiver Informationssysteme mit persistenten Daten in der Modellbildung adäquat zu beherrschen. Als Ergebnis müssen Teilbereiche der Systemmodellierung in voneinander unabhängigen Formalismen oder gar informell beschrieben werden, so daß keine übergreifende formale Basis der Gesamtbeschreibung bestehen kann.

Der Ansatz der Modellierung von Informationssystemen durch *Objektgesellschaften* versucht dieses Manko zu beheben, indem alle Komponenten eines Informationssystems — persistente Daten, Anwendungsprozesse, Benutzerschnittstellen etc. — einheitlich durch ein einziges Konzept, nämlich durch *Objekte*, beschrieben werden.

Die objektorientierte Spezifikation bietet einen formalen Rahmen, um Objekte als eingekapselte Einheiten von Struktur und Verhalten als Basiseinheiten einer Systemmodellierung zu beschreiben. Die Spezifikation einzelner Objekte basiert auf dem Einsatz temporaler Logik und Prozeßbeschreibungssprachen. Als semantische Interpretationsstrukturen für Objekte können lineare Prozesse mit Beobachtungsstrukturen eingesetzt werden.

Objekte können in vielfältiger Beziehung zueinander stehen; sie kommunizieren miteinander, sie erben Eigenschaften von anderen Objekten, sie sind Klassen zugeordnet, sie setzen sich aus anderen Objekten zusammen. Der in dieser Arbeit vorgestellte Spezifikationsansatz überträgt die Strukturierungskonzepte semantischer Datenmodelle und Wissensrepräsentationsformalismen zur Beschreibung derartiger Beziehungen auf das vorgestellte formale Objektkonzept. Als semantische Grundlage dient jeweils die sichere Objektinklusion.

Aufbauend auf diesen Konzepten können komplexe Systeme als *Objektgesellschaften* beschrieben werden. Beschreibungen solcher Objektgesellschaften können schnell sehr komplex werden, so daß Konzepte wie Spezifikationsbibliotheken, Modularisierung und Einkapselung durch anwendungsspezifische Sichten unverzichtbar für die Unterstützung des Entwurfsprozesses sind. Formale Implementierung ermöglicht eine schrittweise Verfeinerung von abstrakten Systemen hin zu ausführbaren Systembeschreibungen. Die Modellierung von Systemaktivität ist ein wichtiger Anteil der Beschreibung interaktiver Systeme, der in vielen etablierten Beschreibungsverfahren nicht adäquat berücksichtigt wird.

In dieser Arbeit wurden all diese Aspekte der Modellierung von Informationssystemen im Rahmen der objektorientierten Spezifikation diskutiert, wenn auch in unterschiedlichem Detaillierungs- und Formalisierungsgrad. Es sollte deutlich geworden sein, daß die objektorientierte Spezifikation, etwa in der Sprache TROLL, ein vielversprechender Ansatz ist, eine integrierte Beschreibung aller Systemaspekte in einem einheitlichen Formalismus zu ermöglichen.

Ausblick

In dieser Arbeit wurden im Wesentlichen nur die Grundlagen der objektorientierten Spezifikation behandelt. Viele Gebiete wurden nur angerissen, oft auch deshalb, weil diese Gebiete Inhalt aktueller Forschungsaktivitäten sind und noch im stetigen Wandel und Fortschritt begriffen sind. Einige dieser Gebiete seien im folgenden nur kurz skizziert und einige Literaturangaben als Einstiegspunkte in die aktuelle Forschung gegeben.

Auf dem Bereich der *semantischen Modelle* für Objekte ist sicher noch eine Reihe von Forschungsaktivitäten zu erwarten, die die verschiedenen Prozeßmodelle und Objektmorphismen als semantische Interpretationsstrukturen für Objektspezifikationen und deren Eigenschaften behandeln. Das in dieser Arbeit vorgestellte einfache Modell ist als intuitiv verständliche Modellbildung ausgewählt worden, hat aber Schwächen etwa bei der Modellierung von echter Parallelität und verschiedener Abstraktionskonzepte (etwa Sichten). Eine Diskussion der Problematik und des Stands der Forschung kann in [ES91] gefunden werden.

Die vorgestellte temporale Logik ist ausreichend für die Beschreibung isolierter Objekte, aber die Zusammensetzung derartiger Objekttheorien zu Objektsystemen ist problematisch, unter anderem da hier ein Übergang von lokaler zu globaler Zeit vollzogen wird. Themengebiete wie Deduktionssysteme für Objektspezifikationen und formale Verifikation werden sicher einen Schwerpunkt zukünftiger Forschung bilden. Eine Diskussion von geeigneten *Logiken für dynamische Objekte* kann in [FSMS91, FM90, FM91] gefunden werden.

Ein wichtiger Aspekt des objektorientierten Entwurfs ist *Vererbung mit Neudefinition* von Ereignissen und Attributen; ein Aspekt, der im vorgestellten Ansatz nicht integriert ist. Einen formalen Rahmen für diesen Aspekt können die Arbeiten [BL91, BRL91] bieten.

Die Integration der unterschiedlichen Ansätze für objektorientierte Datenbanken, den sogenannten Objektlogiken, und der hier vorgestellten Objektspezifikation ist sicher ein wichtiger Punkt für zukünftige Entwurfs- und Implementierungsmethoden für Informationssysteme. Objektlogiken und objektorientierte Datenmodelle bieten ausgereifte Vorschläge zum Zugriff auf große Objektbanken über mächtige Anfrageformalismen, während die hier vorgestellte Objektspezifikation eine mächtige Beschreibungssprache für Objektdynamik bietet — ein Aspekt, der den beiden anderen Ansätzen bisher noch fehlt.

Weitere interessante Fragestellungen für die zukünftige Entwicklung, auf die hier nicht im Detail eingegangen werden kann, sind sicher die Entwicklung von geeigneten Entwurfsmethoden, die Integration mit etablierten Spezifikations- und Verifikationstechniken, Ausführungsmodelle für Objektgesellschaften, graphische Präsentation von Objektsystemen und Unterstützungssysteme für den Entwurf von Objektspezifikationen.

Literatur

[ABD⁺89] Atkinson, M.; Bancilhon, F.; DeWitt, D.; Dittrich, K. R.; Maier, D.; Zdonik, S. B.: The Object-Oriented Database System Manifesto . In: Kim, W.; Nicolas, J.-M.; Nishio, S. (Hrsg.): *Proc. Int. Conf. on Deductive and Object-Oriented Database Systems*, Kyoto, Japan, Dezember 1989. S. 40–57.

[Abi88] Abiteboul, S.: Updates: a New Frontier. In: Gyssens, M.; Paredaens, J.; Van Gucht, D. (Hrsg.): *Int. Conf. on Database Theory (ICDT'88)*. Springer, LNCS 326, 1988, S. 1–18.

[Abi90] Abiteboul, S.: Towards a Deductive Object-oriented Database Language. *Data & Knowledge Engineering*, Band 5, Nr. 2, 1990, S. 263–287.

[AG91] Alencar, A. J.; Goguen, J. A.: OOZE: An Object Oriented Z Environment. In: America, P. (Hrsg.): *Proc. ECOOP'91 European Conf. on Object-Oriented Programming*. Springer-Verlag, 1991, S. 180–199.

[Agh86] Agha, G.: *Actors. A Model of Concurrent Computation in Distributed Systems.* The MIT Press, Cambridge, MA, 1986.

[Agh90] Agha, G.: Concurrent Object-Oriented Programming. *Communications of the ACM*, Band 33, Nr. 9, 1990, S. 125–141.

[AH87] Abiteboul, S.; Hull, R.: IFO — A Formal Semantic Database Model. *ACM Transactions on Database Systems*, Band 12, Nr. 4, 1987, S. 525–565.

[AK89] Abiteboul, S.; Kanellakis, P.: Object identity as a query language primitive. Technical Report CS-89-26, Brown University, 1989.

[Ame87] America, P.: POOL-T: A Parallel Object-Oriented Language. In: Yonezawa, A.; Tokoro, M. (Hrsg.): *Object-Oriented Concurrent Programming*, Cambridge, MA, 1987. The MIT Press, S. 199–220.

[Ara91a] Arapis, C.: Temporal Specifications of Object Behavior. In: Thalheim, B.; Demetrovics, J.; Gerhardt, H.-D. (Hrsg.): *Proc. 3rd Symp. Mathematical Fundamentals of Database and Knowledge Base Systems MFDBD '91*, Rostock, 1991. LNCS 495, Springer-Verlag, S. 308–324.

[Ara91b] Arapis, C.: Temporal Specifications of Object Interactions. In: Göers, J.; Heuer, A.; Saake, G. (Hrsg.): *Proc. 3rd Workshop on Foundations of Models and Languages for Data and Objects*, Aigen, Österreich, 1991. Informatik-Bericht 91/3, TU Clausthal, S. 15–36.

[Bau91] Baumann, P.: Die Spezifikation informationsverarbeitender Systeme mit Abstrakten Objekttypen. In: Appelrath, H.-J. (Hrsg.): *BTW'91*. Springer, Berlin, 1991, S. 379–387.

[BB92] Breutmann, B.; Burkhardt, R.: *Objektorientierte Systeme. Grundlagen – Werkzeuge – Einsatz.* Carl Hanser Verlag, München, 1992.

[BBE+90] Bochmann, G. v.; Barbeau, M.; Erradi, M.; Lecomte, L.; Mondain-Monval, P.; Williams, N.: Mondel: An Object-Oriented Specification Language. Département d'informatique et de recherche opérationnelle, Publication 748, Université de Montréal, 1990.

[Bee90] Beeri, C.: A Formal Approach to Object Oriented Databases. *Data & Knowledge Engineering*, Band 5, Nr. 4, 1990, S. 353–382.

[BI86] Bibliographischen Instituts, Fachredaktionen des (Hrsg.): *Schülerduden. Die Informatik*. Bibliographisches Institut, Mannheim, 1986. Bearbeitet von Volker Claus und Andreas Schwill.

[BL91] Brass, S.; Lipeck, U.: Semantics of Inheritance in Logical Object Specifications. In: Delobel, C.; Kifer, M.; Masunaga, Y. (Hrsg.): *Proc. 2nd Int. Conf. on Deductive and Object-Oriented Databases DOOD'91*. Springer-Verlag, 1991, S. 411–430.

[BM91] Beeri, C.; Milo, T.: A Model for Active Object Oriented Database. In: Lohman, G. M.; Sernadas, A.; Camps, R. (Hrsg.): *VLDB'91*. Morgan Kaufman, 1991, S. 337–349.

[BMO+89] Bretl, R.; Maier, D.; Otis, A.; Penney, J.; Schuchardt, B.; Stein, J.; Williams, E. H.; Williams, M.: The GemStone Data Management System. In: Kim, W.; Lochovsky, F. H. (Hrsg.): *Object-Oriented Concepts, Databases, and Applications*. ACM Press/Addison-Wesley, New York, NY/Reading, MA, 1989, S. 283–308.

[Boo91] Booch, G.: *Object Oriented Design with Applications*. Benjamin / Cummings, Redwood City, 1991.

[BRL91] Brass, S.; Ryan, M.; Lipeck, U.W.: Hierarchical Defaults in Specifications. In: Saake, G.; Sernadas, A. (Hrsg.): *Information Systems - Correctness and Reusability*. TU Braunschweig, Informatik Bericht 91-03, 1991, S. 179–201.

[CC91] Chin, R. S.; Chanson, S. T.: Distributed Object-Based Programming Systems. *ACM Computing Surveys*, Band 23, Nr. 1, 1991, S. 91–124.

[CCCR+90] Cacace, F.; Ceri, S.; Crespi-Reghizzi, S.; Tanca, L.; Zicari, R.: Integrating Object-Oriented Data Modeling with a Rule-Based Programming Paradigm. In: *Proc. ACM SIGMOD Conf. on Management of Data*, 1990, S. 225–236.

[CCT90] Ceri, S.; Cacace, F.; Tanca, L.: Object Orientation and Logic Programming for Databases: a Season's Flirt or Long–term Marriage? In: Schmidt, J. W.; Stogny, A. A. (Hrsg.): *Next Generation Information System Technology*. Springer LNCS 504, 1990, S. 124–143.

[CDD+89] Carrington, C.; Duke, D.; Duke, R.; King, P.; Rose, G.; Smith, G.: Object-Z: An Object Oriented Extension to Z. In: *Proc. FORTE'89 — Int. Conf. on Formal Description Techniques, Vancouver*. Addison-Wesley, 1989.

[CG92] Conrad, S.; Gogolla, M.: An Annotated Bibliography on Object-Orientation and Deduction. *ACM SIGMOD RECORD*, Band 21, Nr. 1, 1992, S. 123–132.

[CGH92] Conrad, S.; Gogolla, M.; Herzig, R.: TROLL *light*: A Core Language for Specifying Objects. Informatik-Bericht 92-02, TU Braunschweig, 1992.

[CHB92] Coleman, D.; Hayes, F.; Bear, S.: Introducing Objectcharts or How to Use Statecharts in Object-Oriented Design. *IEEE Transactions on Software Engineering*, Band 18, Nr. 1, 1992, S. 9–18.

[Che76] Chen, P. P.: The Entity-Relationship Model – Toward a Unified View of Data. *ACM Transactions on Database Systems*, Band 1, Nr. 1, 1976, S. 9–36.

[CHJ86] Cohen, B.; Harwood, W.T.; Jackson, M.I.: *The Specification of Complex Systems.* Addison-Wesley, Wokingham, England, 1986.

[Cho92a] Chomicki, J.: History-less Checking of Dynamic Integrity Constraints. In: *Proc. 8th IEEE Conf. on Data Engineering, Phoenix, Arizona*, 1992.

[Cho92b] Chomicki, J.: Real-Time Integrity Constraints. In: *Proc. 11th ACM SIGACT-SIGMOD-SIGART Symp. on Database Systems, San Diego, California*, 1992.

[CL91] Cusack, E.; Lai, M.: Object-Oriented Specification in LOTOS and Z or, My Cat is Really Object-Oriented! In: Bakker, J. de; Roever, W. de; Rozenberg, G. (Hrsg.): *Foundations of Object-Oriented Languages (Proc. REX School/Workshop)*, Noordwijkerhood (NL), 1990, 1991. LNCS 489, Springer-Verlag, Berlin, S. 179–202.

[Cod70] Codd, E. F.: A Relational Model of Data for Large Shared Data Banks. *Communications of the ACM*, Band 13, 1970, S. 67–89.

[Cod79] Codd, E. F.: Extending the Database Relational Model to Capture More Meaning. *ACM Transactions on Database Systems*, Band 4, Nr. 4, 1979, S. 397–434.

[Con91] Conrad, S.: Ansätze zur Integration von Objektorientierung und Deduktion. Diplomarbeit, Technische Universität Braunschweig, 1991.

[Cox86] Cox, B.J.: *Object-Oriented Programming: An Evolutionary Approach.* Addison-Wesley, Reading, MA, 1986.

[CRS89] Cusack, E.; Rudkin, S.; Smith, C.: An Object-Oriented Interpretation of LOTOS. In: *Proc. FORTE'89 — Int. Conf. on Formal Description Techniques, Vancouver.* Addison-Wesley, 1989.

[CS88] Carmo, J.; Sernadas, A.: A Temporal Logic Framework for a Layered Approach to Systems Specification and Verification. In: Rolland, C.; Bodart, F.; Leonard, M. (Hrsg.): *Proc. IFIP WG 8.1 Conf. on Temporal Aspects in Information Systems.* North-Holland Publ. Comp., Amsterdam, 1988, S. 31–46.

[CSS89] Costa, J. F.; Sernadas, A.; Sernadas, C.: OBL-89. User's Manual. Version 2.3. Technical Report, Instituto Superior Técnico, Instituto de Engenharia de Sistemas e Computadores, Lisbon, 1989.

[CSS91] Costa, J.-F.; Sernadas, A.; Sernadas, C.: Objects as Non-sequential Machines. In: Saake, G.; Sernadas, A. (Hrsg.): *Information Systems - Correctness and Reusability.* TU Braunschweig, Informatik Bericht 91-03, 1991, S. 25–60.

[CSSE92] Costa, J.-F.; Sernadas, A.; Sernadas, C.; Ehrich, H.-D.: Object Interaction. In: Havel, I.; Koubek, V. (Hrsg.): *Mathematical Foundations of Computer Science (MFCS'92).* Springer Verlag, 1992, S. 200–208.

[Cus91] Cusack, E.: Inheritance in Object Oriented Z. In: America, P. (Hrsg.): *Proc. ECOOP'91 European Conf. on Object-Oriented Programming.* Springer-Verlag, 1991, S. 167–179.

[CW89] Chen, W.; Warren, D.S.: C-Logic of Complex Objects. In: *Proc. ACM SIGACT SIGMOD SIGART Symp. on Principles of Database Systems*, 1989, S. 369–378.

[CY90] Coad, P.; Yourdon, E.: *Object-Oriented Analysis.* Prentice Hall, Englewood Cliffs, New Jersey, 1990.

[CY91] Coad, P.; Yourdon, E.: *Object-Oriented Design.* Prentice Hall, Englewood Cliffs, New Jersey, 1991.

[DAF86] DAFTG, Database Architecture Framework Task Group (DAFTG) of the ANSI/X3/SPARC Database System Study Group: Reference Model for DBMS Standardization. *ACM SIGMOD Records*, Band 15, Nr. 1, 1986, S. 19–58.

[Dah87] Dahl, O.-J.: Object Oriented Specification. In: Shriver, B.; Wegner, P. (Hrsg.): *Research Directions in Object-Oriented Programming*, Cambridge, MA, 1987. The MIT Press, S. 561–576.

[Dat90] Date, C. J.: *An Introduction to Database Systems. Volume I.* Addison-Wesley, Reading, MA, 5th Edition, 1990.

[Day88] Dayal, U.: Active Database Management Systems. In: *Proc. Conf. on Data and Knowledge Bases*, Jerusalem, 1988. S. 150–169.

[Day89] Dayal, U.: Queries and Views in an Object-Oriented Data Model. In: Hull, R.; Morrison, R.; Stemple, D. (Hrsg.): *Proc. 2nd Int. Workshop on Conf. on Databases Programming Languages.* Morgan Kaufman, 1989, S. 80–102.

[DDB91] Dittrich, K. R.; Dayal, U.; Buchmann, A. P. (Hrsg.): *On Object-Oriented Databases.* Topics in Information Systems, Springer-Verlag, Berlin, 1991.

[DDP93] Dubois, E.; Du Bois, P.; Petit, M.: O-O Requirements Analysis: An Agent Perspective. In: Nierstrasz, O. (Hrsg.): *ECOOP'93—Object-Oriented Programming (Proc. 7th European Conference)*, Kaiserslautern, 1993. LNCS 707, Springer-Verlag, Berlin, 1993, S. 458–481.

[DDR92] Dubois, E.; Du Bois, P.; Rifaut, A.: Elaborating, Structuring and Expressing Formal Requirements of Composite Systems. In: Loucopoulos, P. (Hrsg.): *Advanced Information Systems Engineering CAISE'92 (Proc. 4th Conf.)*, Manchester (UK), 1992. LNCS 593, Springer-Verlag, Berlin, 1992.

[DDRW91] Dubois, E.; Du Bois, P.; Rifaut, A.; Wodan, P.: GLIDER Manual. ICARUS Deliverable, Facultés Universitaires de Namur, Namur (B), 1991.

[Den91] Denert, E.: *Software-Engineering. Methodische Projektabwicklung.* Springer-Verlag, Berlin, 1991.

[Deu90] Deux, O.: The Story of O_2. *IEEE Transaction on Knowledge and Data Engineering*, Band 2, Nr. 1, 1990, S. 91–108.

[DMN70] Dahl, O. J.; Myrhaug, B.; Nygaard, K.: Simula 67: Common Base Language. Publication NS 22, Norsk Regnesentral (Norwegian Computing Center), Oslo, Norway, 1970.

[DN66] Dahl, O.J.; Nygaard, K.: SIMULA - an ALGOL-Based Simulation Language. *Communications of the ACM*, Band 9, Nr. 9, September 1966, S. 671–678.

[DoD80] DoD, Department of Defense (Hrsg.): *The Programming Language Ada Reference Manual.* Springer, Berlin, 1980.

[EDG88] Ehrich, H.-D.; Drosten, K.; Gogolla, M.: Towards an Algebraic Semantics for Database Specification. In: Meersmann, R.A.; Sernadas, A. (Hrsg.): *Proc. 2nd IFIP WG 2.6 Working Conf. on Database Semantics "Data and Knowledge" (DS-2)*, Albufeira (Portugal), 1988. North-Holland, Amsterdam, S. 119–135.

[EGH+92] Engels, G.; Gogolla, M.; Hohenstein, U.; Hülsmann, K.; Löhr-Richter, P.; Saake, G.; Ehrich, H.-D.: Conceptual modelling of database applications using an extended ER model. *Data & Knowledge Engineering, North-Holland*, Band 9, Nr. 2, 1992, S. 157–204.

[EGL89] Ehrich, H.-D.; Gogolla, M.; Lipeck, U.W.: *Algebraische Spezifikation abstrakter Datentypen.* Teubner, Stuttgart, 1989.

[EGS90] Ehrich, H.-D.; Goguen, J. A.; Sernadas, A.: A Categorial Theory of Objects as Observed Processes. In: deBakker, J.W.; deRoever, W.P.; Rozenberg, G. (Hrsg.): *Proc. REX/FOOL Workshop*, Noordwijkerhood (NL), 1990. LNCS 489, Springer, Berlin, S. 203–228.

[EGS92] Ehrich, H.-D.; Gogolla, M.; Sernadas, A.: Objects and their Specification. In: Bidoit, M.; Choppy, C. (Hrsg.): *Proc. 8th Workshop on Abstract Data Types (ADT'91)*. Springer, Berlin, LNCS 655, 1992, S. 40–65.

[EKMP82] Ehrig, H.; Kreowski, H.-J.; Mahr, B.; Padawitz, P.: Algebraic Implementation of Abstract Data Types. *Theoretical Computer Science*, Band 20, 1982, S. 209–263.

[EKTW86] Eder, J.; Kappel, G.; Tjoa, A.M.; Wagner, R.R.: BIER : The Behaviour Integrated Entity Relationship Approach. In: Spaccapietra, S. (Hrsg.): *Proc. 5th Int. Conf. on Entity-Relationship Approach*, Dijon, 1986. S. 147–166.

[ELG84] Ehrich, H.-D.; Lipeck, U. W.; Gogolla, M.: Specification, Semantics, and Enforcement of Dynamic Database Constraints. In: *Proc. Int. Conf. on Very Large Databases VLDB '84*, Singapore, 1984. S. 301–308.

[Elm92] Elmagarmid, A. K. (Hrsg.): *Database Transaction Models for Advanced Applications*. Morgan Kaufmann Publishers, San Mateo, California, 1992.

[EM85] Ehrig, H.; Mahr, B.: *Fundamentals of Algebraic Specification 1. Equations and Initial Semantics*. Springer-Verlag, Berlin, 1985.

[EM90] Ehrig, H.; Mahr, B.: *Fundamentals of Algebraic Specification 2. Module Specification and Constraints*. Springer-Verlag, Berlin, 1990.

[Eme90] Emerson, E. A.: Temporal and Modal Logic. In: Leeuwen, Jan van (Hrsg.): *Handbook of Theoretical Computer Science, Volume B, Formal Models and Semantics*. Elsevier, Amsterdam, and The MIT Press, Cambridge, 1990, S. 995–1072.

[EN89] Elmasri, R.; Navathe, S.B.: *Fundamentals of Database Systems*. Benjamin / Cummings Publ., Redwood City, CA, 1989.

[ES90] Ehrich, H.-D.; Sernadas, A.: Algebraic Implementation of Objects over Objects. In: deBakker, J. W.; deRoever, W.-P.; Rozenberg, G. (Hrsg.): *Proc. REX Workshop "Stepwise Refinement of Distributed Systems: Models, Formalisms, Correctness"*. LNCS 430, Springer, Berlin, 1990, S. 239–266.

[ES91] Ehrich, H.-D.; Sernadas, A.: Fundamental Object Concepts and Constructions. In: Saake, G.; Sernadas, A. (Hrsg.): *Information Systems – Correctness and Reusability*. TU Braunschweig, Informatik Bericht 91-03, 1991, S. 1–24.

[Esp93] Espírito Santo Data Informática, Lissabon, : OBLOG CASE V1.0 – The User's Guide. Espírito Santo Data Informática, Av. Alvares Cabral 41-5, 1200 Lissabon, Portugal, 1993.

[ESS88] Ehrich, H.-D.; Sernadas, A.; Sernadas, C.: Abstract Object Types for Databases. In: Dittrich, K. R. (Hrsg.): *Advances in Object-Oriented Database Systems*, Bad Münster am Stein, 1988. LNCS 334, Springer, Berlin, 1988, S. 144–149.

[ESS89] Ehrich, H.-D.; Sernadas, A.; Sernadas, C.: Objects, Object Types, and Object Identification. In: Ehrig, H.; Herrlich, H.; Kreowski, H.-J.; Preuß, G. (Hrsg.): *Categorical Methods in Computer Science*. LNCS 393, Springer, Berlin, 1989, S. 142–156.

[ESS90] Ehrich, H.-D.; Sernadas, A.; Sernadas, C.: From Data Types to Object Types. *Journal on Information Processing and Cybernetics EIK*, Band 26, Nr. 1-2, 1990, S. 33–48.

[ESS92] Ehrich, H.-D.; Saake, G.; Sernadas, A.: Concepts of Object-Orientation. In: *Proc. of the 2nd Workshop of "Informationssysteme und Künstliche Intelligenz: Modellierung", Ulm (Germany)*. Springer IFB 303, 1992, S. 1–19.

[EWH85] Elmasri, R. A.; Weeldreyer, J.; Hevner, A.: The Category Concept: An Extension to the Entity-Relationship Model. *Data & Knowledge Engineering*, Band 1, 1985, S. 75–116.

[FBC+87] Fishman, D. H.; Beech, D.; Cate, H.P.; Chow, E.C.; Connors, T.; Davis, J.W.; Derrett, N.; Hoch, C.G.; Kent, W.; Lyngbaek, P.; Mahbod, B.; Neimat, M.A.; Ryan, T.A.; Shan, M.C.: Iris: An Object-Oriented Database Management System. *ACM Transactions on Office Information Systems*, Band 5, Nr. 1, Januar 1987, S. 48–69.

[FGJM85] Futatsugi, K.; Goguen, J. A.; Jouannaud, J.-P.; Meseguer, J.: Principles of OBJ2. In: *Proc. 12th ACM Symp. on Principles of Programming Languages*, New Orleans, 1985. S. 52–66.

[FM90] Fiadeiro, J.; Maibaum, T.: Describing, Structuring and Implementing Objects. In: Bakker, J. de; Roever, W. de; Rozenberg, G. (Hrsg.): *Foundations of Object-Oriented Languages (Proc. REX School/Workshop)*, Noordwijkerhood (NL), 1990. LNCS 489, Springer-Verlag, Berlin, 1991, S. 275–310.

[FM91] Fiadeiro, J.; Maibaum, T. S. E.: Towards Object Calculi. In: Saake, G.; Sernadas, A. (Hrsg.): *Information Systems – Correctness and Reusability*. TU Braunschweig, Informatik Bericht 91-03, 1991, S. 129–178.

[FS88] Fiadeiro, J.; Sernadas, A.: Specification and Verification of Database Dynamics. *Acta Informatica*, Band 25, Nr. 6, 1988, S. 625–661.

[FSMS91] Fiadeiro, J.; Sernadas, C.; Maibaum, T.; Saake, G.: Proof-Theoretic Semantics of Object-Oriented Specification Constructs. In: Meersman, R.; Kent, W.; Khosla, S. (Hrsg.): *Object-Oriented Databases: Analysis, Design and Construction (Proc. 4th IFIP WG 2.6 Working Conference DS-4, Windermere (UK))*, Amsterdam, 1991. North-Holland, S. 243–284.

[Gar70] Gardner, M.: The Fantastic Combination of John Conway's New Solitaire Game "Life". *Scientific American*, Band 223, 1970, S. 120–123.

[Gar71] Gardner, M.: On Cellular Automata, Self-reproduction, the Garden of Eden and the Game "Life". *Scientific American*, Band 224, 1971, S. 112–117.

[GCH93] Gogolla, M.; Conrad, S.; Herzig, R.: Sketching Concepts and Computational Model of TROLL *light*. In: Miola, A. (Hrsg.): *Proc. 3rd Int. Conf. Design and Implementation of Symbolic Computation Systems (DISCO'93)*. Springer, Berlin, LNCS, 1993.

[GH91] Gogolla, M.; Hohenstein, U.: Towards a Semantic View of an Extended Entity-Relationship Model. *ACM Transactions on Database Systems*, Band 16, 1991, S. 369–416.

[GJM91] Ghezzi, C.; Jazayeri, M.; Mandrioli, D: *Fundamentals of Software Engineering*. Prentice Hall, Englewood Cliffs, New Jersey, 1991.

[GM87] Goguen, J. A.; Meseguer, J.: Unifying Functional, Object-Oriented and Relational Programming with Logical Semantics. In: Shriver, B.; Wegner, P. (Hrsg.): *Research Directions in Object-Oriented Programming.* MIT Press, 1987, S. 417–477.

[Gog75] Goguen, J. A.: Objects. *International Journal of General Systems*, Band 1, 1975, S. 237–243.

[Gog92] Goguen, J. A.: Sheaf Semantics for Concurrent Interacting Objects. *Mathematical Structures in Computer Science*, 1992. To Appear.

[GR83] Goldberg, A.; Robson, D.: *Smalltalk 80: The Language and its Implementation.* Addison-Wesley, New York, 1983.

[Gut85] Guttag, J. V.: Larch in Five Easy Pieces. Digital Systems Research Center, Palo Alto, CA, 1985.

[Güt88] Güting, R. H.: Geo-Relational Algebra: A Model and Query Language for Geometric Database Systems. In: Schmidt, J. W.; Ceri, S.; Missikoff, M. (Hrsg.): *Proc. Extending Database Technology EDBT'88.* Springer-Verlag, 1988, S. 506–527.

[GZC89] Güting, R. H.; Zicari, R; Choy, D. M.: An Algebra for Structured Office Documents. *ACM Transactions on Information Systems*, Band 7, 1989, S. 123–157.

[Har87] Harel, D.: Statecharts: A Visual Formalism for Complex System. *Science of Computer Programming*, Band 8, 1987, S. 231–274.

[Har90] Hartmann, T.: Formale Implementierung von Objektgesellschaften durch Smalltalk-80 Objekte. Diplomarbeit, Technische Universität Braunschweig, 1990.

[HE90] Hohenstein, U.; Engels, G.: Formal Semantics of an Entity-Relationship Based Query Language. In: *Proc. 9th Int. Conf. on the ER-Approach*, Lausanne, 1990. S. 171–188.

[Hen88] Hennessy, M.: *Algebraic Theory of Processes.* MIT Press, Cambridge, Massachusetts, 1988.

[Heu92] Heuer, A.: *Objektorientierte Datenbanken. Konzepte, Modelle, Systeme.* Addison-Wesley Verlag (Deutschland) GmbH, Bonn, 1992.

[Hew77] Hewitt, C.: Viewing Control Structures as Patterns of Passing Messages. *Artificial Intelligence*, Band 8, 1977, S. 323–364.

[HG88] Hohenstein, U.; Gogolla, M.: A Calculus for an Extended Entity-Relationship Model Incorporating Arbitrary Data Operations and Aggregate Functions. In: Batini, C. (Hrsg.): *Proc. 7th Int. Conf. on the Entity-Relationship Approach*, Rome, 1988. North-Holland, Amsterdam, 1988, S. 129–148.

[HJ92] Hartmann, T.; Jungclaus, R.: Abstract Description of Distributed Object Systems. In: Tokoro, M.; Nierstrasz, O.; Wegner, P. (Hrsg.): *Proc. ECOOP'91 Workshop on Object-Based Concurrent Computing. Geneva (CH), 1991.* Springer, LNCS 612, Berlin, 1992, S. 227–244.

[HJS92] Hartmann, T.; Jungclaus, R.; Saake, G.: Aggregation in a Behavior Oriented Object Model. In: Lehrmann Madsen, O. (Hrsg.): *Proc. European Conference on Object-Oriented Programming (ECOOP'92).* Springer, LNCS 615, Berlin, 1992, S. 57–77.

[HJS93a] Hartmann, T.; Jungclaus, R.; Saake, G.: Animation Support for a Conceptual Modelling Language. In: *Proc. Int. Conf. on Database and Expert Systems Applications (DEXA), September '93, Prague*. LNCS, Springer, Berlin, 1993. *To appear.*

[HJS93b] Hartmann, T.; Jungclaus, R.; Saake, G.: Spezifikation von Informationssystemen als Objektsysteme. *EMISA Forum, Mitteilungen der GI-Fachgruppe 2.5.2*, Band 1, 1993, S. 2–18.

[HJSE92] Hartmann, T.; Jungclaus, R.; Saake, G.; Ehrich, H.-D.: Spezifikation von Objektsystemen. In: Bayer, R.; Härder, T.; Lockemann, P.C. (Hrsg.): *Objektbanken für Experten*. Springer, Berlin, Reihe Informatik aktuell, 1992, S. 220–242.

[HK87] Hull, R.; King, R.: Semantic Database Modeling: Survey, Applications, and Research Issues. *ACM Computing Surveys*, Band 19, Nr. 3, 1987, S. 201–260.

[HNSE87] Hohenstein, U.; Neugebauer, L.; Saake, G.; Ehrich, H.-D.: Three-Level Specification of Databases Using an Extended Entity-Relationship Model. In: Wagner, R.; Traunmüller, R.; Mayr, H. C. (Hrsg.): *Proc. GI-Fachtagung "Informationsermittlung und -analyse für den Entwurf von Informationssystemen"*, Linz, 1987. Informatik-Fachbericht 143, Springer, Berlin, 1987, S. 58–88.

[Hoa85] Hoare, C.A.R.: *Communicating Sequential Processes*. Prentice-Hall, Englewood Cliffs, 1985.

[Hog89] Hogrefe, D.: *Estelle, LOTOS und SDL — Standard - Spezifikationssprachen für verteilte Systeme*. Springer, Berlin, 1989.

[Hoh90] Hohenstein, U.: *Ein Kalkül für ein erweitertes Entity-Relationship-Modell und seine Übersetzung in einen relationalen Kalkül*. Dissertation, Technische Universität Braunschweig, 1990.

[Hoh93] Hohenstein, U.: *Formale Semantik eines erweiterten Entity-Relationship-Modells*. B. G. Teubner Verlagsgesellschaft, Stuttgart, Leipzig, 1993.

[HPS93] Huhns, M.; Papazoglou, M. P.; Schlageter, G. (Hrsg.): *International Conference on Intelligent and Cooperative Information Systems*. IEEE Computer Society Press, Los Alamitos, California, 1993.

[HS90a] Heuer, A.; Sander, P.: Preserving and Generating Objects in the LIVING IN A LATTICE Rule Language. In: Göers, J.; Heuer, A. (Hrsg.): *Proc. Int. Workshop on Foundations of Models and Languages for Data and Objects*. Technical University of Clausthal, Informatik–Bericht 90/3, 1990, S. 1–36.

[HS90b] Hülsmann, K.; Saake, G.: Representation of the Historical Information Necessary for Temporal Integrity Monitoring. In: Bancilhon, F.; Thanos, C.; Tsichritzis, D. (Hrsg.): *Proc. Int. Conf. on Extending Database Technology EDBT'90*, Venice (Italy), 1990. LNCS 416, Springer, Berlin, 1990, S. 378–392.

[HS91a] Heuer, A.; Sander, P.: Classifying Object-Oriented Query Results in a Class/Type Lattice. In: Thalheim, B.; Demetrovics, J.; Gerhardt, H.-D. (Hrsg.): *Proc. Math. Fundamentals of Database Systems (MFDBS'91)*. Springer LNCS 495, 1991, S. 14–28.

[HS91b] Hülsmann, K.; Saake, G.: Theoretical Foundations of Handling Large Substitution Sets in Temporal Integrity Monitoring. *Acta Informatica*, Band 28, Nr. Fasc 4, 1991, S. 365–407.

[Hug91] Hughes, J. G.: *Object-Oriented Databases*. Prentice Hall, New York, 1991.

[ISO89] ISO, International Standardization Organization: LOTOS — A Formal Description Technique based on the Temporal Ordering of Observational Behaviour. International Standard ISO 8807, 1989.

[JHS93] Jungclaus, R.; Hartmann, T.; Saake, G.: Relationships between Dynamic Objects. In: Kangassalo, H.; Jaakkola, H.; Hori, K.; Kitahashi, T. (Hrsg.): *Information Modelling and Knowledge Bases IV: Concepts, Methods and Systems (Proc. 2nd European-Japanese Seminar, Hotel Ellivuori (SF))*. IOS Press, Amsterdam, 1993, S. 425–438.

[JHSS91] Jungclaus, R.; Hartmann, T.; Saake, G.; Sernadas, C.: Introduction to TROLL - A Language for Object-Oriented Specification of Information Systems. In: Saake, G.; Sernadas, A. (Hrsg.): *Information Systems - Correctness and Reusability*. TU Braunschweig, Informatik Bericht 91-03, 1991, S. 97–128.

[Jon86] Jones, C. B.: *Systematic Software Development Using VDM*. Prentice-Hall, Englewood Cliffs, New Jersey, 1986.

[JSH91] Jungclaus, R.; Saake, G.; Hartmann, T.: Language Features for Object-Oriented Conceptual Modeling. In: Teory, T.J. (Hrsg.): *Proc. 10th Int. Conf. on the ER-approach*, San Mateo, 1991. S. 309–324.

[JSHS91] Jungclaus, R.; Saake, G.; Hartmann, T.; Sernadas, C.: Object-Oriented Specification of Information Systems: The TROLL Language. Informatik-Bericht 91-04, TU Braunschweig, 1991.

[JSS91a] Jungclaus, R.; Saake, G.; Sernadas, C.: Formal Specification of Object Systems. In: Abramsky, S.; Maibaum, T. (Hrsg.): *Proc. TAPSOFT'91, Brighton*. Springer, Berlin, LNCS 494, 1991, S. 60–82.

[JSS91b] Jungclaus, R.; Saake, G.; Sernadas, C.: Using Active Objects for Query Processing. In: Meersman, R.; Kent, W.; Khosla, S. (Hrsg.): *Object-Oriented Databases: Analysis, Design and Construction (Proc. 4th IFIP WG 2.6 Working Conference DS-4, Windermere (UK), 1990)*, Amsterdam, 1991. North-Holland, S. 285–304.

[Jun93] Jungclaus, R.: *Modeling of Dynamic Object Systems—A Logic-Based Approach*. Advanced Studies in Computer Science. Vieweg Verlag, Braunschweig/Wiesbaden, 1993. *To appear*.

[KA90] Khoshafian, S.; Abnous, R.: *Object Orientation. Concepts, Languages, Databases, User Interfaces*. John Wiley & Sons, Inc., New York, 1990.

[KC86] Khoshafian, S.N.; Copeland, G.P.: Object identity. In: *Proc. OOPSLA Conference*, Portland, OR, 1986. ACM, New York, 1986, S. 406–416. (Special Issue of SIGPLAN Notices, Vol. 21, No. 11, November 1986).

[Kee89] Keene, S. E.: *Object-Oriented Programming in Common Lisp*. Addison Wesley, Reading, MA, 1989.

[Kem92] Kemper, A.: *Zuverlässigkeit und Leistungsfähigkeit objekt-orientierter Datenbanksysteme*. IFB 298, Springer-Verlag, Berlin, 1992.

[Kim90] Kim, W.: Object-Oriented Databases: Definition and Research Directions. *IEEE Transactions on Knowledge and Data Engineering*, Band 2, Nr. 3, 1990, S. 327–341.

[Kim91] Kim, W.: *Introduction to Object-Oriented Databases*. MIT Press, Cambridge, MA, 2 Ausgabe, 1991.

[KL88] Karl, S.; Lockemann, P.C.: Design of Engineering Databases : a Case for More Varied Semantic Modelling Concepts. *Information Systems*, Band 13, Nr. 4, 1988, S. 335–358.

[KL89] Kim, W.; Lochovsky, F. H. (Hrsg.): *Object-Oriented Concepts, Databases, and Applications*. ACM Press/Addison-Wesley, New York, NY/Reading, MA, 1989.

[KL93] Koschorreck, G.; Lipeck, U. W.: Integritätssicherung durch lokale Methoden. In: Mayr, H.C.; Wagner, R. (Hrsg.): *Objektorientierte Methoden für Informationssysteme*. Springer, Berlin, Reihe Informatik aktuell, 1993, S. 215–230.

[KLMP84] Kim, W.; Lorie, R.; McNabb, D.; Plouffe, W.: A Transaction Mechanism for Engineering Design Databases. In: *Proc. 10th Int. Conf. on Very Large Databases*, Singapore, 1984. S. 355–362.

[KLS92] Kramer, M.; Lausen, G.; Saake, G.: Updates in a Rule-Based Language for Objects. In: Yuan, Li-Yan (Hrsg.): *Proc. 18th Int. Conf. on Very Large Databases, Vancouver*, 1992, S. 251—262.

[KLW90] Kifer, M.; Lausen, G.; Wu, J.: Logical Foundations of Object–Oriented and Frame–Based Languages. Informatik–Manuskript 3/1990, University of Mannheim, 1990.

[Kre91] Kreowski, H.-J.: *Logische Grundlagen der Informatik*. R. Oldenbourg Verlag, München, 1991.

[Krö87] Kröger, F.: *Temporal Logic of Programs*. Springer-Verlag, Berlin, 1987.

[KS91a] Kappel, G.; Schrefl, M.: Object / Behavior Diagrams. In: *Proc. 7th Int. Conf. on Data Engineering*, Kobe, Japan, 1991. IEEE Computer Society Press, Los Alamitos, S. 530–539.

[KS91b] Kappel, G.; Schrefl, M.: Using an Object-Oriented Diagram Technique for the Design of Information Systems. In: Sol, H. G.; Hee, K. M. van (Hrsg.): *Proc. Dynamic Modelling of Information Systems*. Elsevier Science Publishers, 1991, S. 121–164.

[Kut91] Kutsche, R.-D.: PADKOM — Ein objektorientiertes, verteiltes Datenmodell für medizinische Anwendungen. In: Appelrath, H.-J. (Hrsg.): *BTW'91*. Springer, Berlin, 1991, S. 238–257.

[KW89] Kifer, M.; Wu, J.: A Logic for Object–Oriented Logic Programming (Maier's O-Logic Revisited). In: *Proc. ACM SIGACT SIGMOD SIGART Symp. on Principles of Database Systems*, 1989, S. 379–393.

[LD87] Lockemann, P. C.; Dittrich, K. R.: Architektur von Datenbanksystemen. In: *Datenbank-Handbuch*. Springer-Verlag, 1987, S. 163–335.

[Lea91] Leavens, G. T.: Introduction to the Literature on Object-Oriented Design, Programming, and Languages. *ACM OOPS Messenger*, Band 2, Nr. 4, 1991, S. 40–53.

[LEG85] Lipeck, U. W.; Ehrich, H.-D.; Gogolla, M.: Specifying Admissability of Dynamic Database Behaviour Using Temporal Logic. In: Sernadas, A. et al. (Hrsg.): *Proc. IFIP Working Conf. on Theoretical and Formal Aspects of Information Systems*. North-Holland, Amsterdam, 1985, S. 145–157.

[Lek88] Lektorat des B.I.-Wissenschaftsverlags unter Leitung von Herrmann Engesser, (Hrsg.): *Duden. Informatik. Ein Sachlexikon für Studium und Praxis*. Dudenverlag, Mannheim, 1988. Bearbeitet von Volker Claus und Andreas Schwill.

[LF89] Lipeck, U. W.; Feng, D.S.: Construction of Deterministic Transition Graphs from Dynamic Integrity Constraints. In: *Proc. 14th Int. Workshop on Graph-Theoretic Concepts in Computer Science (WG'88)*. LNCS 344, Springer, Berlin, 1989, S. 166–179.

[Lip89] Lipeck, U. W.: *Zur dynamischen Integrität von Datenbanken: Grundlagen der Spezifikation und Überwachung.* Informatik-Fachbericht 209. Springer, Berlin, 1989.

[Lip90] Lipeck, U.: Transformation of Dynamic Integrity Constraints into Transaction Specifications. *Theoretical Computer Science*, Band 76, 1990, S. 115–142.

[LNE89] Lohmann, F.; Neumann, K.; Ehrich, H.-D.: Entwurf eines Datenbank-Prototyps für geowissenschaftliche Anwendungen. In: Härder, T. (Hrsg.): *Proc. GI/SI-Fachtagung "Datenbanksysteme in Büro, Technik und Wissenschaft"*, Zürich (CH), 1989. Springer, Berlin, 1989, S. 43–57.

[LP83] Lorie, R.; Plouffe, W.: Complex Objects and their Use in Design Transactions. In: *Proc. ACM SIGMOD*, Database Week, San Jose, 1983. S. 115–121.

[LRV88] Lecluse, C.; Richard, P.; Velez, F.: O_2, an Object-Oriented Data Model. In: *Proc. ACM SIGMOD 1988*, Mai 1988.

[LS87] Lipeck, U. W.; Saake, G.: Monitoring Dynamic Integrity Constraints Based on Temporal Logic. *Information Systems*, Band 12, 1987, S. 255–269.

[LS88] Lipeck, U. W.; Saake, G.: Entwurf von Systemverhalten durch Spezifikation und Transformation temporaler Anforderungen. In: Valk, R. (Hrsg.): *Proc. GI Jahrestagung*, Band 2, Berlin, 1988. Informatik-Fachbericht 188, Springer, S. 449–463.

[LS93] Lausen, G.; Saake, G.: A Possible Worlds Semantics for Updates by Versioning. In: Lipeck, U.; Thalheim, B. (Hrsg.): *Proc. 4th International Workshop: Modelling Database Dynamics, Volkse 1992.* Workshops in Computing, Springer, Berlin, 1993, S. 36–47.

[LSV90] Laenens, E.; Sacca, D.; Vermeir, D.: Extending Logic Programming. In: *Proc. ACM SIGMOD Conf. on Management of Data*, 1990, S. 184–193.

[LVVS90] Laenens, E.; Verdonk, B.; Vermeir, D.; Sacca, D.: The LOCO Language: Towards an Integration of Logic and Object Oriented Programming. University of Antwerpen, Report 90-09, 1990.

[Mai86] Maier, D.: A Logic for Objects. In: *Proc. Workshop on Foundations of Deductive Databases and Logic Programming (Preprint), Washington D.C.*, 1986, S. 6–26.

[MBJK92] Mylopoulos, J.; Borgida, A.; Jarke, M.; Koubarakis, M.: Telos: Representing Knowledge About Information Systems. *ACM Transactions on Information Systems*, Band 8, Nr. 4, 1992, S. 325–362.

[MBW80] Mylopoulos, J.; Bernstein, P. A.; Wong, H. K. T.: A Language Facility for Designing Interactive Database-Intensive Applications. *ACM Transactions on Database Systems*, Band 5, Nr. 2, 1980, S. 185–207.

[Mey88] Meyer, B.: *Object-oriented Software Construction.* Prentice-Hall, Englewood Cliffs, 1988.

[Mil80] Milner, R.: *A Calculus of Communicating Systems.* Springer-Verlag, Berlin, 1980.

[Mil89] Milner, R.: .*Communication and Concurrency.* Prentice-Hall, Englewood Cliffs, 1989.

[Mit88] Mitschang, B.: *Ein Molekül - Atom - Datenmodell für Non - Standard - Anwendungen.* Informatik-Fachberichte 185, Springer, Berlin, 1988.

[Moo86] Moon, D. A.: Object-Oriented Programming with Flavours. *ACM Sigplan Notices*, Band 21, Nr. 11, 1986, S. 1–8. Proc. of the ACM Conf. on Object-Oriented Programming Systems and Languages, Meyrowitz, N. (editor).

[Moo89] Moon, D. A.: The Common Lisp Object-Oriented Programming Language Standard. In: Kim, Won; Lochovsky, F. H. (Hrsg.): *Object-Oriented Concepts, Databases and Applications*, Reading, MA, 1989. Addison Wesley, S. 49–78.

[MP81] Manna, Z.; Pnueli, A.: Verification of Concurrent Programs : The Temporal Framework. In: Boyer, R.S.; Moore, J.S. (Hrsg.): *The Correctness Problem in Computer Science*, London, 1981. Academic Press, S. 215–273.

[MP92] Manna, Z.; Pnueli, A.: *The Temporal Logic of Reactive and Concurrent Systems. Vol. 1: Specification.* Springer-Verlag, New York, 1992.

[MW84] Manna, Z.; Wolper, P.: Synthesis of Communicating Processes from Temporal Logic Specifications. *ACM Transactions on Programming Languages and Systems*, Band 6, 1984, S. 68–93.

[NBL91] Neumann, K.; Beer, C.; Lohmann, F.: Datenbank-Anwendungsprogrammierung - eine einführende Übersicht. Informatik-Skripten 26, Technische Universität Braunschweig, 1991.

[ND81] Nygaard, K.; Dahl, O. J.: Simula 67. In: Wexelblat, R. W. (Hrsg.): *History of Programming Languages*, 1981.

[Neu92] Neumann, K.: Kopplungsarten von Programmiersprachen mit Datenbanksprachen. *Informatik-Spektrum*, Band 15, 1992, S. 185–194.

[Nie87] Nierstrasz, O. M.: Active Objects in Hybrid. In: *OOPSLA'87 Conference Proceedings.* ACM, New York, 1987, 1987, S. 243–253. (Special Issue of SIGPLAN Notices, Vol. 22, No. 12, December 1987).

[Obe90] Oberweis, A.: Zeitstrukturen für Informationssysteme. Dissertation, Universität Mannheim, 1990.

[PA86] Pistor, P.; Andersen, F.: Designing a Generalized NF^2 Model with an SQL-Type Interface. In: *Proc. VLDB'86, Kyoto*, 1986, S. 278–288.

[Par72] Parnas, D. L..: On the Criteria to be used in Decomposing Systems into Modules. *Communications of the ACM*, Band 15, Nr. 12, 1972, S. 1053–1058.

[PM88] Peckham, J.; Maryanski, F.: Semantic Data Models. *ACM Computing Surveys*, Band 20, Nr. 3, 1988, S. 153–189.

[PT86] Pistor, P.; Traunmüller, R.: A Database Language for Sets, Lists, and Tables. *Information Systems*, Band 11, 1986, S. 323–336.

[RBP+90] Rumbaugh, J.; Blaha, M.; Premerlani, W.; Eddy, F.; Lorensen, W.: *Object-Oriented Modeling and Design.* Prentice Hall, Englewood Cliffs, NJ, 1990.

[Rei85] Reisig, W.: *Petri Nets. An Introduction.* Springer, Berlin, 1985.

[Reu87] Reuter, A.: Maßnahmen zur Wahrung von Sicherheits- und Integritätsbedingungen. In: *Datenbank-Handbuch.* Springer-Verlag, 1987, S. 337–479.

[RW91] Reuter, A.; Wächter, H.: The ConTract Model. *Data Engineering Bulletin*, Band 3, 1991.

[Saa88] Saake, G.: *Spezifikation, Semantik und Überwachung von Objektlebensläufen in Datenbanken.* Dissertation, Technische Universität Braunschweig, 1988.

[Saa89] Saake, G.: On First Order Temporal Logics with Changing Domains for Information System Specification. Informatik-Bericht 89–01, Technische Universität Braunschweig, 1989.

[Saa91a] Saake, G: Conceptual Modeling of Database Applications. In: Karagiannis, D. (Hrsg.): *Proc. 1st IS/KI Workshop, Ulm (Germany), 1990.* Springer, Berlin, LNCS 474, 1991, S. 213–232.

[Saa91b] Saake, G.: Descriptive Specification of Database Object Behaviour. *Data & Knowledge Engineering*, Band 6, Nr. 1, 1991, S. 47–74. North-Holland.

[Sal78] Salomaa, A. K.: *Formale Sprachen.* Springer-Verlag, Berlin, 1978.

[SB86] Stefik, M.; Bobrow, D. G.: Object-Oriented Programming: Themes and Variations. *The AI Magazine*, Band 6, Nr. 4, 1986, S. 40–62.

[SC92] Sol, H. G.; Crosslin, R. L. (Hrsg.): *Dynamic Modelling of Information Systems, II.* North-Holland, Amsterdam, 1992.

[SCB+86] Schaffert, C.; Cooper, T.; Bullis, B.; Kilian, M.; Wilpolt, C.: An Introduction to Trellis/Owl. *ACM Sigplan Notices*, Band 21, Nr. 11, 1986, S. 9–16.

[Sch89] Schöning, U.: *Logik für Informatiker.* Bibliographisches Institut, Mannheim, 1989.

[SE91] Sernadas, A.; Ehrich, H.-D.: What Is an Object, After All? In: Meersman, R.; Kent, W.; Khosla, S. (Hrsg.): *Object-Oriented Databases: Analysis, Design and Construction (Proc. 4th IFIP WG 2.6 Working Conference DS-4, Windermere (UK))*, Amsterdam, 1991. North-Holland, S. 39–70.

[SEC90] Sernadas, A.; Ehrich, H.-D.; Costa, J.-F.: From Processes to Objects. *The INESC Journal of Research and Development 1:1*, 1990, S. 7–27.

[Ser80] Sernadas, A.: Temporal Aspects of Logical Procedure Definition. *Information Systems*, Band 5, 1980, S. 167–187.

[SF91] Sernadas, C.; Fiadeiro, J.: Towards Object-Oriented Conceptual Modeling. *Data & Knowledge Engineering*, Band 6, 1991, S. 479–508.

[SFNC84] Schiel, U.; Furtado, A.L.; Neuhold, E.J.; Casanova, M.A.: Towards Multi-Level and Modular Conceptual Schema Specifications. *Information Systems*, Band 9, 1984, S. 43–57.

[SFSE88] Sernadas, A.; Fiadeiro, J.; Sernadas, C.; Ehrich, H.-D.: Abstract Object Types: A Temporal Perspective. In: Banieqbal, B.; Barringer, H.; Pnueli, A. (Hrsg.): *Proc. Colloq. on Temporal Logic in Specification.* LNCS 398, Springer, Berlin, 1988, S. 324–350.

[SFSE89] Sernadas, A.; Fiadeiro, J.; Sernadas, C.; Ehrich, H.-D.: The Basic Building Blocks of Information Systems. In: Falkenberg, E.; Lindgreen, P. (Hrsg.): *Information System Concepts: An In-Depth Analysis*, Namur (B), 1989. North-Holland, Amsterdam, 1989, S. 225–246.

[SGCS91] Sernadas, C.; Gouveia, P.; Costa, J.-F.; Sernadas, A.: Graph-Theoretic Semantics of Oblog — Diagrammatic Language for Object-Oriented Specifications. In: Saake, G.; Sernadas, A. (Hrsg.): *Information Systems – Correctness and Reusability.* TU Braunschweig, Informatik Bericht 91-03, 1991, S. 61–96.

[SGG+91] Sernadas, C.; Gouveia, P.; Gouveia, J.; Sernadas, A.; Resende, P.: The Reification Dimension in Object-Oriented Database Design. In: Harper, D.; Norrie, M. C. (Hrsg.): *Proc. Int. Workshop on Specification of Database Systems*. Springer, 1991, S. 275–299.

[SHJ93] Saake, G.; Hartmann, T.; Jungclaus, R.: Objektspezifikation von Benutzerschnittstellen in TROLL. In: Mayr, H.C.; Wagner, R. (Hrsg.): *Objektorientierte Methoden für Informationssysteme*. Springer, Berlin, Reihe Informatik aktuell, 1993, S. 173–186.

[Sie90] Siefkes, D.: *Formalisieren und Beweisen. Logik für Informatiker.* Vieweg, Braunschweig, 1990.

[SJ90] Saake, G.; Jungclaus, R.: Information about Objects versus Derived Objects. In: Göers, J.; Heuer, A. (Hrsg.): *Second Workshop on Foundations and Languages for Data and Objects*, Aigen (A), 1990. Informatik-Bericht 90/3, Technische Universität Clausthal, S. 59–70.

[SJ91] Saake, G.; Jungclaus, R.: Konzeptioneller Entwurf von Objektgesellschaften. In: Appelrath, H.-J. (Hrsg.): *Proc. Datenbanksysteme in Büro, Technik und Wissenschaft BTW'91*. Informatik-Fachberichte IFB 270, Springer, Berlin, 1991, S. 327–343.

[SJ92a] Saake, G.; Jungclaus, R.: Specification of Database Applications in the TROLL-Language. In: Harper, D.; Norrie, M. (Hrsg.): *Proc. Int. Workshop Specification of Database Systems, Glasgow, July 1991*. Springer, London, 1992, S. 228–245.

[SJ92b] Saake, G.; Jungclaus, R.: Views and Formal Implementation in a Three-Level Schema Architecture for Dynamic Objects. In: Gray, P.M.D.; Lucas, R.J. (Hrsg.): *Advanced Database Systems : Proc. 10th British National Conference on Databases (BNCOD 10), July 6-8, 1992, Aberdeen (Scotland)*. Springer, LNCS 618, Berlin, 1992, S. 78–95.

[SJE92] Saake, G.; Jungclaus, R.; Ehrich, H.-D.: Object-Oriented Specification and Stepwise Refinement. In: de Meer, J.; Heymer, V.; Roth, R. (Hrsg.): *Proc. Open Distributed Processing, Berlin (D), 8.-11. Okt. 1991 (IFIP Transactions C: Communication Systems, Vol. 1)*. North-Holland, 1992, S. 99–121.

[SJH93] Saake, G.; Jungclaus, R.; Hartmann, T.: Application Modelling in Heterogeneous Environments using an Object Specification Language. In: Huhns, M.; Papazoglou, M.P.; Schlageter, G. (Hrsg.): *Int. Conf. on Intelligent & Cooperative Information Systems (ICICIS'93)*. IEEE Computer Society Press, 1993, S. 309–318.

[SJS91] Saake, G.; Jungclaus, R.; Sernadas, C.: Abstract Data Type Semantics for Many-Sorted Object Query Algebras. In: Thalheim, B.; Demetrovics, J.; Gerhardt, H.-D. (Hrsg.): *Proceedings 3rd. Symp. on Mathematical Fundamentals of Database and Knowledge Base Systems MFDBS-91, Rostock (D)*. LNCS 495, Springer, Berlin, 1991, S. 291–307.

[SL88] Saake, G.; Lipeck, U. W.: Foundations of Temporal Integrity Monitoring. In: Rolland, C. et al. (Hrsg.): *Proc. IFIP Working Conf. on Temporal Aspects in Information Systems*. North-Holland Publ. Comp., Amsterdam, 1988, S. 235–249.

[SL89] Saake, G.; Lipeck, U.W.: Using Finite-Linear Temporal Logic for Specifying Database Dynamics. In: Börger, E.; Kleine Büning, H.; Richter, M. M. (Hrsg.): *Proc. CSL'88 2nd Workshop Computer Science Logic.* Springer, Berlin, 1989, S. 288–300.

[SLPW89] Saake, G.; Linnemann, V.; Pistor, P.; Wegner, L.: Sorting, Grouping, and Duplicate Elimination in the Advanced Information Management Prototype. In: Apers, P. G. M.; Wiederhold, G. (Hrsg.): *Proc. 15th Int. Conf. on Very Large Databases VLDB'89*, Amsterdam, 1989. Morgan Kaufmann, Palo Alto, 1989, S. 307–316.

[SLT91] Scholl, M. H.; Laasch, C.; Tresch, M.: Updatable Views in Object-Oriented Databases. In: Delobel, C.; Kifer, M.; Masunaga, Y. (Hrsg.): *Proc. 2nd Int. Conf. on Deductive and Object-Oriented Databases DOOD'91.* Springer-Verlag, 1991, S. 189–207.

[SM90] Shlaer, S.; Mellor, S. J..: *Object Life Cycles: Modeling the World in States.* Yourdon Press, Englewood Cliffs, New Jersey, 1990.

[Spi89] Spivey, J. M.: *The Z Notation: A Reference Manual.* Prentice-Hall, Englewood Cliffs, NJ, 1989.

[SRGS91] Sernadas, C.; Resende, P.; Gouveia, P.; Sernadas, A.: In-the-large Object-Oriented Design of Information Systems. In: Van Assche, F.; Moulin, B.; Rolland, C. (Hrsg.): *Proc. Object-Oriented Approach in Information Systems.* North Holland, 1991, S. 209–232.

[SS93] Schwiderski, S.; Saake, G.: Monitoring Temporal Permissions using Partially Evaluated Transition Graphs. In: Lipeck, U.; Thalheim, B. (Hrsg.): *Proc. 4th International Workshop: Modelling Database Dynamics, Volkse 1992.* Workshops in Computing, Springer, Berlin, 1993, S. 196–217.

[SSC93] Sernadas, A.; Sernadas, C.; Costa, J.: Object Specification Logic. *Journal of Logic and Computation*, 1993. (To appear).

[SSE87] Sernadas, A.; Sernadas, C.; Ehrich, H.-D.: Object-Oriented Specification of Databases: An Algebraic Approach. In: Stoecker, P.M.; Kent, W. (Hrsg.): *Proc. 13th Int. Conf. on Very Large Databases VLDB'87.* VLDB Endowment Press, Saratoga (CA), 1987, S. 107–116.

[Str86a] Stroustrup, B.: An Overview of C++. *ACM SIGPLAN Notices*, Band 21, Nr. 10, Oktober 1986, S. 7–18.

[Str86b] Stroustrup, B.: *The C++ Programming Language.* Addison-Wesley, New York, 1986.

[STV91] Staes, F.; Tarantino, L.; Verdonk, B.: A Logic Approach for Supporting Queries in Object Oriented Databases. In: Van Assche, F.; Moulins, B.; Rolland, C. (Hrsg.): *Proc. IFIP Working Conf. on the Object–Oriented Approach in Information Systems.* North–Holland, 1991, S. 193–208.

[SvH91] Sol, H. G.; Hee, K. M. van (Hrsg.): *Dynamic Modelling of Information Systems.* North-Holland, Amsterdam, 1991.

[SW91] Schek, H.-J.; Weikum, G.: Erweiterbarkeit, Kooperation, Föderation von Datenbanksystemen. In: Appelrath, H.-J. (Hrsg.): *BTW'91.* Springer, Berlin, 1991, S. 38–71.

[SWS92] Schewe, K.-D.; Wetzel, I.; Schmidt, J. W.: Towards a Structured Specification Language for Database Applications. In: Harper, D.; Norrie, M. (Hrsg.): *Proc. Int. Workshop Specification of Database Systems, Glasgow, July 1991.* Springer, London, 1992, S. 255–274.

[SY87] Shibayama, E.; Yonezawa, A.: Distributed Computing in ABCL/1. In: Yonezawa, A.; Tokoro, M. (Hrsg.): *Object-Oriented Concurrent Programming*, Cambridge, MA, 1987. The MIT Press, S. 91–128.

[SZ89a] Shaw, G. M.; Zdonik, S. B.: An Object-Oriented Algebra. *Data Engineering*, Band 12, Nr. 3, 1989, S. 29–36.

[SZ89b] Shaw, G. M.; Zdonik, S. B.: An Object-Oriented Query Algebra. In: *Proc. 2nd Int. Workshop on Database Programming Languages.* Morgan-Kaufmann, 1989, S. 111–119.

[Thu91] Thulke, M.: Spezifikationssprachen für verteilte Systeme im Vergleich mit objektorientierten Ansätzen für die Spezifikation von Informationssystemen. Diplomarbeit, Technische Universität Braunschweig, 1991.

[TK78] Tsichritzis, D.C.; Klug, A.: The ANSI/X3/SPARC DBMS Framework Report of the Study Group on Database Management Systems. *Information Systems*, Band 3, Nr. 3, 1978, S. 173–191.

[TL91] Trautloft, R.; Lindner, U.: *Datenbanken. Entwurf und Anwendung.* Verlag Technik GmbH, Berlin, 1991.

[TM87] Turski, W. M.; Maibaum, T. S. E.: *The Specification of Computer Programs.* Addison-Wesley, Reading, MA, 1987.

[Tsi85] Tsichritzis, D. (Hrsg.): *Office Automation : Concepts and Tools.* Springer-Verlag, Berlin, 1985.

[UD86] Urban, S. D.; Delcambre, L.: An Analysis of the Structural, Dynamic, and Temporal Aspects of Semantic Data Models. In: *Proc. Int. Conf. on Data Engineering*, Los Angeles, 1986. ACM, New York, 1986, S. 382–387.

[Ull88] Ullman, J. D.: *Principles of Database and Knowledge-Base Systems. Volume I.* Addison-Wesley, Reading, MA, 1988.

[VC92] Velho, A. V.; Carapuça, R.: SOM: A Semantic Object Model. Towards an Abstract, Complete and Unifying Way to Model the Real World. In: *Proc. Conf. on Dynamic Modelling of Information Systems*, 1992. To appear.

[Ver91] Verharen, E. M.: Object-oriented System Development; An Overview. In: Saake, G.; Sernadas, A. (Hrsg.): *Information Systems – Correctness and Reusability.* TU Braunschweig, Informatik Bericht 91-03, 1991, S. 202–234.

[Vol79] Vollmar, R.: *Algorithmen in Zellularautomaten.* Teubner Studienbücher Informatik, Stuttgart, 1979.

[Vos91] Vossen, G.: *Data Models, Database Languages and Database Management Systems.* Addison-Wesley, Wokingham, England, 1991.

[Vos92] Vossen, G.: Bibliography on Object-Oriented Database Management (2nd Edition). Arbeitsgruppe Informatik, Bericht Nr. 9202, Justus-Liebig-Universität Giessen, 1992.

[WBJ90] Wirfs-Brock, R.; Johnson, R. E.: Surveying Current Research in Object-Oriented Design. *Communications of the ACM*, Band 33, Nr. 9, 1990, S. 104–124.

[WBWW90] Wirfs-Brock, R. J.; Wilkerson, B.; Wiener, L.: *Designing Object-Oriented Software.* Prentice Hall, Englewood Cliffs, New Jersey, 1990.

[WdJ92] Wieringa, R. J.; Jonge, W. de: The Identification of Objects and Roles. Object Identifiers Revisited. Unpublished Draft, 1992.

[Weg90] Wegner, P.: Concepts and Paradigms of Object-Oriented Programming. *ACM SIGPLAN OOP Messenger*, Band 1, Nr. 1, 1990, S. 7–87.

[Wie90] Wieringa, R. J.: *Algebraic Foundations for Dynamic Conceptual Models.* Dissertation, Vrije Universiteit, Amsterdam, 1990.

[Wie91a] Wieringa, R.: Steps Towards a Method for the Formal Modeling of Dynamic Objects. *Data & Knowledge Engineering*, Band 6, 1991, S. 509–540.

[Wie91b] Wieringa, R. J.: A Formalization of Objects Using Equational Dynamic Logic. In: Delobel, C.; Kifer, M.; Masunaga, Y. (Hrsg.): *Proc. 2nd Int. Conf. on Deductive and Object-Oriented Databases DOOD'91.* Springer-Verlag, 1991, S. 431–452.

[Wie91c] Wieringa, R.J.: Equational Specification of Dynamic Objects. In: Meersman, R.; Kent, W. (Hrsg.): *Object-Oriented Databases: Analysis, Design and Construction (Proc. 4th IFIP WG 2.6 Working Conference DS-4)*, July 1990, Windermere (UK), 1991. North-Holland, Amsterdam, S. 415–438.

[Win90] Wing, J. M.: A Specifier's Introduction to Formal Methods. *IEEE Computer*, Band 23, September 1990, S. 8–24.

[WL91] Wächter, H.; Lutz, R: Transaktionskonzept und Betriebsmodell des APRICOT-Systems. Vortragsfolien, 7. Workshop im DFG-Schwerpunkt "Objektbanken für Experten", 1991.

[WR90] Wächter, H.; Reuter, A.: Grundkonzepte und Realisierungsstrategien des ConTract-Modells. *Informatik Forschung und Entwicklung*, Band 5, 1990, S. 202–212.

[WR92] Wächter, H.; Reuter, A.: The ConTract Model. In: Elmagarmid, A. K. (Hrsg.): *Database Transaction Models for Advanced Applications*, San Mateo, California, 1992. Morgan Kaufmann Publishers, S. 219–263.

[YSTH87] Yonezawa, A.; Shobayama, E.; Takada, T.; Honda, Y.: Modelling and Programming in an Object-Oriented Concurrent Language ABCL/1. In: Yonezawa, A.; Tokoro, M. (Hrsg.): *Object-Oriented Concurrent Programming*, Cambridge, MA, 1987. The MIT Press, S. 55–90.

[YT86] Yokote, Y.; Tokoro, M.: The Design and Implementation of ConcurrentSmalltalk. In: *OOPSLA Conference Proceedings.* Association for Computing Machinery, New York, 1986, 1986, S. 331–340. (Special Issue of SIGPLAN Notices, Vol. 21, No. 11, November 1986).

[YT87] Yonezawa, A.; Tokoro, M.: *Object-Oriented Concurrent Programming.* The MIT Press, Cambridge, Massachusetts, 1987.

[Zan90] Zaniolo, C.: Object Identity and Inheritance in Deductive Databases — an Evolutionary Approach. In: Kim, W.; Nicolas, J.-M.; Nishio, S. (Hrsg.): *Proc. Int. Conf. on Deductive and Object-Oriented Databases (DOOD'89).* North–Holland, 1990, S. 7–24.

[ZM89] Zdonik, S. B.; Maier, D. (Hrsg.): *Readings in Object-Oriented Database Systems.* Morgan-Kaufmann, Palo Alto, CA, 1989.

Index